U0364130

皮书系列为"十二五"国家重点图书出版规划项目

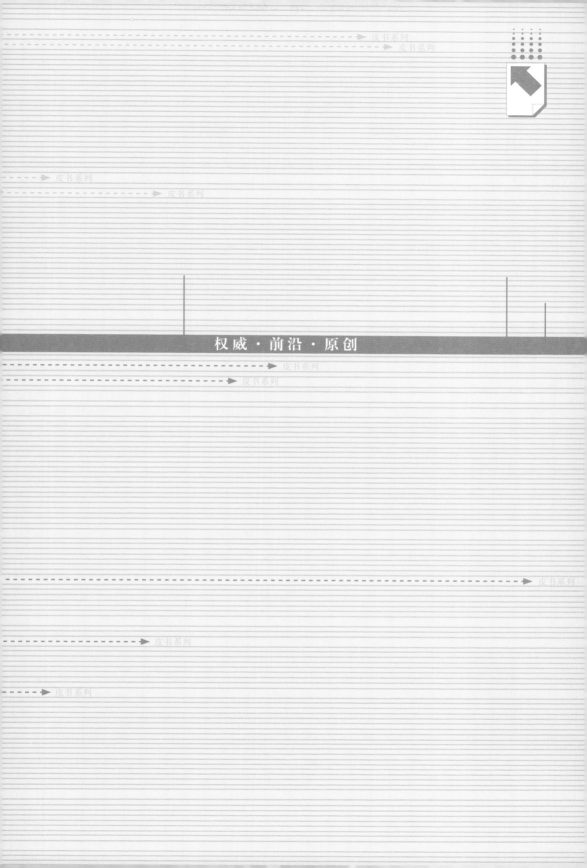

权威·前沿·原创

移动互联网蓝皮书
BLUE BOOK OF
CHINA'S MOBILE INTERNET

中国移动互联网发展报告
（2012）

ANNUAL DEVELOPMENT REPORT ON CHINA'S
MOBILE INTERNET (2012)

主　编／官建文
副主编／唐胜宏

社会科学文献出版社
SOCIAL SCIENCES ACADEMIC PRESS (CHINA)

图书在版编目（CIP）数据

中国移动互联网发展报告.2012/官建文主编. —北京：社会
科学文献出版社，2012.5
（移动互联网蓝皮书）
ISBN 978 - 7 - 5097 - 3365 - 3

Ⅰ.①中… Ⅱ.①官… Ⅲ.①移动通信 - 互联网络 - 研究
报告 - 中国 - 2012 Ⅳ.①TN929.5

中国版本图书馆 CIP 数据核字（2012）第 084090 号

移动互联网蓝皮书
中国移动互联网发展报告（2012）

主　　编／官建文
副 主 编／唐胜宏

出 版 人／谢寿光
出 版 者／社会科学文献出版社
地　　址／北京市西城区北三环中路甲 29 号院 3 号楼华龙大厦
邮政编码／100029

责任部门／皮书出版中心 （010）59367127　　　责任编辑／郭　峰　周映希
电子信箱／pishubu@ ssap. cn　　　　　　　　　责任校对／李海云
项目统筹／邓泳红　　　　　　　　　　　　　　责任印制／岳　阳
总 经 销／社会科学文献出版社发行部 （010）59367081　59367089
读者服务／读者服务中心 （010）59367028

印　　装／北京季蜂印刷有限公司
开　　本／787mm×1092mm　1/16　　　　　印　　张／24.75
版　　次／2012 年 5 月第 1 版　　　　　　　字　　数／425 千字
印　　次／2012 年 5 月第 1 次印刷
书　　号／ISBN 978 - 7 - 5097 - 3365 - 3
定　　价／79.00 元

移动互联网蓝皮书编委会

主要编撰者简介

官建文 人民网副总裁，人民网研究院院长，人民日报高级编辑。长期从事新闻媒体、网站管理工作及相关研究，是 2011 年度国家社科基金重大项目首席科学家。著有《新闻学与逻辑》等；近年来的相关代表作有：《中国媒体业的困境及格局变化》、《中国新闻网站的创新与发展》、《移动客户端：平面媒体转型再造的新机遇》等。

唐胜宏 人民网研究院综合部主任，长期从事新闻网站管理和研究工作，代表作有《网上舆论的形成与传播规律及对策》、《信息化时代舆论引导面临的难点和工作中存在的不适应问题》、《运用好、管理好新媒体的重要性和紧迫性》等。

匡文波 中国人民大学新闻学院教授、博士生导师，国内最早从事新媒体研究和教学者之一。日本东京电通、美国硅谷研修与高级访问学者。入选 2007 年教育部新世纪优秀人才支持计划。主持并完成国家社会科学基金项目"传播技术最新发展及其影响研究"、"手机媒体及其管理研究"等研究。

摘　要

《中国移动互联网发展报告（2012）》是关于 2011 年中国移动互联网发展状况的比较全面、系统的分析、研究成果，由人民网研究院组织相关的政府、企业研究机构及新媒体咨询与调查公司、高等院校等方面的权威专家、学者共同完成。

全书由总报告、综合篇、产业篇、市场篇和专题篇等五部分构成，包括：对中国移动互联网发展整体情况及影响的概括分析（总报告），对中国移动互联网技术演变、研究状况的梳理和市场格局分析（综合篇），对中国移动互联网产业各主体、环节的描述（产业篇），对中国移动互联网各细分市场进行介绍、分析、研究（市场篇），对 2011 年中国移动互联网发展热点、亮点、引人注目之点的归纳与整理（专题篇）。全书收入 30 篇论文，有宏观、中观的分析研究，也有微观介绍，涉及中国移动互联网的各个方面和诸多层面，不仅对 2011 年中国移动互联网的发展状况进行了全景式的扫描分析，而且对未来趋势做了预测与研究，提出了对策建议。

报告运用定量分析与定性分析相结合的方法，依据有关政府文件、研究文献、调查统计数据、媒体报道、专家评说、业界观点等权威材料，进行分析、论证。因为是中国第一本移动互联网发展的年度报告，本书安排专门文章简要回顾了中国移动互联网发展的历程，对中国与国外移动互联网的发展状况亦有简要的比较。本书撰稿人都是相关领域的专家，所写内容是他们长期研究跟踪的对象，一些数据是其亲自调查研究所得，是第一手材料，有的还是首次发布。他们的研究各有侧重，写作的视角不同，各篇重点相异，这就构成了本书的丰富性与完整性。

书后附有"2011 年中国移动互联网大事记"，是对这一年有影响事件的回顾。

Abstract

Annual Development Report on China's Mobile Internet (2012) is a combination of all-round and systematic analysis and researching achievements on China's mobile Internet development in 2011. It is also a collective effort by the researchers and experts from the Institute of People Daily Online as well as the other researching branches of government, industry and universities.

This report, with 30 articles in it, is divided into five major parts: Part I, General Report, draws a developing route map of China's mobile Internet, showing its status quo, impacts and the trends. Part II, Comprehensive Report, reveals the evolution of China's mobile Internet in terms of technology, industry, media and academia. Part III, Sector Report, depicts the players and their connections in this industry. Part IV, Market Topics, gives an in-depth analysis of the market. And Part V, Special Topics, focuses on the most recent developments and some interesting cases in this area. Mutually independent, the five parts are sorted out from macro to meso and eventually to micro level with inherent consistency. This report has provided not only the panorama of the China's mobile Internet development but also the trend's forecast and operational suggestions.

Based on the extensive sources - government documents, literature of research, statistics, reports, experts' comments and insiders' views, the researches in this report have comprehensively employed qualitative and quantitative methods. As the first annual report on this topic in China, this book devotes a special chapter to reviewing the development of China's mobile Internet, with a concise comparison with the foreign cases. The authors of those articles are experts from the different fields related to the mobile Internet. The significant value of the works lies in its expertise drawn from the diverse first-hand and even firstly published data and observations through years. All elements above contribute to the book's integrity and richness.

The appendix lists the major events of China's mobile Internet in 2011.

序 一

刘韵洁 *

随着智能手机的普及和平板电脑的热销，移动互联网时代的大门已经开启。这场"移动革命"带动了与通信和互联网相关领域的产业合作，引发带动了商业模式的创新与变革。"移动改变生活"已不再是一句简单的广告词，我国拥有全球规模最大的移动互联网用户、世界最大的移动终端产能，移动互联网正潜移默化地融入我们的社会和生活，改变我们的生活方式。

2011 年，移动互联网虽然在技术上没有多少亮丽的突破，但是移动互联网的许多技术在这一年落地生根，蓄足了发展后劲，移动互联网的魅力已经显现。智能终端的显示技术、借助云端支撑的技术、语音识别实现人机交互技术等，大大促进了移动互联网和现实的融合。移动互联网产业链的各个环节在竞争中不断开放和创新。

以 WLAN、3G、4G 为代表的网络通信技术的发展，像大马力的引擎推动了移动互联网的加速扩展。终端操作系统等关键技术成为移动互联网行业的竞争焦点。以 HTML 5 为驱动的 Web 移动应用正在向传统移动应用发起挑战。移动互联网牵手云计算，预示着个人云计算时代即将到来。以 Siri 为代表的语音智能引领了一场人工智能应用于日常生活的革命。通过移动支付，能够实现手机用户真实的社会身份与虚拟的移动市场之间的对接，创造出潜力巨大的移动电子商务市场。

信息技术革命总是渗透并影响着人类活动的方方面面。移动互联网已成为信息传播的重要载体和渠道。它将有线和无线统一起来，打破了时间和空间的限制，以人为中心、以即时为方向的人际关系传播形式不断深化和扩散。移动终端能够承载各种信息符号，加上便捷的网络接入和贴身实用的软件应用，各种信息的制造、传播和存储形式随之改变，昭示着移动化、个人化、融合化的信息传播时代即将来临。

---

* 刘韵洁，中国工程院院士，中国联通科技委主任。

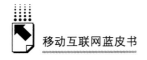

移动互联网正在成为中国经济增长的新引擎。传统产业借助移动互联网的技术创新平台得到改造升级；移动 APP 经济模式，带动了终端制造业和应用软件开发的繁荣，带来了网络移动数据流量的激增；智能手机的销量已超过台式电脑销量，移动互联网有望产生比桌面互联网更大的市场。未来移动互联网将由消费决定生产，消费者个性化的需求将引发大规模的非标准化生产、广阔的长尾市场。

移动社交、移动游戏、LBS 服务等等给人们带来了莫大的快乐，人们的无聊的碎片时间将被充分利用，变得既有使用价值又有商业价值。无论何时何地，只要有吃、穿、住、行的需求，就能够通过移动互联网找到适合的信息，移动互联网开始成为人们生活的"伴侣"。

没有哪个国家会忽视这样一场技术变革所带来的影响。移动互联网已经成为国际竞争的重要领域，成为国民经济和社会发展的重要推动力。我国"十二五"规划已将移动互联网列入重点发展的新兴战略性产业。作为电信业和 IT 业的融合，移动互联网产业链形成开放、融合、"多中心"的业态，电信运营商前所未有地同时扮演着基础服务商、平台运营商、内容提供商、终端生产商等众多角色，而各内容提供商、电信运营商、终端生产商之间并不相互排斥，而是跑马圈地、纵横联合，唯恐失去先机。我们也看到，这种开放、融合的繁荣背后隐藏着的隐忧：市场占有与监管职责的不对称，开放网络与信息安全的矛盾性，创新应用与"越狱"盗版混杂在一起。更高层面的立法，更加科学的评估和监测，更为合理的准入机制与权责要求，更加有效的创新激励，将成为中国移动互联网健康发展的坚实基础。

面对机遇和挑战，中国从来都不缺少勇气、智慧和行动力。回首中国移动互联网走过的十年历程，记录、梳理、总结过去，展望未来，是极有价值的。人民网研究院联合行业专家学者撰写、编辑出版的《中国移动互联网发展报告（2012）》，是中国第一本关于移动互联网的蓝皮书，推荐大家关注，相信开卷会有收获。

2012 年 4 月

序 二

马 利*

当人们还在感叹对互联网的了解未知远大于已知之时，移动互联网已然扑面而来。据国际电信联盟统计，到 2011 年年底，全世界的手机用户已达到 59 亿，其中移动宽带用户将近 12 亿。在我国，大约每 4 人就有 3 部手机，通过手机上网的总人数将近 4 亿。智能手机、平板电脑等移动上网设备不断升级，其处理速度、功能应用、高清显示水平正在全面赶超台式电脑，而且价格并不比台式电脑贵！智能手机正在把我们带入"后 PC 时代"。移动互联网在通信、交友、文化娱乐、新闻传播、商务金融等各方面的应用与创新，正在深刻地影响和改变着人们的生活。互联网的产生和发展已经改变了人类社会，移动互联网让互联网的触角延伸到每一个角落，成为真正的"泛在网络"：无论何时、何地、何人，都能顺畅地通信、联络，网络几乎无所不在、无所不包、无所不能。这无疑会给每一个人提供新的发展机遇和展示的舞台。

移动互联网的发展具有重要的战略意义，这已经得到了国家的肯定和高度重视。"十二五"规划纲要提出，新一代信息技术产业是国家重点支持的战略性新兴产业，我国将重点发展新一代移动通信、下一代互联网、三网融合、物联网、云计算等。2011 年 12 月 23 日，国务院总理温家宝在国务院有关部署加快发展我国下一代互联网产业的常务会议中明确指出，移动互联网是下一代互联网业务平台重点支持的业务领域之一。2009 年 1 月，我国首次发放第三代移动通信（3G）牌照。仅仅过了 3 年，中国移动、中国联通和中国电信三家运营商已完成了对我国所有城市、县城以及部分乡镇的 3G 网络覆盖。到目前，我国 3G 用户已超过 1 亿。与此同时，国家支持的 TD-LTE 宽带移动通信演示网已在六大城市进行规模测试，将移动宽带的发展推向了一个新的高度。

---

* 马利，人民日报社副总编辑，人民网股份有限公司董事长，人民搜索网络股份公司董事长。

历史上，每一次信息技术革命都成为先进生产力的代表，不仅促进了经济社会的快速发展，而且对社会文化和人类文明产生了深刻的影响。造纸术、印刷术的发明，不仅带来了图书、报刊及印刷业的繁荣，而且对人类上千年的经济交往、思想沟通、文化交流、文明承载产生了重要影响；电子技术的发明，带来了音像产业和广播电视业的繁荣，开启了人类电子文明的历史；电子计算机及数字技术的出现，更是给人类社会带来了翻天覆地的变化，迎来了人类的数字文明时代。移动互联网是数字技术、网络技术、通信技术相融合的产物，它的出现极大地丰富了我们的网络应用，给政治、经济、文化教育、社会交往、生活与娱乐等各个方面带来了新的变革。

20 世纪 50 年代，加拿大学者哈罗德·英尼斯曾提出"传播的偏向"概念。经过对传播技术史的梳理，他认为历史上有一类传播媒介偏重于时间，如石碑，追求内容的亘古延续；另一类传播媒介偏重于空间，如纸张，追求信息的广泛散布。在数字技术、网络技术基础上发展起来的、以手机为代表的移动互联网，则既偏重于时间，又偏重于空间，不仅如石碑能亘古延续，如纸张能广泛散布，而且比石碑更久远，比纸张散布更快捷。可以说，移动互联网是继互联网对旧有传播模式变革之后的又一次突破。

手机作为传播媒介，最早是从短信息传播开始的。它既是新闻媒体发布新闻信息的媒介——新闻短信息已成为最快捷的报道手段，也是人与人沟通的媒介——仅中国移动每天的短信发送量就达 18 亿条，节假日达到 80 亿～100 亿条。早在 2000 年，人民网日本镜像站就通过日本的 i-mode 发布新闻信息；2004 年，中国妇女报推出了中国第一份手机报——《中国妇女报·彩信版》。现在，手机被视为继报纸、广播、电视、互联网之后的第五媒体。在手机上可以阅读新闻短信息、彩信手机报、WAP 版手机报，看手机电视，听新闻广播，直接浏览网页，可将图片、文字、音频、视频融于一体，还能实现互动，新闻的受众可以转发和评论。更重要的是，手机既是新闻的接收终端，也是新闻信息的发布端，它既具有记者手中的笔、相机、摄像机等多种功能，又可随身携带，走到哪儿都可以记录、拍摄、传输。正因如此，移动互联网成为未来必争的战略高地，传媒集团纷纷试水，电信运营商开始涉足，手机和电脑厂商也在抢占地盘，相关行业、企业都在跃跃欲试。围绕移动互联网的争夺战正在打响。

1999 年日本出现 i-mode，手机开始被作为媒介应用。2007 年，苹果公司推出了对手机应用产生颠覆性影响的 iPhone，2010 年又推出了平板电脑 iPad，移动互联网的这些代表产品都不约而同地以英文字母"i"开头，将信息（Information）、互动（Interaction）和互联网（Internet）集于其中，而且"i"又是英语中的"我"，它体现了移动互联网最明显的传播特征——以个人为中心。现在的手机，特别是正在普及的智能手机，其通话功能已降到次要位置，移动电脑、信息获取终端、智能沟通工具等功能越来越占据重要位置。

传统媒体的发展一直以内容为重，但从来不忽视传播载体的重要性，两者必须紧密契合才能达到最好的传播效果。麦克卢汉曾提出"媒介即讯息"理论。任何信息载体都有它本身的特点：报纸的文字是供人阅读的，也是供人"悦"读的；电视是声画结合的，人们在做别的事情时可以兼看兼听；互联网出现后，文字和声画在同一载体上传播，不同的传播形式融于互联网一体；移动互联网又把地理距离模糊了，将互联网延伸至无限的空间，打破了传媒业和通信业的边界，把不同传播主体融入一个终端，兼容整合各种传播形态，并以实名制为基础，把每个个体都纳入传播体系中，塑造新的传播格局，形成了新的传播业态。应该说，移动互联网给传播媒体以广阔的发展空间，在这里，传统媒体和新媒体都大有用武之地。

互联网的普及，社交媒体的繁荣，已经改变了传统媒体时代的传播模式，形成了新的舆论生态。人人都有麦克风，人人都是记者、评论员。移动互联网使民众随时随地享有知情权、参与权、表达权、监督权。这是技术发展的结果、社会的进步，也是对社会管理工作、新闻媒体和舆论管理部门的挑战。传统媒体一直是新闻传播的主力军，拥有训练有素、职业化、专业化的传播队伍，肩负着媒体的社会责任，一直掌握着新闻传播和舆论导向的主导权。在移动互联网时代迎面走来之时，传统媒体宜尽早布局，加快转型，将原有优势移植到移动互联网上，成为跨越传统媒体、新媒体及移动媒体、能够对社会发展承担责任的传播主体，成为文化传播、文明传播的使者。

面对移动互联网的快速发展，社会各方面的反应相对滞后，新情况和新问题随之而来，亟待解决。首先，移动安全问题凸显，在信息保护和内容管理上都遇到了新挑战。用户在移动终端上日益频繁地使用电子商务、移动办公、即时通信等，大量涉及隐私、财产的重要数据成为非法信息窃取者猎取的目标，保障用户信息安全成为移动互联网的重要着力点。同时，移动互联网作为开放的信息承载网络，多元的内容生产与制造者活跃其上，各有动机，原本在传统互联网上被限制的内容因为移动网络相对缺乏监管而转移战场，无论对主流文化、社会核心价值观的维护还是对青少年的保护，都构成新的危害，与健康向上的网络文化发展方向相背离。其次，因为移动互联网提供了产业整合的机遇，以往本不相关的部门如今开始合作，因行业特点不同，在相互渗透中如不加以协调，不仅"1＋1＞2"的协同效应难以显现，产业效能和市场秩序还会受到影响。第三，我国移动互联网业界在国际竞争中优势并不明显，在智能终端操作系统等关键技术上受制于人，创新不足。这些问题需要政府、行业、运营商和互联网企业，以大智慧和大协作精神，去破解，去处理，去超越。

《中国移动互联网发展报告（2012）》是中国移动互联网的第一本蓝皮书，人民网研究院组织移动互联网相关的研究机构、高校、企业的众多研究人员撰写这份报告，很不容易，也很有意义。衷心希望这部凝聚如此多专家心血与智慧的蓝皮书不仅是2011年中国移动互联网发展的历史记录和研究大全，而且能为政府部门制定政策与规划，传播媒体和相关企业发展移动互联网业务提供可靠依据与重要的参考，能为业界的发展、创新提供重要的借鉴。

2012 年 4 月

目录

ⒷⅣ 市场篇

ⒷⅤ 专题篇

B VI 附录

皮书数据库阅读**使用指南**

CONTENTS

B I   General Report

B II   Comprehensive Report

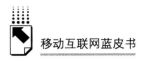
移动互联网蓝皮书

B III   Sector Report

B IV   Market Report

B V　Special Topics

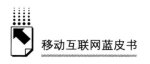
B VI　Appendix

总 报 告

General Report

𝔹.1

走向成熟的中国移动互联网

官建文　刘扬　唐胜宏*

2001年11月，中国移动通信集团的"移动梦网"正式开通，中国出现了第一批移动互联网网民。经过十年的发展，至2011年年底，中国使用移动设备上网的人数达到3.56亿，智能移动终端销量爆发式增长，移动浏览网页、移动购物、移动炒股、移动阅读、移动视听、移动游戏、移动聊天等应用层出不穷，一张如梦如幻的移动之网正在展开、蔓延。智能手机、平板电脑、电子阅读器等各类智能移动终端研发、生产正大规模展开，苹果应用商店（APP Store）、安卓市场（Android Market）、中国移动 MM（Mobile Market）商城、中国联通沃商城、中国电信天翼工厂等正形成独特的经营模式；报纸、杂志、广播电台、电视台等传统媒体纷纷开发移动客户端；移动新闻、移动书城、移动音乐、微 TV、微电影、微广告等，移动终端上的"商品"琳琅满目，移动互联网内容建设、各类

---

* 官建文，人民网副总裁、人民网研究院院长。刘扬，人民网研究院研究员，博士。唐胜宏，人民网研究院综合部主任，硕士。

移动应用开发与服务丰富多彩、风光无限。高技术、高投入、高就业、高收益预期的移动互联网产业链条正在形成。

一 中国移动互联网 2011 年发展概况

在政府政策扶持下，3G 上网手机在中国快速普及，其他移动终端销量大增。移动网络资费连年下调，宽带网络加 WLAN 使无线上网平民化、家庭化①。电信运营商、设备制造商、增值服务提供商及传统互联网企业纷纷转战移动互联网，积极布局。这些因素一同推动了 2011 年移动互联网在中国的快速发展。

（一）2011 年：中国移动互联网的高速发展之年

1. 移动互联网用户数量快速增长、潜力巨大

根据中国互联网络信息中心（CNNIC）数据，截至 2011 年 12 月底，中国手机网民规模同比增长 17.5%，虽然涨幅减缓，但仍处在扩散曲线迅速攀升范围，特别是远高于当年中国互联网网民 4% 的增长率，占中国网民总数近七成，比美国总人口还要多。②

手机网民在手机用户中的渗透率为 36.5%，我国 10 亿手机用户都是移动互联网的潜在用户。③ 随着智能手机、平板电脑、笔记本电脑的普及，电子阅读器、联网游戏机、联网视频播放器销量的扩大，移动互联网网民数量增长有着巨

---

① 3G 指第三代移动通信技术（3rd - generation），是支持高速数据传输的蜂窝移动通信技术。WLAN 是无线局域网络（Wireless Local Area Networks）的缩写，是最简便的无线数据传输系统。

② 关于中国移动网民的人数，有不同的调查统计数据。一般采用 CNNIC《第 29 次中国互联网络发展状况统计报告》的数据：2011 年中国手机网民规模为 3.56 亿。另外的统计数据比这个高：易观国际采用"移动互联网用户"概念进行统计，结果显示 2011 年中国移动互联网用户规模已达 4.31 亿，环比增长 50%（源自比特网：易观报告称 2011 年中国移动互联网用户数破 4 亿，2012 年 1 月 5 日，http://net.chinabyte.com/28/12269528.shtml）；根据工业和信息化部统计数据，截至 2011 年年底，全国移动电话用户达到 9.86 亿户，移动互联网用户规模超过 6.3 亿。

③ 人民网：《我国手机用户突破 10 亿 专家：形成良性竞争态势》，2012 年 3 月 3 日，http://finance.people.com.cn/GB/70846/17285116.html。

大的上升空间。① 依据"梅特卡夫定律"（Metcalfe's Law）——网络的价值等于网络节点数的平方，网络的价值与联网的用户数的平方成正比，随着用户数量的增长，移动互联网必将释放出更大的能量。

2. 移动设备已经成为上网接入的主流设备

各类移动终端数量和上网使用率都在不断增长。移动智能终端在 2010 年第四季度不仅销量超过 PC，而且作为上网终端的比例也已超过 PC。② 2011 年在各类上网接入设备中，使用台式电脑上网的网民比例为 73.4%，比 2010 年底降低5 个百分点，与之相应，使用手机上网的网民比例则上升至 69.3%，使用笔记本电脑上网的网民比例则略有增加，达到 46.8%。可见，移动终端的上网使用率正在逼近传统台式电脑。③ 谷歌和益索普调查公司（IPSOS）在 2011 年底共同发布的报告中指出，智能手机在中国城市扩散态势迅猛，全国普及率已达 35%，居世界第三。④ 根据工信部统计，2011 年全年 3G 用户净增 8137 万户，总体规模达到 1.28 亿户，用户渗透率提高到 13%，成为移动电话新增用户数快速增长的最大贡献者。⑤ 随着千元智能机品种的不断推出，移动终端在上网接入设备中所占比例会大幅提高。

3. 移动互联网市场规模持续扩大

艾瑞咨询统计数据显示，2011 年中国移动互联网市场规模（直接由移动互联网产业各部门形成的交易总额）达 393.1 亿元，同比增长 97.5%，增幅为历年之最。⑥

① 赛迪智库预计 2012 年中国移动互联网人数逼近 5 亿（源自人民网：《赛迪智库：2012 年移动互联网将爆炸式增长》，2011 年 12 月 5 日，http://mobile. people. com. cn/h/2011/1205/c227890 – 527029346. html）。易观国际预测 2012 年中国移动互联网用户将达 6 亿人（源自人民网：《2011 我国移动互联网用户将达 4.3 亿 市场规模 851 亿》，2012 年 1 月 5 日，http://mobile. people. com. cn/GB/16799933. html）。
② 工业和信息化部电信研究院：《中国移动互联网白皮书（2011）》，2011 年 5 月，http://wenku. baidu. com/view/8773520b52ea551810a68777. html。
③ CNNIC：《第 29 次中国互联网络发展状况统计报告》，2012 年 1 月。
④ 通信产业网：《中国城市智能手机普及率已进入全球前五》，2011 年 11 月 8 日，http://www. ccidcom. com/html/chanpinjishu/zhongduan/html/chanpin/201111/08 – 160659. html。
⑤ 见本书报告 B. 9：《中国移动互联网运营商竞争格局与发展态势》。
⑥ 和讯科技：《艾瑞：2011 年移动市场规模达 393.1 亿 同比增 97.5%》，2012 年 1 月 10 日，http://tech. hexun. com/2012 – 01 – 10/137125757. html。易观国际估算 2011 年中国移动互联网全年市场规模达到 862.2 亿元（源自人民网：《2011 我国移动互联网用户将达 4.3 亿 市场规模 851 亿》，2012 年 1 月 5 日，http://mobile. people. com. cn/GB/16799933. html）。

移动互联网市场的发展带动了相关产业大规模增长。根据赛迪顾问通信产业研究中心数据，2011 年中国移动互联网产业规模（由移动互联网产业自身形成及带动其他相关产业部门形成的交易总额）超过 3500 亿元，较 2010 年 2936.9 亿元，增长了 19.2%。[①] 在增长数字背后，中国移动互联网产业特征逐渐凸显，新型业务发展快。根据艾瑞咨询报告，传统的移动增值业务市场份额所占比例仍居首位，但已呈下降趋势，移动电子商务交易规模增长迅速，预计到 2012 年将超过增值服务成为最大的细分行业。易观国际的数据也说明，2011 年移动购物与无线广告在移动市场规模占比都有了很大的提高，尤其是移动购物，从 2009 年的 3% 增长到 11%。[②] 整个市场发展越来越具有移动互联网特色。

（二）中国移动互联网发展的"铁三角"——政府、企业与用户

中国移动互联网的高速发展不是一方之力，与互联网当年在中国普及一样，是政府、企业和用户三方合力的结果。政府引导扶持、企业跟进拓展、用户采纳应用共同创造了繁荣局面。

1. 政府政策支持为移动互联网营造良好的发展空间

中国移动互联网快速而健康的发展首先得益于政府的政策扶持。在网络应用发展方向上，政府给予引导。"十二五"规划纲要明确提出，"新一代信息技术产业将重点发展新一代移动通信、下一代互联网"，这标志着以移动互联为基础的新一代互联网被正式列入战略性新兴产业。2011 年 12 月 23 日，国务院确定了建设基于国际互联网协议第 6 版（即 IPv6 协议）的新一代互联网，形成明确时间表，工业和信息化部印发了《互联网行业"十二五"发展规划》，为移动互联网、物联网、云计算更长远的发展铺平了道路。尽管困难重重，政府还是不断表明要推动电信网、广播电视网、互联网的"三网"融合，从而实现物理层面融合为基础的高层业务融合。

在基础设施建设上，政府也予以很大的支持。随着移动互联网流量的快速增长，国家加大对光传输和光接入设备的建设力度，在有线互联网络层面解决好

---

① 国脉物联网：《2011 年中国移动互联网产业回顾与展望》，2012 年 3 月 14 日，http：//industry. im2m. com. cn/49/09261047189. shtml。

② 人民网：《2011 我国移动互联网用户将达 4.3 亿　市场规模 851 亿》，2012 年 1 月 5 日，http：//mobile. people. com. cn/GB/16799933. html。

"最后一公里"问题。而在无线设施上，2011 年，中国电信、中国移动和中国联通三家企业共完成 3G 专用设施投资 941 亿元，完成对所有城市和县城以及部分乡镇的覆盖。① 在发展 3G 通信网络的同时，国家放眼未来、立足长远。2010 年 4 月，中国移动承建的 TD-LTE 宽带移动通信演示网正式开通。同年 12 月工信部批复中国移动提交的《TD-LTE 规模技术试验总体方案》，开启了 TD-LTE 在六大城市的规模测试。2011 年 9 月第一阶段测试已顺利完成。

随着人们在移动互联网上的活动增多、深化，移动空间的商业竞争与个人行为需要规范，个人网络安全亟须保护。中央和地方政府都在考虑对移动互联网经营管理、信息服务进行安全立法。2011 年 12 月，工信部印发了《移动互联网恶意程序监测与处置机制》，首次出台的移动互联网网络安全管理方面的规范性文件，对利用移动互联网窃听、窃取用户信息，破坏用户数据等危害个人和网络安全的恶意行为亮剑。

各个层面的政策支持和保障，为移动互联网未来更好、更快、更健康地发展奠定了基础。

2. 各类企业积极布局移动互联网，努力抓住黄金机遇期

移动互联网在中国的快速发展正值全球经济遭受金融海啸侵袭，包括互联网企业在内的各类大型企业处于对未来的迷茫、探索和重新定位中。移动互联网的快速发展被很多企业视为新一轮产业调整中不容错过的"金矿"。

中国电信、中国移动和中国联通三家主要电信企业除了在国家扶持下大力投资建设 3G 专用设施和研发 TD-LTE 网络外，结合国内具体情况还开展了 WiFi 热点的建设，中国移动、中国电信、中国联通三家运营商都计划到 2012 年在全国各布置 100 万个左右 WiFi 热点，设备投资额约 200 亿～300 亿元。② 努力实现无线全覆盖，提高网速、降低资费，改善移动互联网条件。同时，运营商正向终端和服务两个方向延伸，试图摆脱单一的"管道"角色。

---

① 工信部运营局：《3G 进入规模化发展阶段》，2011 年 12 月 26 日，http://www.miit.gov.cn/n11293472/n11293877/n14395765/n14395861/n14396092/14400422.html。

② WiFi 是一种可以将个人电脑、手持设备（如 PDA、手机）等终端以无线方式互相连接的技术，是 WLAN 连接的主要方式。数据源自凤凰网：《电信 2012 年建成百万 WiFi 热点　首推 WiFi 国际漫游》，2011 年 5 月 10 日，http://tech.ifeng.com/telecom/detail_2011_05/10/6287125_0.shtml。

腾讯、阿里巴巴、百度等传统互联网企业从应用平台到终端设备进行全产业链的整体布局。它们加大了浏览器、即时通信工具、手机安全、移动支付工具、移动搜索等应用开发，提供移动服务展示和销售平台，调动用户生产能力与参与积极性。各互联网企业还以独立研发或合作制造的方式推出各自的移动终端设备，对移动互联网的入口进行战略部署，不断结合移动互联网的特征进行自身的转型与改造。

面对国外移动终端的大批量流入，中兴、华为、联想、酷派等终端制造商积极应对，与本地运营商和互联网厂商合作，推出"千元"智能手机和平板电脑，推动了智能移动终端设备的普及，为移动互联网的快速扩张起到了重要作用。

在中国移动互联网的布局中，无论运营商、终端制造商还是传统互联网企业，都在谋求从传统领域向移动业务的延伸，借"移动之机"，完成自身蜕变。

3. 用户主动采纳与应用为移动互联网发展做出多重贡献

用户是任何技术采纳与扩散最重要的环节，没有他们的接受、投入和参与，只有政府和企业两个方面的努力是远远不够的。

首先，用户对移动设备的主动消费激励了终端制造厂商的投入。移动平台分析机构 Flurry 最新报告显示，中国的安卓和 iOS（苹果公司开发的移动终端操作系统）设备的激活量从 2011 年下半年开始走高，在 2012 年 2 月超过美国，成为全球最大的智能手机市场。[1]这固然有中兴、华为、联想、酷派等国内品牌纷纷发力的原因，但更是中国普通用户不断增强的消费意愿和能力促成的结果。

其次，中国用户积极下载和使用各类移动应用，引导服务开发，鼓励应用平台的建设。美国科技博客网站 APP Annie 的统计数据表明中国已成为应用下载量增长最快的国家，2011 年的下载增幅高达 298%。[2] Flurry 对 2011 年 12 月最后一周全球应用下载的调查也反映出同样趋势，中国下载量为 9900 万次，仅次于美国，位居世界第二。[3]

---

[1] 艾媒咨询：《中国 iOS 与安卓设备月激活超美国 居全球第一》，2012 年 3 月 22 日，http://www.iimedia.cn/27097.html。

[2] 腾讯科技：《2011 年中国手机应用下载量增三倍 居世界第二》，2012 年 2 月 23 日，http://tech.qq.com/a/20120223/000009.htm。

[3] 网易科技：《2011 年最后一周全球移动应用下载量达 12 亿次》，2012 年 1 月 4 日，http://tech.163.com/12/0104/02/7MT1JMSS000915BE.html。

再次，日益庞大的移动互联网用户给了广告商进入的理由，广告商不断加大对移动互联网的广告投入，维持了整个产业链条的快速发展。艾媒咨询数据显示，2011 年中国移动互联网广告市场规模达到 35.1 亿元，而且这一数字将以每年 50% 左右的速度持续增长。①

最后，移动互联网时代的用户不仅是消费者，而且也被赋予了生产者的角色，应用开放平台模式调动了他们的智力和创造力。中国移动互联网个人开发者约有 100 万人，在各类平台提供工具包协助下，成为应用产品的设计者与销售者。② 虽然赢利不多，但他们的生产热情依旧高涨，每年只开发 1～2 种应用的开发者比例在降低，越来越多的开发者都计划在未来每年开发更多的应用，显示出极大的活力。③ 在个人开发者和用户的努力下，2011 年中国移动应用增速居全球第一位，中国成了全球第二大应用市场。

中国移动互联网的美好图景令人充满期待，因为它的壮大是全社会共同合作的结果，其中尤以政府、企业和用户为主要角色，在政策、市场、应用的互动中形成了推动中国移动互联网又好又快发展的"铁三角"。

二　2011 年中国移动互联网发展的特点

1. 从量的增长到质的突破，移动互联网魅力初显

2011 年被认为是中国移动互联网发展最重要的一年，但这一年移动互联网用户仅增长 17.5%，低于 2010 年的 29.7%，更远低于 2008 年、2009 年成倍的增长率。2011 年，中国移动互联网发展的亮点不在用户量的增长，而在于发展的质的突破，智能手机用户突破 1 亿，3G 移动网络已覆盖部分乡镇和全部县城以上城市，移动音乐、移动视频、移动阅读、移动支付、移动搜索、移动电子商务已经达到相当的量级，APP 等应用商店纷纷搭建起来，应用开

---

① 艾媒咨询：《2009～2015 年中国移动广告发展规模及预测》，2012 年 3 月 6 日，http：// www.iimedia.cn/26439。
② 艾媒咨询：《艾媒：2011 中国手机应用开发者平台分布情况》，2011 年 12 月 20 日，http：// www.iimedia.cn/23563.html。
③ DCCI：《中国移动互联网开发者调查报告数据简版》，2012 年 3 月，http：//wenku.baidu.com/ view/818a14d73186bceb19e8bb54.html。

发队伍庞大，中国开发的应用丰富多彩，应用总量已跻身世界前列……正是在 2011 年，移动互联网的魅力开始展现：一个能与有线互联网有效对接、既可畅行有线互联网又有独特内容、网速快捷体验甚佳、随时随地可以享用的新网络正在形成。

2. 智能终端旺销带来巨变，"入口之争"呈白热化

智能移动终端被认为是用户上网的第一"入口"，不仅改变了用户的使用习惯，还形成了新的产业链条。在终端后面，隐藏的则是围绕操作系统的激烈竞争，智能终端成为移动互联网产业的制高点。

2011 年 7 月，阿里云计算有限公司正式推出移动操作系统——"阿里云 OS"和搭载该系统的天语云智能手机 W700。8 月，小米科技推出了小米手机。9 月，百度发布了"百度·易平台"，并和戴尔公司合作推出搭载该平台的"易手机"。腾讯联合 HTC 共同发布了社交手机 HTC ChaCha。中国移动、联通和电信三大运营商也都推出定制的移动智能终端。尽管从目前看，这些产品的市场占有规模较小，似乎是象征意义高于实际意义，但是，它表明互联网巨头和运营商正在展开一场移动互联网的"入口"战争。一些商家推出了适应移动网络的平板电脑、电子阅读器、多媒体机。传统媒体及新兴媒体则推出了数量众多的客户端。各行业都企望通过对操作系统、客户端及智能终端设备的抢滩，在移动互联网上掌握竞争的主动权。

3. "第三方开发"蓬勃兴起，中文应用商店规模庞大，移动应用服务精彩纷呈

2011 年，国内智能移动终端市场持续扩大，既造就也得益于移动应用产业的蓬勃兴起。手机的应用程序本来是手机生产厂商开发或者操作系统自带的，但苹果改变了这一模式，为"第三方开发"开启了一片新天地。较低的创业门槛、灵活的就业和巨大的商机，让众多年轻的互联网创业者为之怦然心动，形成数以十万计的个人开发者和中小应用开发团队。在这样的背景下，移动互联网应用软件开发正以数倍于 PC 互联网时代的速度发展。

2011 年是中国移动互联网应用蓬勃发展的一年。百万应用开发者正在瞄准社交、娱乐、电子商务等方向进行深入垂直的开发，继续给用户带来无限惊喜。一些成熟的开发团队能获得充足的融资或资金支持，分工更为细致，产品更为丰富，逐渐在移动开发领域形成第一军团。截至 2011 年 12 月 31 日，中国区的

APP 在线应用累计数量已经突破了 50 万款①。中国目前有 100 家左右的安卓应用商店，中国移动、中国联通、中国电信三大运营商都开发了自己的应用商店。

4. 移动上网群体发生结构性变化，高端人士持续增加

根据 CNNIC 的数据，截至 2011 年 12 月我国移动互联网用户中，29 岁以下人群占 66.7%，72.7% 的用户生活在城镇，初高中文化人群占 69.3%。② 尽管青年、中等及以下教育程度人员仍是主要使用人群，但随着智能移动终端进一步普及，30 岁以上、接受过高等教育的人群在移动互联网用户中所占比例正不断升高。2011 年 30 ~ 39 岁年龄段人群在手机网民中所占比例为 23.9%，较 2010 年的 21% 增加了 2.9%，大学本科及以上人群所占比例为 13%。高端用户增长趋势在 2011 年一线城市 3G 手机网民中更为明显。在 iOS 和安卓操作系统的手机用户中，30 ~ 39 岁人群占比分别达到 24.9% 和 25.8%，大学本科及以上人群均超过 39%，iOS 当中 62.7% 的用户月均收入在 5000 元以上，安卓用户中这一比例也达 24.8%。③ 随着移动上网群体中高端人群的快速增长，借助其较高的社会地位、知识积累与消费水准，移动网络的应用将更上一层楼。

5. 移动电子商务发展迅猛，正在成为产业整合的"发动机"

中国移动电子商务用户的规模在 2011 年达到 1.5 亿人，同比增长 94.8%；移动电子商务实物交易规模达 135 亿元，同比增长 419.2%。④ 无论是用户规模还是交易规模都保持高速增长，主要归因于政策扶持、商家发力、支付链条通畅和消费习惯养成。

国家政策对移动电子商务长期予以大力扶持。2006 年颁布的"十一五"规划中就很重视移动电子商务。在《电子商务发展"十一五"规划》中将移动电子商务作为六大重点引导工程之一。随着"十二五"规划将电子商务提升至战略性新兴产业，移动电子商务也随之被予以高度重视。

各商业部门纷纷把移动电子商务作为未来的赢利增长点。传统电子商务企

① 软猎：《截至 2011 年 12 月 31 日中国区 APP Store 累计 APP 数达 613445 款》，2012 年 3 月 14 日，转引自 199IT 中文互联网数据资讯中心网站，http://www.199it.com/archives/27938.html。
② CNNIC：《第 29 次中国互联网络发展状况统计报告》，2012 年 1 月，第 40 ~ 42 页。
③ CNNIC：《中国移动互联网发展状况调查报告》，2012 年 3 月。
④ 中国电子商务研究中心：《2011 年度中国电子商务市场数据监测报告》，2012 年 3 月，http://www.ec100.cn。

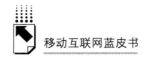
业、移动运营商、平台集成商和商业银行都积极投入。它们不仅在移动网络上拓展各类交易业务，而且还注重交易链条的建立。

2011 年，三家电信运营商都成立了相对独立的支付公司，并在年底获得了移动支付牌照，一方面拓宽了其市场发展空间，另一方面也使支付渠道更为通畅。

移动电子商务充满生机主要依赖消费者的参与。平板电脑的引入和手机支付操作方式便捷化正在克服以往的缺陷，基于地理定位的个性化、精准化电子商务服务则给用户带来超过传统电子商务更好的体验。超过一半的城市智能手机用户曾经使用智能手机进行购买，并愿意进行更多的尝试，这个比例居亚太地区之首。而人们的主要购买项目包括票务、娱乐产品、出差、旅行、服饰、百货、美容与化妆品、电子产品等。①

电子商务线上与线下联动模式，增强了移动互联网的影响力，提供了从虚拟空间走向现实世界的重要纽带。有具体而现实的经济效益吸引，又不需要传统广告业务和应用开发技术的积累，这让更多来自其他产业的机构参与到移动互联网经济的共建之中，调动了它们的积极性与参与热情，移动互联网正在成为名副其实的产业整合发动机。

6. 微博移动应用成亮点，SoLoMo 模式叫好不叫座

智能手机普及前，手机游戏和手机阅读等移动娱乐是移动互联网发展的主要推动力。2011 年，随着智能移动终端的普及，各类新型移动应用层出不穷，技术含量更高，有更好的互动体验，更加侧重生活的实际应用，其中亮点之一是微博与移动的结合。2011 年手机微博的渗透率达到 38.5%，较 2010 年的 15.5% 有大幅度提高，是当年移动应用增长最快的部分。② 2011 年春节前，中国微博上发起了"随手拍，解救被拐儿童"行动。在旅途中的人们把看到的流浪乞讨儿童拍成照片，通过手机上传至网络空间，使"打拐"行动取得重大进展，使人们在充分认识微博的表达功能后开始关注其潜在的巨大社会组织能力。

① 谷歌与益普索：《中国城市智能手机用户最"值钱"》，2011 年 11 月 11 日，转引自网易新闻，http：//news. 163. com/11/1111/01/7IHT5KUQ00014AED. html。
② CNNIC：《移动互联网数据报告》，2012 年 3 月。

微博的手机应用从一个角度体现了移动互联网和有线互联网的突出差异——借移动突破空间限制,将不同空间的行动以时间为线索整合起来。2011 年 2 月,在既有地理位置服务(Location Based Service,简称 LBS)概念的基础上,美国著名 IT 风险投资人约翰·杜尔(John Doerr)提出"SoLoMo"概念,即"社交 + 地理位置 + 移动(Social + Local + Mobile)"的趋势。中国 DCCI 互联网数据中心创始人胡延平与之呼应,提出了未来互联网生态将朝着"COWMALS(连接、开放、Web 网站、移动、应用、地理位置和社交)"方向发展,预言 LBS 将成为未来互联网的标准配置。① 当移动将社交和地理位置联系起来后,人们关于移动互联网的想象力被进一步打开,"农田指导"、"数字景区"、"移动政务"、"移动家务"等种种新鲜想法和应用层出不穷。

但在现实中,SoLoMo 模式网站的发展在 2011 年并不顺利,仅 LBS 网站就从 2011 年年初的 50 多家锐减到年尾的 15 家,主要原因是赢利模式不清晰,围绕"L(位置)"的概念多,但对"S(服务)"思考得少。② 进入 2012 年后,LBS 网站更多地与电子商务结合。尽管 SoLoMo 在中国的发展前景不甚明朗,但其培养了人们对移动互联网组织活动的信任与参与其中的习惯,功劳也不小。

7. 移动互联网尚处在发育期,产业链未成形,兴趣与信念支撑各方不断投入

我国的投中集团(China Venture)统计报告显示,2011 年中国移动互联网行业共有 59 家企业获得风险投资,已披露的融资规模达 4.7 亿美元,约合 29 亿元人民币。③ 著名投资机构国际数据集团(IDG)2011 年已把重心转向移动互联网,在 ICT(Information Communication Technology,即信息传播技术)领域中 50% 以上的投资都流向移动互联网项目。④ 这预示着移动互联网正在成为一个独立的经济领域。

---

① 胡延平:《互联网生态正在向 COWMALS 移动》,中国新闻网,2011 年 5 月 25 日,http://www.chinanews.com/it/2011/05 – 25/3066241.shtml。
② 南方都市报:《LBS 或成移动互联最先破裂泡沫:50 企业仅剩 15 家》,2012 年 1 月 2 日,转引自艾媒网,http://www.iimedia.cn/24115.html。
③ 网易科技:《2011 年共 59 家移动互联网企业获得风险投资》,2012 年 2 月 13 日,http://tech.163.com/12/0223/16/7QV8C5M600094L5P.html。
④ 腾讯科技:《IDG 资本副总连盟:移动互联网给传统行业机会》,2012 年 3 月 18 日,http://tech.qq.com/a/20120318/000113.htm。

投资的增加源于投资机构看好移动互联网的未来。首先，中国移动互联网已经形成从终端到平台、从制造到应用的完整产业链。其次，移动互联网秉承开放精神，为各类企业，特别是小微企业提供了一展身手的舞台。无论是体胖如大象，还是微小如蚂蚁，在这里都能翩翩起舞。再次，移动硬件和软件更新日新月异，令市场新机遇连绵不断。最后，移动电子商务打通线上与线下，使产业发展与资金流动有更宽阔的空间。

让参与其中者更为刺激的是，移动互联网还处于发展的初级阶段，一切都在成形，一切又都未定型。在这个高速发展的市场上，即便是苹果公司的每一个新产品的市场评价和公司下一个年度的发展趋势都会被质疑，绝对的权威并不存在，一切优势都转为相对。在这种情况下，每一笔投资都是给未来埋下一粒种子，企业和个人的投入要么基于移动互联网激发的兴趣，要么基于对其不断上扬发展曲线的信念。

8. "三网"融合步履艰难，"三屏"开始融合于智能手机

移动互联网的巨大动能不是来自通信技术与互联网的简单叠加，而是两者有机结合后带来的技术和产业的不断融合。"三网融合"已提出十余年，2010年国务院大力推进三网融合，但直到2011年仍进展缓慢，步履艰难。但是，在部门利益、行业利益各不相让、难以平衡，三网融合困难重重之时，围绕用户个人的电视、电脑、手机的"三屏融合"则在没有政府推动，也无部门阻碍的情况下悄无声息地进行着。随着智能手机的普及和发展，特别是3G条件下，越来越多的人通过移动终端收看电视，激动网、优朋普乐、土豆网、乐视网和优酷网先后成为电信运营商的内容合作伙伴。马化腾在腾讯与CNTV合作后，甚至预测互联网电视将成为第三大网络新兴产业。① 融合是移动互联网运作和发展的主要方式，协同是移动互联网追求的重要效果，体现了整个产业格局和发展方向，从而成为对2011年中国移动互联网成长最好的注脚。

三　移动互联网高速发展给中国带来全方位影响

传播技术变革总是与社会变迁密切相关，移动互联网也不例外，不仅给传播

---

① 艾瑞网：《马化腾：互联网电视将成为第三大网络新兴产业》，2012年3月21日，http://video. iresearch. cn/45/20120321/167162. shtml。

生态和信息产业格局带来了变革，也引发中国经济、政治、社会、文化、新闻传播等诸多领域的变化。

1. 对中国发展的影响：加速社会转型，增添发展动力

移动互联网赋予参与其中的组织和个人以新能力，激发并传播新思想，催生了新的社会组织与管理模式，加速了我国社会转型的进程。其影响既深刻，又全面，不仅引发传统生产经营和社会结构变革、让以前不相往来的社会单元间发生联系，产生跨界合作和融合，而且还促使政治、经济、社会、科技、教育等一系列社会主要方面发生转变，与移动传播相适应，更对传统思维与观念产生影响，从新的视角看待问题，以新的方法解决问题。因此，不仅要看到移动互联网引发的各种迷局，更要认识到它破解种种迷局的无穷潜力。生产部门利用它促进智能化生产与管理，带动产业升级，在高起点上，积极培育全球化的本土大公司出现。行政部门充分利用移动互联网智能、泛在的传播网络，体察民情、了解民意、汇聚民智，积极搭建电子政务平台为人民服务，帮助我国社会平稳度过转型期。

2. 对经济生活的影响：构建智慧网络，转变营销观念

智能移动终端以及在此基础上建立起来的移动互联网，随着技术的发展，将越来越智能化。生产、运输、管理、营销，都可以移动控制，许多在办公室做的工作将可以在移动中、在旅途中、在家庭里完成。它既是对人的解放，也将是时间的释放、效率的提高。

移动互联网有庞大的用户群体，这是商家最为渴望的营销对象群体。智能终端不仅为商家的产品和服务提供了最好的展示平台，而且还能够与目标对象互动，搜集对方的消费喜好、偏向等等信息。所以，智慧的移动互联网为商家——无论大型企业还是中小企业，都打开了一扇崭新的营销窗口。手机的随身、个性化、智能化、定位精准、互动性，加上移动社交的普及、移动支付的完善、移动电子商务安全的提升，将带来一场商业营销的革命。

3. 对政治生活的影响：人人拥有无线麦克风，随时随地"参政议政"

Web 2.0时代的互联网给每位参与其中的人一支"麦克风"，人人有权面对社会发声，并成为他们社会存在的一种重要方式，公民身份在此过程中得以强化。而移动互联网在此基础上，赋予每位公民一支升级的"无线麦克风"，让其随身行走，无处不参与，无时不表达，公民通过此种"技术赋权"享受到了更广泛的知情权、参与权、表达权、监督权,可以随时随地参与政治活动、社会管理、公益活动等等。此外,移动互联网还能让公民将线上线下的讨论很顺畅地结合起来,无缝衔接,促进人们跨时空、跨领域地交往。传统媒体、新媒体,论坛、博客、微博,还有各式各样的"群"、"吧",面对更多选择,人们却常常感觉无所适从。这也是一柄双刃剑,如何确保公民在无线网络空间理性、有序地参与政治与社会活动,是社会管理者、无线互联网管理者需要直面的重要问题。无论从个人还是社会角度,任何传播模式、舆论生态都既需要丰富、多样,也需要有主流、主导。

4. 对个人生活的影响:改变生活方式,提升生活品质

智能手机似一场春雨,潜移默化中改变了中国人的生活方式,不断提升个人的生活品质。移动交流让我们"天涯若比邻",移动阅读让无聊时间充满乐趣,移动音乐让寂寞时光洒满欢乐,移动导航让迷途不再有,移动传播让新闻资讯随处可享,移动医疗、移动教育让广大农村地区和乡镇有可能享受大都市的智力资源,移动电子商务让消费者购得称心、销售者满意……紧急时刻,移动互联网还能解人急难,甚至救人性命。也许,若干年之后,移动互联网会像空气和水一样,已经融入生活之中,有它存在,没什么感觉,一旦缺了它,就觉得不自在、不习惯。一项调查反映,人们随时随地都在使用智能手机,家中(66%)、旅途中(59%)、乘坐交通工具中(52%)、餐厅内(38%)及商场内(30%)。① 有人甚至说移动终端成为人体的第一个智能器官,既是身体的延伸,也扮演着生活中无法替代的角色。

5. 对新闻传播的影响:加快传播模式转变,改变媒体产业格局

大众传播时代,传播是单向的,互动既少又严重滞后;方式是一对众的,一个传播主体向广大人群传播,因此叫大众媒体、大众传播。互联网、Web2.0、社交网络改变了传统传播模式,形成了既有一对众,也有一对一、众对众的多元多向、充分互动的新传播模式。新的传播模式产生新的舆论生态:人人都有麦克风、扩音器,传统媒体、新媒体,论坛、博客、微博,还有各式各样的"群"、"吧",众声喧哗。移动互联网迅速发展,智能手机的普及,加速了传统的传播

---

① 谷歌与益普索:《中国城市智能手机用户最"值钱"》,2011 年 11 月 11 日,转引自网易新闻,http://news.163.com/11/1111/01/7IHT5KUQ00014AED.html。

模式向新的传播模式的转变，加速了新的舆论生态的形成。移动互联网快速发展，带来了媒体格局的改变。报业广告份额连年下降，电视受众不断流失，不仅电视、电脑屏开始融入移动终端屏，而且报刊、图书、游戏、音乐、广播也开始汇聚于移动终端。曾经的报刊、广电、户外"三分天下"的传媒业，正在被报刊、广电、户外、网络"四强争霸"的格局所取代，而且报刊、广电开始显示式微，互联网及移动互联网则日见其大，强者恒强。

6. 对文化生活的影响：无限的学习与创作空间，丰富的文化消费与享受

移动互联网所引发的"移动阅读"、"碎片学习"、"行走写作"装点和丰富着人们的文化生活。只要有移动终端陪伴，随时随地都是图书馆、课堂、书房，便捷的方式与降低的技术门槛强烈地激发着人们的学习热情和创作欲望。在堆糖、花瓣等网站"图片瀑布"中，大部分图片都是用户借助移动终端拍摄的作品，同时，大部分图片也是针对智能手机屏幕的比例而设计的。在英文中已经出现了"生产消费者（Prosumer）"一词，生产者（Producer）与消费者（Consumer）两词的边界从未变得如此模糊，文化生产"我为人人，人人为我"时代因社交网络的出现而到来。移动互联网打破了文化创作与消费的时空界限，为文化繁荣与发展提供了新机遇和广阔天地。2011年11月，李长春同志在中国移动南方基地考察时强调，要重视以手机为代表的网络文化发展，充分利用中国移动的平台发展移动互联网文化，大力推动社会主义文化大发展大繁荣。[1]

7. 对人类文明的影响：更为透明、开放的高度信息化社会将要来临

携带着移动终端的用户就像一个社会传感器，在不同的角落，从不同的角度感知着社会，随着用户队伍的继续扩张，世界可被感知的部位不断增加，终将朝着更加透明和开放迈进。一方面，人人通过互联网特别是社交类网络发布自己的见闻，表达观点与看法；另一方面，移动互联网提供了随时随地发布与表达的条件，我们有理由相信，更为透明和开放的高度信息化的社会将会出现。当然，体制与机制的障碍不可忽视，但那毕竟是暂时的，技术的力量、人类的需求和社会发展的动力是不可阻挡的。

---

[1] 中国信息产业网：《李长春同志视察中国移动南方基地时强调要充分发挥移动互联网在文化建设中的作用》，2011年11月16日，http://www.cnii.com.cn/yy/content/2011-11/16/content_933851.htm。

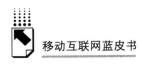

四　中国移动互联网发展的机遇与挑战

移动互联网为社会各个部门带来新的变化与发展机遇，同时因为新旧交替，也必然会给社会带来新问题与新挑战，主要表现为以下几个方面。

1. 移动互联网的发展给我国创造了难得的超越机遇和后发优势，但缺乏核心技术和创新严重不足是发展的最大障碍

在早期移动通信和互联网领域，我国企业和市场通常只能扮演被动接受者、跟随者，乃至模仿者角色。但在移动互联网时代，我国已成为全球最大的移动市场，拥有规模最庞大的用户群，排名世界前列的手机、智能终端生产能力，还有位列世界 500 强的运营商鼎力支持，这使我国移动互联网相关企业有了后起赶超的机会。以我国为主研发的 TD-LTE-Advanced 已被国际电信联盟正式确定为第四代移动通信两大国际标准之一，我国基于 IPv6 的下一代互联网协议的研制和开发亦属世界先进。①

作为发展中国家，移动互联网给我国带来了难得的超越机遇，但是，移动互联网的核心技术——智能终端操作系统等仍掌握在美国等少数发达国家手中；智能手机芯片，我国也存在相当的差距，国外科技强国不断推出新的技术标准，制定有利于自己的游戏规则，技术话语权还不在我们手中，而且我们的创新能力相当落后，未来移动互联网技术高地的争夺，我国的胜券还不多。

2. 移动互联网给各行各业带来转型、突破的机会，但抓不住机遇则可能陷于困境

移动互联网给许多行业带来机遇，也造成了危机。强大的、拥有渠道垄断优势的电信运营商可以向"云"延伸，可以向智能终端拓展，但也面临被挤压、成为单纯"管道"角色的危险；图书出版业可以利用现有资源向网络进军、向移动扩展，获得数字出版机遇，获得广阔的销售空间，但传统业务正在萎缩，而新市场正被他人瓜分；零售业拥有开拓电子商务的货源、渠道、资金优势，但传统业务市场正在缩小，互联网企业又已做大做强电子商务，后来者没有多少发展空间了；传统传媒业拥有向互联网和移动互联网拓展的意愿与动力，但转型之路

---

① 吴凡：《4G 来了，3G 准备好了吗?》，《中国新闻周刊》2012 年第 8 期。

漫长、赢利模式不明……移动互联网给予各行各业以新的机遇，同时也让其面临强大的挑战。在数字技术、互联网和移动互联网的冲击下，行业、企业及社会职位都在嬗变，抓住机遇，迎接挑战、迎难而上，才能立足于未来。

3. 移动社交网络极强的组织动员能力，便捷了人们的生活，方便了沟通交流，但缺乏规范也给社会与个人带来了危害

移动互联网的发展大大提高了信息传递的速度与精准度，社会组织和动员能力明显增强。智能手机正在成为最贴身、须臾不离的个人物品，而且还能将录音笔、照相机、摄像机功能融为一体，成为集大成的智能化工具。在可以预见的未来，手机还将融信用卡、家庭安全助理、随身工作计算机等功能于一身，人们的移动生活将更为随心所欲。

但是，有一利也有一弊，移动互联网强大、快捷的组织动员能力也能够被利用来危害社会、反主流、损害公众利益、阻碍社会进步。一则谣言通过手机、移动互联网快速广泛传播会引起公众恐慌，导致社会动荡；伦敦骚乱的骤起，离不开移动社交网络之组织动员。如何用好移动互联网特别是移动化的社交网络为社会管理服务，是一大课题；如何应对、防范某些个人或社会组织利用移动互联网络制造骚乱、危害社会与公众利益，是更为重要和紧迫的课题。

手机、移动上网将是每个人的必需。但是，垃圾信息、恶意攻击、隐私暴露等等问题随之而来，个人信息安全，甚至个人行踪信息的保护、财产安全更是个人也是社会需要直面的问题。每个人都要有个人信息安全、手机安全、"云"安全的意识，都要正视这些危险。

相对于移动互联网的成长速度，立法规范已经相当滞后。为了社会的健康与稳定、个人的安全与幸福，移动互联网法律、管理方面的建设必须提速。

五　中国移动互联网的发展趋势

互联网诞生后，一直是"未知大于已知"，它不断给人以惊喜，不断创新应用，不断创造新的市场，移动互联网也不会例外。

1. 用户增长、应用开发、信息服务将进入爆发期，围绕"入口"与"地盘"之争将更趋激烈

中国智能手机市场规模继续增长，互联网消费调研中心 ZDC 统计数据显示，2012年3月智能手机在中国手机市场的用户关注度已经超过九成，创下新高。① 此外，移动互联网接入设备更加多样，不仅手机、平板电脑可以上网，个人电子助理（PDA）、电子阅读器、视频播放器等附加了联网功能后也变成移动终端。

借助开发工具和信息平台的开放，应用开发和信息服务成为移动互联网明显的、新的赢利增长点。特别是信息服务，除了传统上为普通用户提供付费信息、移动流媒体、移动游戏等服务外，移动垂直广告、信息搜索和消费者移动数据的挖掘将成为面向商业客户信息服务的大蛋糕。

除了移动终端和操作系统的争夺外，浏览器、应用程序、搜索引擎、移动接入等方面争夺也将愈演愈烈。在移动接入方面，2012年4月，北京移动与北京公交集团合作，在公交车内部署无线上网设备，实现WiFi网络覆盖。②广阔的市场吸引着各方力量跨界合作、争夺"地盘"，抢占先机。

2. 新闻服务、社交活动、政治参与将有大发展，移动商务、移动娱乐、移动教育等天地更为广阔

手机和平板电脑用户获取新闻服务的比例都在六成以上，移动过程中的新闻获取更加符合用户基于地理位置的需求和碎片化时间的利用。从手机报到新闻客户端，传统媒体已经开始移动播报，移动新闻将成为内容提供者与消费者的新宠。

社交活动一直是移动服务的核心所在，从电话、短信到微博、微信、米聊，交往与组织的便捷，促成移动空间公共领域的成熟，激发了用户政治参与互动的热情，带动相关应用发展，移动互联网的社会与政治影响将更加现实和重要。

移动电子商务是2011年发展迅猛的领域之一，在用户规模和交易总额方面都实现了突破式发展。随着移动支付、移动安全等瓶颈问题的进一步解决，移动电子商务势必迎来更快的发展。

移动游戏、移动阅读和移动教育等等也将像移动电子商务一样，显示出极大的诱惑力和潜力，在未来获得蓬勃发展。

---

① 中关村在线：《2012年3月中国智能手机市场分析报告》，2012年4月12日，http://search.zol.com.cn/search/article_view.php? did=2877615。
② 中国广播网：《北京移动将在公交开通WiFi》，2012年4月19日，http://www.cnr.cn/gundong/201204/t20120419_509476488.shtml。

3. 内容、服务、商业模式、接入方式更趋多样、多元，不同服务模式、平台的融合、兼容将是趋势

移动互联网接入方式更加多样，未来 3G 和 WiFi 将会进一步蚕食 2G 网络份额。2011 年第四季度 2G 网络接入比例为 89.2%，比第一季度下降 5.6%，3G 和 WiFi 接入比例有所上升，分别达到 9.1% 和 1.7%。①

移动互联网的内容和服务更加多元化，信息、娱乐、电子商务等应用服务进一步区域化、垂直化、生活化。目前中国移动互联网应用服务类型有 6 大类 22 小类②，热门的应用服务类别越来越多。

移动互联网平台的融合与兼容将是趋势。电信运营商为主导的时代正在向平台运营商为主导的时代过渡。众多的平台和应用服务模式，既给用户带来了选择性也造成了障碍。一旦隔阂达到极限，各种平台、模式将会寻求兼容和融合。

4. 移动互联网的快速发展将促进云计算时代的到来，数据"即存即取"并不遥远

2011 年国内各大相关 IT 公司都推出了云计算平台和云服务，如中国电信"e 云"，中国移动的"大云"，华为的"Cloud ＋"，阿里巴巴的"阿里云"等。云计算技术为移动互联网提供以下三方面服务：（1）移动办公、云同步，随时随地使用多终端接入办公平台；（2）移动云存储，无论是国外炙手可热的 DropBox 和苹果 iCloud，还是传统互联网公司如 Google Docs 和微软的 SkyDrive 都提供了针对移动终端跨平台的存储支持；（3）移动云应用，目前诸如健身、理财和 LBS 类社交软件等在智能移动终端（iPhone 等）的应用日益增多。

不断演进的通信技术和日益增大的移动带宽，使得移动终端对云的访问速度越来越快，数据"即存即取"并不遥远。

---

① 《2011 年第四季度移动互联网发展趋势报告》，2012 年 3 月 7 日，百度网站。
② 刘青焱：《中国移动互联网应用服务发展现状及趋势》，2012 年 3 月。

综合篇

Comprehensive Report

B.2

移动互联网技术的前世今生

刘 禾*

摘　要：本文回顾了移动互联网技术的发展历程，说明其出现是计算机信息处理技术、移动通信技术、终端技术、网络技术发展的必然结果。在此基础上，梳理了人机语音交互、物联网、云计算和信息安全技术发展等2011年移动互联网技术的发展亮点。最后预测了移动互联网在未来的发展趋势，提出了今后值得注意的问题。

关键词：移动互联网　通信技术　网络技术　终端技术

纵观近几十年科技在芯片、计算机、软件、通信技术等领域关键技术发展的里程碑，原本各自孤立的技术因为3G移动通信技术成功商用、社交网络兴起、移动终端智能化走到了一起，引进了一个崭新的时代——移动互联网时代。

---

* 刘禾，北京邮电大学软件学院院长助理，移动互联网开放创新实验室常务副主任，社会化信息管理与服务研究中心副主任，硕士。

有观点认为，"移动互联网"只是"桌面互联网"的延伸，除了"移动性"外，还是那个互联网技术，并没有专门、革命性的技术出现。诚然，移动互联网在技术上称不上大的革命，但它通过对各种技术的整合，移动通信网与互联网融合，将人类从桌面电脑前解放出来，重塑了人类生产生活，从社会的角度，它是划时代的革命。随着物联网、云计算、人机交互等新元素的加入，移动互联网成为一张无所不包、无处不在的大网，必将深刻影响着我们的世界和生活。

一 移动互联网技术的发展历程

1. 移动互联网处于"第五技术周期"加速发展阶段

过去 50 年间，每隔 10 年，就会因为技术进步产生一个新的计算技术周期，以更强大的计算处理能力，更友好的用户应用界面，更小的外形尺寸，更低的价格，更好的扩展服务来降低计算使用成本，计算设备终端保有量会 10 倍于前一个周期。

20 世纪 60 年代是"主机时代"，大型计算主机推动了其他产业发展。20 世纪 70 年代是"微机时代"，集成电路技术将计算机变得更小，计算能力增强，能源消耗减少，产生了计算机网络。20 世纪 80 年代则是"个人电脑时代"，PC机进入普通人生活，推动经济发展和社会进步，计算机网络逐渐被互联网所取代。20 世纪 90 年代是"桌面互联网时代"，通信技术和计算机网络技术构成的互联网，用户超过 10 亿，将计算应用推送到我们每个人的桌面。

如今，移动互联网把人们带入第五个新技术周期加速发展阶段，其增长速度远超桌面互联网，摩根斯坦利认为手机上网用户会很快全面超过电脑上网用户。①

由于移动互联网整体架构不同于传统互联网，IPv6 技术、芯片技术、物联网技术和移动通信技术的结合令其终端平台更加多样，上网设备超过以往。3G、4G 无线网络，社交网络，视频，IP 语音以及智能移动终端五项基于 IP 的技术让移动产品和服务正在快速增长并相互融合，苹果、谷歌等行业创新领导者将"第五技术周期"带进了加速发展阶段。

---

① 摩根斯坦利研究所：《全球移动互联网研究报告》，2009 年 12 月 15 日，http://www.doc88.com/p-70781626263.html。

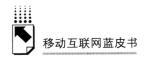

2. 移动通信技术的演进

移动通信网络由传输网、交换网、接入网等不同的网络体系连接而成。几十年来，移动通信技术沿着模拟到数字、窄带到宽带、语音到数据的路线不断进化，满足着社会与经济发展对信息日益增长的要求，推动工业化社会进入信息化社会。

电信运营商的基础传输网已经通过自动光交换光网络、超长距离传输系统、超密集波分复用系统、多业务传送平台等技术实现传输网的智能化、长距离、高速率和多业务传送。交换网也经过了电路交换（基于模拟电路）、软交换、IMS 交换等不同的演进阶段。软交换的演进推动了以 IP 技术为基础的下一代网络（NGN）成为网络发展的重点。接入网分为固定接入网和无线接入网。固定接入网经历了从铜缆窄带向光纤宽带的变化。光纤到户、家庭接入带宽的水平将进一步提高。无线接入技术则经历了模拟到数字、分组交换到 IP 交换、窄带到宽带的变化，容量更大、速度更快、更安全可靠，大体分为 1G、2G、2.5G、3G、LTE 等几代系统。

第一代移动通信系统（1G）使用模拟语音调制技术，基于蜂窝结构组网，传输速率约为 2.4kbit/秒，只能传输语音流量。业务量小、质量差、安全性差、没有加密，1G 技术正逐渐被淘汰。

第二代移动通信系统（2G）基于数字传输，通信容量更大、服务质量更高，除语音外，还增加了短消息、数据服务、Web 浏览、电子邮件、移动计算、移动商务等数据业务，其传输速率可达 64kbit/秒。由于制式不同，2G 手机还不能实现全球无缝漫游。

第 2.5 代移动通信系统（2.5G）是 2G 向 3G 的过渡形态，其通过使用无线分组服务（GPRS）实现了移动设备发送和接收电子邮件及图片信息等功能，普通速率达到 115kbit/秒，增强速率可达 384kbit/秒（即 EDGE），提高了数据业务的运营比重。

第三代移动通信（3G）以 TD-SCDMA、WCDMA、CDMA2000 和 WiMAX 为代表，无论是在通信质量还是在业务扩展以及高速移动通信能力上与 2G 相比都有巨大进步。其面向 IP 的通信方式，实现了移动终端与因特网的高速互联。3G市场在欧美国家已存在很长时间。2009 年 1 月 7 日，中国移动、中国联通和中国电信分别获得了工业和信息化部发放的三张 3G 牌照，分别基于 TD-SCDMA、WCDMA、CDMA2000 开展了 3G 业务。

LTE 是英文 Long Term Evolution（长期演进）的缩写，是国内外正在推进的、介于 3G 和 4G 之间的过渡通信技术，其无线传输速度是 3G 网络的 10 倍，能完全满足目前互联网业务的需求。由我国主导的 TD-LTE 标准和 LTE FDD 标准发展基本同步，呈现高度一致性。加之我国电信运营商、设备制造商在国内外市场中的强势地位，助推 TD-LTE 发展。2009 年 12 月，华为和爱立信共同承建了北欧电信巨头 Telia Sonera 在挪威的奥斯陆和瑞典的斯德哥尔摩部署的全球第一个 LTE 商用网络。

20 多年间，中国通过走引进、消化、吸收、创新相结合之路，从技术完全引进，跨越国外传统发展阶段，最终赶上国际先进水平，并在一些领域引领全球趋势，从而真正实现了从技术引进到自主创新、从紧密跟随到引领发展的新跨越。

3. 移动终端技术的发展

移动终端是移动互联网的入口，在处理器芯片、交互、电池、屏幕、存储等技术助推下，操作系统、应用软件和服务不断完善，功能变得越来越强大，同时也伴随着移动通信技术发展，经历了从模拟到数字，从简单到智能的发展历程。

从 1973 年 4 月 3 日，摩托罗拉的领导马丁·劳伦斯·库珀率先研发出移动电话原型机起，移动电话作为移动终端的一种，经历了三代技术的更替变化。

智能移动终端早在 20 世纪 90 年代便有了雏形，苹果、Palm、微软、诺基亚、HTC 等公司都推出过商用产品，我国当年以"商务通"为代表的手持商务终端也火暴了一阵。但它们最终由于没有实现与互联网实时连接，从而成为产业无法壮大的瓶颈。直到以智能手机为代表的新型移动终端出现，以 3G 技术支撑的移动互联网基础设施完善到位，电子邮件、网页浏览、游戏、视频、微博等具体应用大大方便了人们的工作和生活，移动互联网才成为水到渠成的事情。

技术进步使移动终端设计发展从未停息，一直朝着集成度更高、功能更强、器件更少、功耗更小、屏幕更大的方向发展。

智能手机要求支持多种通信接口，能在不同制式标准的移动接入网中自由进行切换，实现多模手机无缝接入，支持 WiFi 网络，蓝牙短距离通信等。开放式的软件架构、芯片和内存芯片技术让智能手机处理能力达到 PC 水平。手机操作系统、服务应用管理、信息安全等软件在手机中占到的比重越来越大，从专用嵌入式软件和操作系统向开放式软件和操作系统演变。

手机的运算能力越来越强大，存储越来越大。为了便携和节能，智能手机芯片大部分采用 ARM 架构，比传统 PC 机 Intel x86 架构能耗更低。

正是由于通信接口、计算能力和业务处理三部分越来越智能化，移动终端才

演变成智能移动终端。

多摄像头、GPS、各种传感器等不断被引入新型号手机中，手机已经被重新定义为集成照相机、GPS 导航仪、游戏机的新型电子消费产品。在移动互联网环境下，用户使用体验成为业务成功的关键，手机交互模式发生了很大变化，触摸屏操作成为主流发展趋势，苹果公司甚至开发了 Siri 话音交互功能。

手机之外，更多电子设备都在增加移动模块的基础上成为移动互联网终端，苹果公司的 iPad、亚马逊的 Kindle Fire 都是此类衍生的典范。

4. 互联网技术的发展路径

互联网发明可追溯到 1969 年由美国国防部组建的阿帕网（ARPANET），其主要用于军事研究目的，但对后来网络技术发展有五大贡献：支持资源共享、采用分布式控制技术、采用分组交换技术、使用通信控制处理机、采用分层的网络通信协议。特别是 TCP/IP 协议簇的开发和使用，使网络通信成为可能。

2000 年前，互联网的影响力虽然远小于有线电视网络和电话网络，但发展速度远远高出后两者，让其全面胜出的两个关键因素是 IP（Internet Protocol）技术和开放可编程技术。

IP 技术是互联网的基石，主体包括传输控制协议（TCP）和网际协议（IP），从 1983 年 1 月 1 日首次发布以来，IP 第一个版本 IPv4（Internet Protocol version 4）基本上没变，而其上层技术和下层物理网络设施一直在变，互联网的高速发展，最终导致 IPv4 地址（约 43 亿个）告罄，目前各国都在从 IPv4 向 IPv6 地址过渡，不仅增加了互联网的设备容量，也为下一步实行网络实名提供了技术支持。当前热议的有线电视网、电信网、互联网的"三网融合"，从技术演进上看实质上就是用互联网的 IP 通信技术统一融合其他两个网络。

开放可编程技术为互联网带来丰富的内容和众多的服务，特别是吸引草根用户为互联网发展贡献自己的聪明才智，才让互联网蓬勃发展到今天。

传统互联网经过 20 多年发展，成为人们生活的一部分，也诞生了微软、雅虎、eBay、亚马逊、思科等伟大的公司。2010 年 5 月 26 日下午 3 点闭市的时候，苹果股价略微下滑 0.48%，市值收于 2257 亿美元，而同一时间微软股价大跌 4.07%，市值收于 2234 亿美元，至此苹果市值正式实现了对微软的超越。"华尔街见证了一个时代的结束，而新的时代也已开始：全球科技含量最高的产品不再是你桌上的，而是在你手中。"《纽约时报》如此评价这个时刻，意味着移动互联网时代元年的真正到来。1996 年 12 月 20 日，濒临破产的苹果公司以 4 亿美元收购乔布斯另起炉灶创建的 NeXT，不仅保证它继续拥有 Mac OS X 核心技术，且获得了功能强大的网页应用开发工具 WebObjects、编程软件 OpenStep，还让乔布斯重返苹果，才有后来 OS X、iPod、iPhone、iPad 的席卷全球。

苹果的成功主要靠打造了以 iPhone 手机为核心的移动互联网生态链，既是深入挖掘人的内心需求，深入思考人的心理体验，引导和满足用户需求与体验的成功，也是由乔布斯领军的研发团队自上而下的商业模式的成功。

与此同时，谷歌收购和大力发展了安卓手机操作系统，找准了产业链核心命脉，追求和加强在移动互联网领域里的数据中心地位，在移动互联网云计算背景下，打造自己的信息服务生态链和竞争环境。

智能化移动终端、网络和应用是移动互联网发展的三个要素，只有三者有机聚合，将体现"高移动性"的"移动智能终端 + 无线网络"推送到用户面前的时候，移动互联网时代才最终来临。

二 2011 年中国移动互联网技术发展的重点与亮点

2011 年，中国移动互联网技术虽然没有出现独创、颠覆式创新，但受国外技术影响，也出现了像小米手机的"米聊"，多个和苹果应用商店类似的手机应用社区，基于 SoLoMo 模式的街旁、玩转四方等微创新企业和应用服务。特别值得一提的是采用问答模式，基于手机的社交问答系统"虫洞"，上线不到半年，用户达到几百万。让人们感受到国内移动互联网发展的热度。但对以下可能会带给移动互联网颠覆变化的创新技术而言，还需要更加努力。

1. Siri 改变了人机交互模式

苹果公司的多点触摸技术让"手指划过屏幕的时代替代了鼠标点击屏幕的时代"。2011 年苹果推出的 Siri 语音识别技术将带来又一次人机交互方式革命，改变诸多既有格局，进一步解放科技力量。

在产品科技属性上，Siri 引爆第三次人机互动革命，在键盘、轨迹球相继在移动终端上消失之后，虚拟键盘、菜单功能项也即将消失。在产业格局上，Siri 将使苹果公司继续保持优势，有望再次提高安卓和 WP7 设备与之进行竞争的门槛。Siri 还将从谷歌的核心业务——搜索中抢夺地盘，人们可以通过语音指令让

Siri 打开任何网页，胜似社会化搜索引擎。Siri 还将为苹果带来巨量的用户数据，而这是其他竞争对手无法得到的。Siri 将强化它的三个弱项——云计算、社交、家庭娱乐设备，它将不仅仅是一个应用程序，还将是一个用户界面系统，并整合来自 API 大量开放的数据。甚至，由于占据用户与数字设备和互联网的第一"界面"，一个"应用导航"甚至"Siri APP Store"也不是不可能出现。Siri 的联合创始人 Norman Winarsky 在接受媒体采访时曾预言：毫无疑问，苹果的虚拟个人助理是开创性的，这是一个改变世界的事件。在技术方面，Siri 至少领先竞争对手 2 年，因为这不是一个语音识别软件，而是真正的、可商用的人工智能技术。[①]

遗憾的是 Siri 不支持中文，就像当年的搜索技术，谷歌由于中文搜索技术没有及时开发，给了百度在国内发展强大的机会，国内中科院自动化所、科大讯飞研究语音识别技术多年，技术积累雄厚，科大讯飞的相应成果还获得过国家科技进步二等奖，Siri 的成功可能会为中科院自动化所和科大讯飞等搞同类技术研究的单位提供产品设计新思维。谢文著的《为什么中国没出 Facebook》一书中就有很大篇幅论述了国内顶级产品经理人才匮乏，对于企业成长的关键影响。随着图像识别、增强现实，甚至脑电波等交互技术的应用，人机交互的模式不断推进移动互联网的发展。国内相关研究机构应该跟踪世界前沿技术研究和应用新进展，在产品设计和科研成果转化上以创新思维跟上技术发展的步伐。

2. 云计算打造移动互联网服务新模式

云计算是继 20 世纪 80 年代大型计算机到客户端——服务器的大转变之后的又一种巨变。就像交流输变电传输网与电流间的关系一样，移动互联网使数据中心、计算能力或者硬件设备所处的位置对用户不再重要，用户所关心的只是他需要的信息或者内容。云计算更加强了移动互联网的这一特征。

云计算可以认为包括以下几个层次的服务：基础设施即服务（IaaS），平台即服务（PaaS）和软件即服务（SaaS）。

2011 年 6 月 6 日，苹果公司在美国旧金山市举办了开发者大会"WWDC 2011"，公布了旗下云计算服务"iCloud"。乔布斯在发言中解释说："10 年前，

---

① 凤凰网：《Siri：不仅是语音输入方式更是人机互动新革命》，2011 年 11 月 4 日，http：// tech. ifeng. com/it/detail_ 2011_ 11/04/10422704_ 1. shtml。

计算机架起了数字生活，Mac 发挥了它的作用。但是，近年来它也在不断地进化，原因在于电子设备进化了。iPhone 与 iPad 都具有支持音乐、照片和视频的功能。让它们一个个地与 Mac 同步是不合适的"——因此出现了 iCloud。[①] 此前，谷歌、亚马逊、微软都有云计算战略的发布，国内的厂商阿里云也在 2011 年发布了"阿里云"手机。阿里云发布"阿里云"手机也是看到智能手机作为移动互联网的入口的重要意义，希望中国的三大互联网企业能够扛起与谷歌、苹果、微软等全球互联网巨头企业正面竞争的大旗。

电信网、计算机网、有线电视网"三网融合"已为世人熟知。而"三屏融合"则是代表三网特点的电视屏、计算机屏和手机屏的融合。它们在操作模式、信息共享、智能感知用户的消费习惯等应用上的融合是肯定的，但由于电视屏主要用来在家庭环境下流媒体的播放、计算机屏主要用于办公、移动终端主要应用于人们在移动过程中支持碎片时间内的信息化应用需求，所以三屏是不能相互替代的。支持三屏融合，统一感知用户的消费习惯，智能应用的背后是云计算。由于移动智能终端的计算能力、存储能力和显示屏大小的限制，计算应用重点向后台云计算延伸。手机软件会主要偏重于感知和交互技术，计算应用放到网络上，让后台完成云计算是大趋势。

3. 物联网与移动互联网的应用结合

物联网已成为当前世界新一轮经济和科技发展的战略制高点之一，其发展水平对于促进经济发展和社会进步具有重要的现实意义。物联网不仅本身蕴含着巨大的战略增长潜能和成长空间，而且有力地推进工业化与信息化的深度融合，带动传统产业转型升级，将世界已经认同的中国制造，升级改造成中国"智"造。

在通信领域很早就有"泛在网"一说，意图将网络向下延伸，将具体的机器、应用环境、底层数据连接到网络里边来，其核心实际上就是现在常被谈及的物联网。目前我国在传感器网络接口、标识、安全、传感器网络与通信网融合、物联网体系架构等方面相关技术标准制定和研究方面处于国际领先地位，是国际标准化组织（ISO）传感器网络标准工作组（WG7）的主导国之一。

移动支付是物联网与移动互联网应用结合的代表，中国银联主推的

---

① 人民网：《Apple 新操作系统全面转向云计算》，2011 年 6 月 17 日，http：//www. people. com. cn/ h/2011/0617/c25408 - 1 - 2976726889. html。

13.56MHz 标准和中国移动力推的 2.4GHz 标准之争从未停止，起因是市场的主导权问题；在物流领域，物品仓储、运输、监测应用等领域二维码、RFID 标签技术广泛推广；在安防领域，基于移动互联网的视频监控、周界防入侵等应用已取得良好效果；在电力行业，远程抄表、输变电监测等应用形成巨大市场，支撑行业内有了业界知名的上市公司；移动互联网加上地理信息系统和 GPS 定位系统的综合，路网监测、车辆管理和调度等全国智能交通网正在形成；在医疗领域，个人健康监护、远程医疗等领域，还有环境监测、市政设施监控、楼宇节能、食品药品溯源等物联网的应用正在改善我们的日常生活。

4. 移动互联网信息安全

开放是互联网的重要特征，开放促进了互联网的发展，但也带来了信息安全问题。特别是移动通信技术与计算机互联网技术相互促进发展，已经成为全天候、联通地球的每个角落、社交化、智能化的信息平台，成为我们每个人生活的一部分，信息安全就变得越来越重要。而信息安全关注的主题已经从关注计算机系统安全转向关注信息系统安全、关注云计算平台的安全、关注移动智能终端运行的安全、关注移动电子商务的安全，更加关注个人隐私信息的安全。信息安全保障是云计算模式下移动互联网能否健康发展的关键所在。

2011 年年底，网上曝光有若干家网站被黑客攻击，大量用户信息被泄露，严重影响了消费者的安全。而之前，国内两家知名互联网企业腾讯、360 之间的 3Q 大战事件提出了一个深刻问题：移动互联网背景下我们广大用户的信息安全谁来保证？我们应该相信谁？

由于智能手机的随身性与功能应用的丰富性，使其逐渐成为涉足和存储用户私密信息最多的触网终端，对于快速发展的移动互联网而言，用户隐私信息保护所面临的迫切性更是刻不容缓。智能手机和智能移动终端所拥有的功能强大的电子支付、数据交互、照相、视频、语音服务等功能，目前还没有强大的隐私保护与防范机制相匹配，可以预料的是未来还可能出现各种隐私泄露门事件。

移动互联网信息安全以及用户隐私保护的市场应用需求和未来非常广阔。国内信息安全厂商虽然大力投入资源研发适应移动互联网特点的产品和服务，但移动互联网信息安全以及用户数据信息隐私不是一两家企业就能够解决的问题，它需要政府牵头，社会各界包括公安、司法、移动互联网企业、移动终端厂商、信息安全产品厂商、网民等共同参与并一起来改善。

三　移动互联网技术发展趋势与前瞻

1. 移动终端运算能力大幅提高各类应用的体验

移动终端是移动互联网竞争的核心，移动终端由于通信技术演变、终端设计技术进步、交互设计进展、传感器技术在终端中的具体应用等将变得越来越强大，体现在运算能力大幅提高，接近或者超过目前 PC 机的计算水平，而大屏幕和触摸屏交互技术改进、3D、视频等应用给用户带来了更好的体验。

移动终端运算能力的提高主要依靠的关键技术是处理器技术、显示交互技术、摄像技术等的进步，处理器技术采用更高频率的 CPU 芯片，逐步适应 3G 及以后各个制式终端的多样化、高功能化和高品质发展趋势。

平板显示技术主要包括彩屏、触摸屏、分辨率、亮度等技术，终端显示屏的趋势是越来越大、分辨率越来越高，而且越来越节能。OLED 不需要背光，而且由于 OLED 屏可以更薄，而且可弯曲，可以想象手机会做得更轻更薄，随便一折就放在口袋中。

移动终端会根据用户需要增加更多基带芯片、内存及显示集成芯片，每台手机配置两个摄像头可能是标配，想象一下，如果是两个摄像头，就可以方便地将用户摄入照片和环境中，再加上虚拟现实技术得益于手机计算能力的增加，方便用户融入游戏、应用虚拟场景当中，带给人们超出自己想象的应用。由于移动终端会增加更多的专用处理芯片，对终端的电池容量需求增加，未来移动终端能够在平均功耗方面与现在主流情况相比有很大的增加，为适应功耗的增加，会应用软件技术电源智能管理，自动调整、按需分配，因此待机时间会变得更长。无线充电技术可能会被成熟应用，方便人们随时随地给手机充电。

移动智能终端的软件平台包括硬件驱动软件、操作系统、系统协议栈及管理、业务能力、应用程序、UI 设计等，其中，操作系统和系统协议栈是软件平台的核心。软件在新型移动智能终端中占的比重越来越大。由于移动通信技术的发展，影响数据应用的带宽瓶颈被打开，移动终端操作系统和中间件应用平台会朝着小操作系统内核、大应用平台的方向发展，可能会是一个以小的 Linux 内核为主，外加用 HTML5 编写的大的应用架构软件。目前主流移动智能终端操作系统有苹果的 iOS，谷歌倡导的安卓和微软的 Windows Phone。在不远的未来，用户可以根据自己的应用喜好，随时选择"刷机"，即从网上下载包括操作系统和应用在一起的应用集合，将手机重新装一遍。

2. 网络技术 LTE、4G 的应用将改变现有移动生态环境

2009 年 3G 牌照发放集中体现了我国电信行业改革开放的成果，TD-LTE 则提供给我国通信产业大翻身的机会，在其推广队伍中有全球排名第三的电信运营商中国移动通信集团公司，有以展讯为首的一批经过 2G、3G 时代锻炼的芯片和手机设计队伍，有华为、中兴等世界名列前茅的移动通信设备和智能手机制造商等。国内 LTE 商用速度会超过大多数人的预期，甚至有人说中国移动一开始就跳过 TD-SCDMA，而将战略目标直接瞄准了 TD-LTE。在中国，TD-LTE 投入商用的时间会超出想象，最快可能在 2013 年下半年就进入商用阶段。除了产业联盟的支持，LTE 的快速发展还因为华为与中兴通讯对 LTE 的基本专利持有量占 8% 和 7%，加在一起超过了高通公司，使我国具有了主导话语权。[①] TD-LTE 标准得到包括爱立信在内的国际一流厂商的深度参与，与 LTE FDD 标准基本同步发展，两种制式之间存在着高度一致性，市场推广难度大大减轻。因此 TD-LTE 很有可能成为第一个走出国门的标准，国际上已有 12 家运营商有意向采用 TD-LTE 技术建设网络，有些已经在建 TD-LTE 试验网。多国运营商已经签订 TD-LTE 商用网建设合同。

移动终端技术发展带给人们的完美体验，加上 LTE 和光通信结合提供的不受限制的数据传输，再加上云计算后台对于大容量数据运算的支持，人们的想象和创业热情将不再受限制。例如，增强现实技术和相关的移动终端硬件配合，相对固网设备来说能够更容易、更方便地融入真实的环境之中，增强现实领域利用智能手机移动化之后，它未来的市场空间巨大。新的创新应用，比如说位置计算、虚拟与现实紧密结合的体感游戏等，可能会随着计算机视觉处理技术和位置服务完美结合产生更多的产业热点，未来一个丰富多彩的虚拟世界和现实世界将通过移动互联网完美连接在一起。

3. 移动互联网安全技术变得异常重要

移动互联网继承了传统互联网的安全问题，而且危害更加严重。因为政策法

---

① 搜狐 IT 频道：《电信巨头争抢 LTE 专利：华为中兴合占 15% 份额》，2011 年 1 月 12 日，http://it.sohu.com/20110112/n278812968.shtml。

规、行业服务规范滞后与技术研发能力的局限，我国移动互联网信息安全面临巨大挑战。

我国非常重视信息安全工作，但因移动互联网发展态势异常迅猛，相关法律法规有些滞后。应该根据移动互联网的特点，尽快制定相关法律，特别是个人信息保护的法律，界定何为个人隐私，建立系统完善的配套法律制度体系，对于保障移动互联网信息安全非常重要。司法机关、公安机关应该将各类非法入侵智能终端信息系统、窃取并散布用户数据信息的黑客犯罪行为作为重点来防范，移动互联网公司以及平台服务商作为网民个人信息的收集、存储方严格按照国家法律和法规进行，不断完善自身的网络安全体系建设。要将我国的移动互联网安全体系提高一个层次，在技术层面上开展的工作还非常多。

对于腾讯、360、金山、瑞星、网秦等厂家而言，需要不断地升级自身的产品，全方位地为用户的隐私安全保护提供解决方案；设定隐私监控、手机防盗、私密空间、账号保护、强化密码保护、防窃听等六大标准，并从策略层面积极从被动性基础防护向主动防御式隐私保护转变。

对于每个用户而言，自身也要积极提高安全防范意识，通过了解和掌握更多的安全技巧和知识来提升个人信息数据和隐私的保护意识与能力。

我国对安全问题的理解和关注点和国际上其他国家还有不同，如果说国外信息安全的重点是在杀毒和隐私保护、防止黑客攻击方面，那么我国信息安全除了和国外同行关注的重点相同以外，还有内容安全等重要事情要做。

国内电信运营商和移动终端厂商推出的千元智能手机大部分都是基于安卓开放操作系统平台的。安卓本身是开放、松散的结构，安全管理上有许多问题，但这也是一个挑战，如果我们深入分析安卓开放操作系统的开放代码，重点研究对用户数据的保护，电子支付安全方案，通过分析建立自主知识产权的操作系统商用安全标准，无论是从国家竞争层面，还是企业竞争层面都是一个切实可行的竞争发展战略。

移动互联网背景下的信息安全问题由于3G和LTE的发展以及云计算应用模式的引入，变得更加复杂。云计算的虚拟化、多租户和动态性引入了一系列新的安全问题，表现在数据安全、隐私保护、内容安全、运行环境安全、风险评估和安全监管等多个方面。各种问题的焦点聚集在可信计算上，云计算环境下移动互联网用户信息安全保护、虚拟化安全环境、动态安全防护服务等重大问题都存在

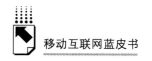

巨大的市场机会，依靠传统互联网单独采用一种安全产品或技术来解决移动互联网背景下的信息安全问题是行不通的。

"道高一尺，魔高一丈"，从互联网发明那天起，信息安全领域就是技术精英人才充分发挥聪明才智的主战场，希望未来国内能够出现更多的成功企业和人才，解决移动互联网背景下的信息安全问题，为移动互联网服务人们生活的各个层面保驾护航。

2011年中国移动互联网
发展格局分析

谭茗洲*

摘　要：2011年，移动互联网"入口"成为传统互联网巨头、移动运营商和移动互联网企业竞争焦点；"开放"成为移动互联网领域的核心理念；"云管端"模式下的各个角色卡位竞争开始；围绕操作系统，移动智能终端暂时形成了三大阵营；腾讯、百度、阿里巴巴三大集团也在积极实施布局。移动互联网将在新技术、新模式的推动下快速发展。

关键词：智能终端　移动互联网"入口"　"云管端"

2011年移动互联网产业高速发展，竞争激烈。产业链的各个环节主体都在加紧战略布局，抢占移动互联网市场主动权、用户数量及市场份额。国际上已形成了以苹果、谷歌、微软为代表的移动互联网全产业链的领军企业。在中国，移动互联网市场也已经形成了三大运营商（中国移动、中国电信、中国联通）和三大互联网厂商（腾讯、百度、阿里巴巴）为第一集团的市场大格局。

移动互联网的应用条件及基础服务得到不断优化，用户规模、渗透率以及移动网络覆盖区域范围都有了显著的提升，但仍处在用户积累和行为培养过程中。用户的需求将不断被挖掘，开发者队伍继续壮大，更多应用开发企业参与其中。传统互联网企业充分利用既有资源，结合移动互联网特性，抢占移动互联网优势地位。国内移动运营商与终端厂商合作推出定制机，发展智能手机用户数量并增强用户黏性。国内终端制造商以"移动终端＋操作系统"进行整体战略布局，

---

* 谭茗洲，北京邮电大移动互联网开放创新实验室副主任，社会化信息管理与服务研究中心副主任，硕士。

期望打造移动互联网生态系统。移动互联网的发展前景美好，但对不同领域，市场格局还未完全确定。2011 年国际国内移动互联网行业热点事件频出，背后也反映出产业格局的剧烈变化。以下从移动互联网移动运营商、互联网厂商、终端三个方面进行市场格局分析。

一　2011 年中国移动运营商发展分析

2009 年 1 月 7 日，工业和信息化部（简称工信部）批准了中国移动通信集团公司基于 TD - SCDMA、中国电信集团公司基于 CDMA2000 和中国联合网络通信集团公司基于 WCDMA 的 3G 业务经营许可，逐步开启了中国移动互联网时代。

根据工信部运行局发布的信息，3G 进入规模化发展阶段。2011 年 1 ~ 11 月，中国电信、中国移动和中国联通三家基础电信企业共完成 3G 专用设施投资 941 亿元。3G 基站规模达到 79.2 万个，其中 TD 基站 22 万个，3G 网络已覆盖所有城市和县城以及部分乡镇。2011 年 11 月末，3G 用户达到 11873 万户，比年初新增 7168 万户，其中 TD 用户 4801 万户，新增 2731 万户。在移动电话净增用户中，3G 用户所占比重从年初的 43.7% 上升到 72.5%。[1]

在 3G 时代，中国移动暂时失去 2G 时代的霸主地位，三大运营商现阶段形成了三足鼎立的市场格局。

中国三大移动运营商一直非常重视在移动互联网领域布局。除了完善网络基础设施、更为重视定制终端，2011 年，它们在战略转型方面，为了避免在移动互联网时代沦为"管道"，重点围绕"开放"战略重新打造开放的平台和生态系统。

（一）中国移动运营商的网络建设发展分析

据工信部官方网站发布的电信管理局的数据，截至 2011 年 5 月底，3G 基站总数达到 71.4 万个，其中中国移动 21.4 万个，中国电信 22.6 万个，中国联通 27.4 万个。中国移动建设的 TD 网络已经覆盖全国 4 个直辖市、283 个地级市、

---

[1]　工业与信息化部：《3G 进入规模化发展阶段》，2011 年 12 月 26 日，http：//www.miit.gov.cn/n11293472/n11293877/n14395765/n14395861/n14396092/14400422.html。

370 个县级市及 1607 个县的热点区域，以及部分发达乡镇；中国电信建设的 3G 网络覆盖全国全部城市和县城以及 2.9 万个乡镇；中国联通建设的 3G 网络覆盖 341 个城市和 1917 个县城。① 从网络覆盖上看，三大运营商基本势均力敌。

由于 3G 用户增长迅猛，带宽和网速成为当前发展的主要瓶颈。三大运营商纷纷实施 WiFi 热点计划。② 2011 年上半年，中国电信启动"无线中国"战略，计划到 2012 年在全国布置 100 万个 WiFi 热点。中国移动计划在 2015 年前将全国范围内的 WiFi 热点数量增加至 100 万个。③ 中国联通继 2010 年 20 万 WLAN 设备招标后，2011 年底覆盖到 40000 栋建筑物。以三大运营商三年新增 300 万个热点计算，设备投资额约 250 亿元。

但是依赖 WiFi 网络也有问题。制式上，WiFi 几乎不支持移动状态下的网络接入，WiFi 网络覆盖半径小（30～100 米），导致 AP（Access Point）信号容易干扰，信号穿透性弱，要求 AP 数目大大增加。运营上，WiFi 只是一个无线接入规范，用户使用不便，不支持 SIM 卡直接认证，赢利模式不清晰，大多使用免费方式、漫游结算。以上原因导致运营商对 WiFi 网络的建设热情有所下降。

众所周知，从 3G 到 4G 存在三大演进路线：路线一，TD-SCDMA 到 TD-LTE，支持者如中国移动；路线二，从 WCDMA 到 LTE FDD（FDD 频分双工是该技术支援的两种双工模式之一，应用 FDD 式的 LTE 即为 LTE FDD），支持的运营商包括英国 Vodafone、日本 NTT DOCOMO、西班牙电信、德国电信、法国电信、意大利电信、美国 AT&T、瑞典 Tele2、中国联通等全球绝大多数运营商；路线三，从 CDMA 2000 到 LTE FDD，支持的运营商包括美国 Verizon、加拿大 Bell、日本 KDDI、中国电信、韩国 SK、印度 Reliance 等。

早在 2010 年 12 月，工信部就批复了中国移动提交的《TD-LTE 规模技术试验总体方案》。随后，TD-LTE 规模测试在上海、杭州、南京、广州、深圳、厦门六大城市悄然展开。2011 年中国移动曾宣布将在全国范围内加大 TD-LTE 部署，

---

① 新浪科技：《工信部：3G 基站总数达到 71.4 万个》，2011 年 6 月 27 日，http://tech.sina.com.cn/t/2011-06-27/15295696538.shtml。

② WiFi 是主要基于 IEEE 802.11b/a/g 规范的无线网络传输方式。相对于 3G，其主要优势是传输带宽高（一般为 11Mbps）、网络建设成本低（利用现有管线，不需建设基站塔等），智能终端一般都提供 WiFi 热点接入功能。

③ 中国新闻网：《中国电信 WiFi 热点明年达 100 万个挑战 4G》，2011 年 5 月 11 日，http://www.chinanews.com/it/2011/05-11/3030970.shtml。

预计 2012 年底 TD-LTE 基站规模将超过 2 万个，2013 年达到 20 万个。中国移动总裁李跃表示，继全国六大城市进行 TD-LTE 规模试验之后，现在试验已经进入第二阶段，"中国移动已经准备好大规模进行商业部署，计划在 2013 年提供 TD-LTE 商用服务"。[①]

显然，中国联通在走第二条路线，早在 2011 年上半年，就有人说联通会在 2011 年下半年升级 HSPA＋，意味着中国联通短时间内不会上马 LTE。虽然联通后来并没有动作，但升级 HSPA＋是当前各国运营商的主流选择。代表 3GPP（The 3rd Generation Partnership Project）的无线行业协会 4G Americas 发布报告显示，全球 54 个国家的运营商部署的 HSPA＋商用网络数量达 103 个。[②]

中国电信缺少如 TD-LTE 这样的政策支持，成功案例也比 WCDMA 到 LTE FDD 演进阵营少，从公开的信息中综合分析，也将采用分阶段推进的策略。

总的来看，三大运营商自身基础不同、3G 制式牌照不同，对于 LTE 的心态和技术路线也将有所不同，中国移动步伐更快，中国联通和中国电信都在等待技术和市场的成熟，分阶段实施。这也将对今后市场格局的变化埋下伏笔。

（二）中国移动运营商的开放战略分析

三大运营商在 2011 年年底都大举开展移动互联开放战略部署。"开放"一词对运营商是陌生和富有挑战的，因为运营商要在短时间内从产业链最上游和掌控者的角色在理念上彻底转变非常困难，但转变又是必需的。全球移动运营商都在想办法避免沦为"管道"，但都没有找到好方法。我国三家移动运营商始终没有放弃尝试，从最开始的应用程序商店，到搭建开放平台，吸引并聚合产业链合作伙伴。与 2G 时代增值服务商 CP 和 SP 本身没有用户群体，只能依靠运营商获得分成不同，运营商正在放低姿态、重新定位，对于开发者、用户甚至是整个产业链未尝不是件好事。

运营商要想改变沦为"管道"这一宿命，运营商需要成功卡位，打造开放

---

① 通信产业网：《中移动 TD-LTE 明确三年计划两年预投入 2000 亿》，2012 年 3 月 4 日，http://www.ccidcom.com/html/chanpinjishu/wuxiantongxin/4G/LTE/201203/04－169564.html。
② 通信产业网：《中联通加盟 3G 稳健派 HSPA＋有限度"试探"》，2011 年 4 月 10 日，http://www.ccidcom.com/html/yaowen/201104/10－141523.html。

平台，只有拥有更具体的开放能力才能吸引更多产业链上的合作者。2011 年最后一天，天翼电子商务有限公司（中国电信子公司）、联通沃易付网络技术有限公司（中国联通子公司）、中移电子商务有限公司（中国移动子公司）获得央行颁发的第三方支付牌照。其中，中国电信和中国联通的第三方牌照业务类型为移动电话支付、固定电话支付、银行卡收单，中国移动为移动电话支付、银行卡收单，有效期均为 5 年。这将为中国移动运营商的开放战略辟出一条通途。

（三） 中国移动运营商的用户发展与终端战略分析

定制终端是中国三大移动运营商的重要市场战略。目前，在发达国家的电信市场，手机定制已形成一定市场规模，得到了运营商、终端厂商以及消费者的普遍认可。中国联通依然主打苹果 iPhone，发展自己的用户，但未公布在网 iPhone 的用户数。中国电信和苹果积极接触，2012 年推出 CDMA 2000 标准的 iPhone。中国移动 2011 年 11 月公布的 iPhone 用户在 950 万人以上。三大运营商中只有中国移动暂时没有和苹果公司达成明确合作意向。3G 运营商主要是对安卓（Android）操作系统的智能手机进行终端定制。通过手机定制，运营商可将数据业务和手机终端紧密结合，为用户提供更好的体验，促进 3G 业务快速发展。但总体看，iPhone 仍然是三大运营商终端战略中争夺的焦点。但是当高端用户被 iPhone 和高端定制机瓜分后，今后定制机市场的主要战场将有所转移，低端定制机将成为未来竞争的重点。

在 3G 发展阶段，数据业务的丰富性对终端提出了多样化要求，催生了上网本和上网卡等产品，也让 iPad 等平板电脑成为智能终端另一个重要细分市场，同时如果移动终端功能不能及时跟进，业务的发展将受到很大影响。

二 2011 年中国移动互联网厂商市场格局与发展分析

2011 年众多互联网企业顺应潮流，都对移动互联网业务进行战略布局，期望能够获得先机。在移动互联网发展初期，用户规模是未来企业能够获得移动互联网市场先机的关键性因素。因此，用户接触移动互联网的通道成为厂商竞相争夺的焦点所在，围绕移动互联网的入口竞争也最为激烈。我国互联网领域已经形成腾讯、阿里巴巴、百度三个集团，其移动互联网战略路线将影响整个市场竞争

格局。它们重点从移动互联网核心应用、移动智能终端、终端操作系统三个方面进入，重点是核心应用。

（一）互联网厂商的核心应用战略发展分析

在围绕移动互联网"入口"的竞争中，浏览器、即时通信工具、手机安全、移动支付工具、移动搜索成为互联网厂商在移动终端上争夺的焦点。2011 年先后发生了 UC 浏览器与腾讯 QQ 浏览器大战，米聊与微信在移动 IM 领域的争夺，新浪微博对腾讯 IM 在移动社交上的挑战。2011 年很多次竞争的主角是腾讯，因为移动互联网时代已经改变了游戏规则，移动终端上的创新应用也将层出不穷，有一些创新将会颠覆传统互联网时代的伟大应用和伟大公司，腾讯公司非常清醒地认识到了这个问题，因此在移动互联网时代里面从"入口"之争和任何威胁到腾讯核心利益的应用，腾讯都必须去全力应对，丝毫不敢轻视和松懈。

2011 年其他互联网厂商根据各家的不同优势，除了上面提到的几类应用，几乎每个厂商都有至少一个用户量级、影响力发展得较好的应用软件，如腾讯发布了几十款移动应用，百度的手机搜索、手机地图，阿里巴巴的手机和 iPad 淘宝、手机支付宝和 iPad 支付宝，盛大的 Bambook、切客，360 的手机安全卫士等。

此外，移动电子商务以近五倍的涨幅在电子商务寒冬中异军突起，面对需求日益旺盛的移动电子商务市场，各大电商巨头们纷纷开始快速布局，如淘宝、淘宝商城、当当、京东、苏宁易购、凡客诚品等主流平台争先恐后地推出了安卓、iPhone 等手机客户端。移动电子商务无疑成为各个电子商务巨头争夺的新战场，以国内最大的电子商务平台淘宝网为例，其移动终端淘宝无线发布的《2011 年度电子商务数据报告》显示，2011 年手机淘宝成交金额从 2010 年的 18 亿元增至 118 亿元，增长了 555.6%，成为国内移动电子商务发展的核心力量。预计2012 年交易金额还将保持高速度增长，或将达到 500 亿元，客户端预计全年成交占比无线全网将超过 50%，移动购物将成为移动互联网的主流应用，并一举超越其他增值服务。[①] 移动终端中平板电脑是电子商务争夺的重点，有调研数据证明，多数用户喜欢用平板电脑进行购物。有的运营商已经拿到第三方支付牌

---

① 阿里研究中心：《2011 年度电子商务数据报告》，2012 年 2 月 21 日，http：//www.aliresearch.com/index.php？m－cms－q－download－aid－3898.html。

照，可以预见，伴随着移动电子商务的爆发，移动支付市场将成为未来互联网厂商阵营与运营商阵营之间激烈争夺的核心应用。

而在移动搜索领域，中国搜索市场上的领先者——百度宣布以搜索产品为核心，布局移动"框计算"；① 以搜索广告为核心，探索前向收费模式；以搜索联盟为核心，推动产业链的合作共赢。"框计算"平台成为百度移动布局的重中之重。2011 年 4 月，百度联盟峰会上，百度上线了移动开放平台，移动"框计算"成为该平台的核心组成部分之一。目前已经有新浪乐居、中关村在线、58 同城、39 健康网等一批互联网企业接入平台，获得来自百度在技术、产品、流量等方面的全方位的支持。

（二） 互联网厂商的终端战略发展分析

2011 年移动互联网正处在市场培育阶段，智能终端被认为是用户上网的第一"入口"，因此，将业务定制在智能终端中，可以降低用户的使用门槛，从而可以更大程度地争夺潜在的移动互联网用户，为其未来的业务发展打下坚实的基础。因此，主要互联网厂商推出搭载其业务的智能终端成为其布局移动业务的关键性战略。

打造自己的移动智能终端考验互联网厂商的整体实力，所以目前采取该策略的往往是业界最有实力者，即三大集团。它们的实施方式多是采用与硬件厂商合作的模式。

2011 年 7 月 28 日，阿里巴巴集团旗下阿里云计算有限公司宣布，正式推出独立研发的移动操作系统——阿里云 OS 以及搭载此系统的天语云智能手机 W700。采用阿里云 OS 的智能手机将享有 100GB 云空间和地图、邮件等各种云服务。临近年末市场上有传闻阿里巴巴将要收购天语朗通，如果消息得到确认，阿里巴巴进入终端制造市场，这也将成为影响中国移动互联网市场格局的重大事件。

2011 年 9 月 2 日，百度推出手机软件"百度·易平台"，并和戴尔公司联合

---

① 框计算（Box Computing）——2009 年 8 月 18 日，百度董事长兼首席执行官李彦宏在 2009 年百度技术创新大会上所提出的全新技术概念。用户只要在"百度框"中输入服务需求，系统就能明确识别这种需求，并将该需求分配给最优的内容资源或应用提供商处理，最终精准高效地返回给用户相匹配的结果。

推出搭载该平台的手机"易手机"。该款手机可以兼容大量安卓应用程序，还内置了百度浏览器、百度搜索、云服务等特色应用。

2011年9月21日，腾讯联合HTC在北京发布了双方首款深度合作的社交手机HTC ChaCha。该款手机通过QQ Service整合了手机QQ、手机QQ空间、腾讯微博等社交应用。

以上都说明了传统互联网厂商进入移动终端领域的种种尝试。

（三）互联网厂商的操作系统战略发展分析

2011年我国互联网厂商在手机操作系统上也有所动作，但更多的是以试探为主，它们面对安卓操作系统开源带来的"机会"非常谨慎，因为安卓虽然取得了巨大成功，但格局并不明朗，而且云计算与移动互联网结合将改变目前的格局，传统意义的操作系统或将被重新定义。百度发布了"易平台"操作系统，但不谈是否以安卓为基础。阿里巴巴发布了阿里云OS，但也没有透露操作系统内核结构，足以说明它们都是试探性地进入操作系统领域。

三　2011年中国移动互联网移动终端以及应用市场发展分析

根据国际电信联盟（ITU）发布的2011年终报告显示，全球手机用户已经达到59亿，在智能手机用户中，移动宽带用户约为12亿，这类用户过去4年间每年都增长45%。[①] 艾媒咨询数据显示，2011年中国智能手机用户数为2.23亿，预计2012年将达到3.36亿。[②] 腾讯科技等联合发布的《智能手机用户使用习惯调查》显示，第三季度中国的智能手机出货量增长58%，达到2390万部，超过美国的2330万部。我国已形成世界上最大的智能手机市场。[③]

---

① 腾讯科技：《全球手机用户量已达59亿　韩国宽带速度超10MB》，2012年1月5日，http：//tech. qq. com/a/20120105/000256. htm。

② 艾媒咨询：《2012年中国移动互联网终端领域发展形势》，2012年3月13日，http：//www. iimedia. cn/26599. html。

③ 腾讯科技：《慧聪邓白氏报告称诺基亚占国内智能机一半市场》，2011年12月1日，http：//tech. qq. com/a/20111201/000483. htm。

参照历史上广播、电视和互联网的创新与扩散规律来看，移动互联网才刚刚起步。但 2011 年已成为移动终端市场格局重新洗牌的一年，手机被重新定义，平板电脑加入并快速增长。手机方面，形成了安卓阵营移动终端对抗 iPhone 的局面。而平板电脑领域又有亚马逊 Kindle fire 挑战苹果 iPad。

在国际上形成了安卓阵营对抗苹果，微软加紧布局的态势。在我国形成了以苹果、三星、诺基亚、HTC 等境外品牌为主的智能手机高端市场。以联想、酷派、华为、中兴等为代表的国产品牌主攻中低端智能手机市场。随着安卓的普及，更多的国产厂商开始布局智能手机，将加剧目前的市场竞争。

（一）安卓阵营移动终端与应用市场的发展分析

安卓的开源确实给移动终端制造商带来了巨大机遇，但同时也带来了麻烦。安卓不是为一家手机制造商准备的，发展速度快，所以竞争基本集中在不断刷新硬件配置上，使阵营较为繁杂。仅中国市场上就存在小米 MIUI、点心 Tapas、乐Phone、OPhone 等多个安卓变种版本。

最早采用安卓系统的 HTC 在最初两年内取得骄人成绩，成功占有了中低市场的很大份额。另外一个安卓阵营的强者三星，其刷新硬件配置的速率让所有的制造商不敢有任何喘息时间。它们在未来很长时间里都将扮演重要角色。国内厂商中兴、华为、天语等也在不断发力，也使用低价策略取得一定市场份额，充当了未来智能手机市场的搅局者。未来中国智能手机市场必将是群雄逐鹿。由于安卓开源和谷歌的战略原因直接导致了安卓应用市场平台众多。据不完全统计，国内就有机锋市场、爱米软件商店、优亿市场、掌上应用汇、安卓市场、安智市场、联想应用等上百家，还有各个安卓手机生产商自建的市场。谷歌官方应用商店与国内绝大多数安卓应用商店都允许大部分应用进入，赢利模式以推广为主，但面临应用监管问题。

回顾各个市场的发展历程，不难发现大部分的参与者都在最终渠道和开发者上做文章。规模较大的安智市场在发展初期通过建立专职 ROM 团队与硬件渠道商保持良好关系，提供技术支持、解决方案等，进行产品内置，形成了可观的用户量。开发者基础成为其发展的重要保障。但是，多数应用市场的开发者人数不过几千人，真正能提供应用的更是少之又少，并且还存在多个市场开发者重复的情况。在这个应用为王的时代，无论谁掌握着市场，开发者永远是稀缺资源。

庞大的安卓开发者阵营中存在很多问题，安卓开发者最为头疼的问题是安卓终端众多，其次是版本不兼容、分辨率多样化、支付困难和应用商店过多等问题，最终的结果是安卓的开发成本相对较高，收益较低。值得关注的是2011年谷歌宣布125亿美元收购摩托罗拉，这个重量级的收购给未来留下一个巨大悬念，谷歌安卓的战略到底是什么？谷歌会不会直接涉足终端市场，来解决目前安卓面临的各类矛盾。

（二）iPhone 以及应用商店的发展分析

2011年苹果公司借助 iPhone、iPad 以及应用商店（APP Store）销售成为全球最值钱的公司。根据 Canalys 的数据，2011年 iOS 操作系统智能手机在美国市场出货量占36%，全球占有率达19%，保持比安卓系统手机出货量更高的增长速度。[1]

从商业模式上分析，苹果公司最大的"撒手锏"莫过于应用商店这种模式的提出，缔造了许多个人或工作室靠开发 iPhone 软件平步青云的神话。如今苹果应用商店已拥有55万款应用。苹果最初将 iPod 与 iTunes 完美整合，开创出一种全新的商业模式，从而使得 iPod 的人气不断飙升，而 iTunes 的歌曲库和下载量也不断疯狂增长。在 iPhone 热销之后，苹果马上在 iTunes 平台上加入了应用商店的模块，以"卖手机 + 卖应用"的策略不断拓展。应用商店是典型的 C2C 模式，所有人都可以成为开发者，也都可以是消费者。苹果对开发者并未有任何的资金或者资质的限制，为开发者提供了方便。开发者只需注册，应用商店就会为其提供 APPSDK 和相应的技术支持，帮助开发者设计 SDK 工具箱。开发者可以很方便地在应用商店平台上交易，平台会帮助开发者营销产品。应用商店通过排行榜、搜索等方式帮助 iPhone 用户很方便地在平台上找到想要的应用程序。这种模式强调的是在开发者与用户之间搭建平台，应用商店只充当平台，帮助推广和支付，收取分成。

应用商店产品开发模式，半开放、半封闭，虽然苹果号称是以多种策略推动第三方开发者积极参与进来，但是实际上苹果是走半开放半封闭路线，针对

---

[1] 199IT 中文互联网数据资讯中心网站：《Canalys：2011年全球智能手机发货量4.877亿部首次超过 PC》，2012年2月4日，http://www.199it.com/archives/23447.html。

iPhone 操作系统推出的 SDK 开发工具包，同样也无法让人称之为开放的开发环境。除了每年缴纳 99 美元的注册费门槛之外，没有其他费用。任何人都可以加入到开发者的行列之中，不管你是个人还是大名鼎鼎的制作公司。

产品上线审核后才能在应用商店上交易。审核的目的是对产品进行测试，以保证用户购买的应用程序可以正常运行。应用程序从提交审核到真正上线，在美国用了平均大约一周的时间，而在中国时间更长一些。此外，为了方便用户横向比较不同的产品，苹果还加入了对应用程序打分和发表评论的功能，这使用户在购买前加强了对层出不穷的新应用的了解。应用商店的营销模式是完全基于平台自身的自营销体系。以平台为中心，向上帮助开发者把应用推荐到用户眼前，向下帮助用户找到他需要的应用。除了按照下载量排名之外，还有按时间排列的"最新应用"排行榜以及推荐给用户的"推荐应用"（Staff Favourites）排行榜等。

苹果应用商店与开发者三七分成。苹果公司经常公开一些数据分析资料，帮助开发者了解用户需求，并给出定价等指导建议。开发者是这个商业模式的"水源"，苹果公司还制作整套培训课程，让开发者学习 iOS 开发，并配以赢利范例引导，使开发者队伍不断壮大。

（三）微软公司 Windows Phone 7 阵营移动终端与应用市场的发展分析

微软 Windows Phone 7（简称 WP7）既是 2011 年的一个亮点，也是留给今后的一个悬念。微软是最早涉足智能终端和智能操作系统的厂商，在推出 Windows CE 后又开发出适用于手机及其他掌上设备的操作系统 Pocket PC、Smart Phone，最终整合并命名为 Windows Mobile。在 2009 年巴塞罗那移动世界通信大会上，微软还发布了 Windows Mobile 6.5 版本。但是，2010 年 10 月 11 日微软公司正式发布了智能手机操作系统 WP 7，中止对原有 Windows Mobile 系列的技术支持和开发，从而宣告该系列的退市。2011 年 2 月，诺基亚与微软达成全球战略同盟，并将此系统作为其主要智能手机系统与微软深度合作共同研发。2011 年 5 月 24 日，微软在 WP 7.5（俗称"芒果"）发布大会上公布了新合作伙伴名单，包括诺基亚、三星、LG、HTC、宏碁、富士通和中兴等。

诺基亚希望借助微软 WP 系统能重新回到行业领先地位，主要基于以下几点考虑。

（1）诺基亚意识到操作系统是移动互联网的核心，它在功能机市场的辉煌依靠塞班（Symbian）系统的成功。只是因为在开源、舍弃上的踟蹰而贻误良机，使诺基亚陷入困境。

（2）诺基亚意识到自身缺乏互联网基因，自身做市场平台的尝试遭遇失败。

（3）诺基亚质疑谷歌安卓的战略意图，采用安卓只会让自己沦为其与苹果竞争中的一卒。在安卓开源的条件下，诺基亚和其他安卓相比，没有任何优势和谈判筹码。而微软有与苹果、谷歌抗衡的实力。

（4）三方竞争中，微软与苹果走得更近，看起来谷歌是它们共同的对手，所以迫使谷歌以 125 亿美元收购摩托罗拉，诺基亚选择微软 WP 才是最安全的选项。

诺基亚选择 WP 自有其道理。2011 年 WP 7 成为增长最快的平台，主要得益于该平台独特而称心的智能手机用户界面，充分利用其在 Xbox、Zune 和 Windows Live 方面的用户体验及其他方面的经验。此外，微软借助它"开发商之家"的悠久历史，发布工具套件，让 Windows Mobile 应用程序开发商能轻易地转换到 WP 7 操作系统开发，并制定了明确的分成比例，笼络住了应用开发队伍。它还采用和苹果非常相似的应用市场管理方法，统一管理并审核开发者提交的应用软件。

诺基亚和微软的结盟也给未来市场格局留下了一个悬念：微软是否会收购诺基亚。

（四）HTML5 和应用下载①

HTML 5 是近十年来 Web 开发标准最巨大的飞跃。和以前的版本不同，

---

① HTML5：HTML（Hypertext Markup Language）超文本标记语言是描述网页文档的一种标记语言。HTML 标准自 1999 年 12 月发布的 HTML 4.01 后，后继的 HTML 5 和其他标准被束之高阁，为了推动 Web 标准化运动的发展，一些公司联合起来，成立了一个叫做 Web Hypertext Application Technology Working Group（Web 超文本应用技术工作组——WHATWG）的组织，HTML5 草案的前身名为 Web Applications 1.0，于 2004 年被 WHATWG 提出，于 2007 年被 W3C 接纳，并成立了新的 HTML 工作团队。HTML 5 的第一份正式草案已于 2008 年 1 月 22 日公布。HTML5 有两大特点：首先，强化了 Web 网页的表现性能；其次，追加了本地数据库等 Web 应用的功能。

HTML 5 并非仅仅用来表示 Web 内容，它还将 Web 变成了一个成熟的应用平台。在 HTML 5 平台上，视频、音频、图像、动画以及同终端的交互都被标准化，以 Web APP 替代了苹果应用商店或者安卓市场等下载模式，使移动终端应用又回归到 Web 的天下，所以有可能改变整个移动互联网的生态环境。

苹果公司禁止在 iPad 和 iPhone 上进行 Flash 应用，迫使 Web 开发人员放弃采用 Flash 技术。这一措施一方面让 Adobe 放弃移动 Flash 业务，另一方面也让 HTML 5 应用得到更好的发展。这对使用 Safari 浏览器的苹果产品用户来说是个好消息，对安卓等 Web 平台的用户也是福音。同时，HTML 5 的跨平台性将吸引更多的开发者，他们不必再为不同系统应用开发大费周折，只需一款适用于 HTML 5 的系统就足够，因此将来基于 Web 的移动应用将不断涌现。

HTML 5 标准对苹果来讲可谓是把双刃剑，HTML 5 的跨平台环境将影响苹果公司应用商店模式的发展，但为何苹果公司仍要力推 HTML 5，一种解释是移动应用将会继续生成下去，最终决定移动领域发展方向的不是开发者，也不是消费者，而是移动操作系统的控制者——苹果、谷歌和微软。另一种解释是 iPhone 和 iPad 硬件利润才是苹果公司的核心利益，应用商店收入占比不大。因此应用商店的主要功能是支撑 iPhone 和 iPad 的应用内容来源，HTML5 的推行将给 iPhone 和 iPad 带来更为丰富的应用。苹果战略中假定的对手是亚马逊和谷歌，如能将应用商店的绝对优势转换为 HTML 5，WebAPP 的优势将有利于挑战对手的广告模式和电商模式。而且，苹果未来的技术方向是云计算，2011 年苹果公司在乔布斯最后参加的一次发布会上高调发布了 iCloud。

HTML 5 和应用商店的分发渠道非常不同。各大平台的供应商（基本上就是指 iOS 和安卓）通过应用商店或应用市场控制各种应用分发。而 HTML 5 则是通过开放 Web 的规则——链接分发，将通过搜索引擎或是社交平台。

HTML 5 和应用商店的赢利模式也有所不同。应用商店通过移动平台支付工具将实现应用货币化，虽然要将部分收益分配给下载平台提供商，但是对用户而言，这种直接支付方式相当便捷。而 HTML 5 应用则趋向于通过广告获取收益，因为直接支付模式缺乏对用户的友好性。未来 HTML 5 在分发渠道方面也将会跟现在不同，影响未来商业化内容发布形式，总体上将朝着有利于内容的方向演进。苹果公司和更多未来的应用商店仍将会有很强的发布控制权。移动应用仍有一段时间的存活期，而且在游戏方面可能会经久不衰。但 HTML 5 让在线的软件

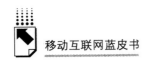

和内容互动性更强，更加丰富，移动应用会逐渐减少。HTML5 终将在 3～5 年取代移动应用。

<h2 style="text-align:center">四　总结</h2>

移动运营商、传统互联网厂商、移动终端制造商三个角色在移动互联网初期角色并非一成不变，处在垂直整合的大背景下以及相互快速渗透中，互联网运营商围绕"核心应用、定制手机、操作系统"向终端渗透；终端制造商以"操作系统＋应用商城"方式向互联网业务渗透；移动运营商正加速同时向终端、互联网渗透。

从进入移动互联网产业的路径分析可以看出，终端制造商和传统互联网对未来移动互联网服务模式的认识一致，即"云端"模式，认为未来移动终端和互联网服务将被统一整合，同时认为移动运营商只是纯粹的"流量管道"，终端制造商和互联网厂商的区别只在手段，是通过"云"来整合"端"，还是"端"来整合"云"。而移动运营商认为未来移动互联网将是"云管端"模式，认为移动运营商不仅不是纯粹的"流量管道"，而且"管"还可利用自己的资金优势、用户优势、政策优势来控制整合"云"，"端"将取得主动地位。

第一，在"云端"模式下，互联网厂商和终端厂商的整合战中，我们更看好前者，用户手机终端通常一两年就会更新，而经常使用的应用多年是同一个，也就是说应用才是用户使用的目的，终端质量高下只能影响业务体验的优劣。

第二，互联网运营商经过多年的经营已经积累了大量的忠诚用户资源，还树立了很有价值的品牌影响力，用户更换终端时仍然会继续使用自己熟悉的互联网服务。

第三，互联网运营商可掌握大量用户，通过社区推荐、网络交叉广告等方式低成本获取新用户，而终端提供商要获取新用户则困难得多，即使在自己终端中通过内置服务进行推广，自行提供互联网服务，其实际效果也大部分并不理想，以 HTC、三星、摩托罗拉自己建设的应用商城和平台，仍难以将其手机购买用户转换为自己的云服务用户或者忠实的平台用户，这种简单复制苹果的模式很难得到成功。

"云端"和"云管端"这两种模式，我们认为未来的主流模式将是"云端"

模式，即使中国当前电信运营商强势垄断、政府监管大环境会使"云管端"模式有一定的市场，但这只是国内的特例，其不会改变整个产业潮流的趋势。

　　未来对于我国的移动互联网产业来说挑战和机遇并存，最大的挑战是移动互联网产业链条中最为关键的移动终端操作系统被国外厂商主导控制；另外一个挑战是我国移动互联网厂商知识产权的意识淡薄，知识产权竞争力不够。当然机遇也伴随着我们，机遇之一是移动互联网更为开放性的创新和竞争推动我国产业链的成熟和发展；机遇之二是移动互联网将促使众多传统产业升级；机遇之三是我国软件方面人才优势将在移动互联网的产业浪潮中占有优势地位。

B.4
手机：从移动通话工具向移动网络媒体的嬗变

匡文波*

摘　要：移动互联网绝不限于手机上网，但是通过回顾手机从单纯的移动通话工具逐步演变为移动网络媒体的过程，可以全面把握移动互联网作为媒体的发展方向。本文重点研究了 2011 年手机媒体的发展，并结合问卷调查，对未来手机媒体的发展趋势进行分析与预测。

关键词：手机　媒体　历史演变　趋势展望

一　手机发展图谱：从"大哥大"到"智能终端"

1. 手机硬件的发展

1973 年 4 月，美国人马丁·库帕（Martin Cooper）发明了手机——Dyna TAC，并注册了专利。那是个由多达 30 块电路板构成的大块头，只有拨打和接听两种功能，充电 10 小时可以通话 35 分钟，停留在实验室研制模型阶段。直到 1985 年，第一台现代意义上的、能真正移动起来的电话才投入市场，重达 3 公斤，移动起来并不方便，使用者要像背包那样带着它四处行走，但这拉开了一个新的通信时代的序幕。此后，手机硬件技术的发展逐渐加速，经过不断的技术演进，1999 年时，已经出现仅 60 克重，与一枚鸡蛋重量相差无几的手机。

除了质量和体积越来越小外，随着移动通信网络的升级，手机功能越来越多。1985 年问世的手机采用的第一代（1G）通信系统传输的是模拟信号，所以

---

* 匡文波，中国人民大学新闻学院教授、博士生导师，中国人民大学新闻与社会发展研究中心研究员。

手机只能进行语音通话。但随着第二代（2G）通信系统的出现，手机开始转为传输数字信号，在基本的语音功能外，手机还可以通过对内容的数字编码和解码收发诸如短消息等内容，最终发展出上网、玩游戏、拍照等多种功能。但是使用2G 网络的手机屏幕小、电池续航时间短、上网速度慢，让人们对手机功能有了更高期待，于是借助 2.5G 通信网络技术，如手机报、手机电视、手机上网浏览、移动电子商务、移动搜索、手机广告等各种手机增值业务纷纷出现，为了适应这些业务，手机的屏幕越来越大，电池续航时间延长、信息处理速度更快，而不再以"小而轻"为发展方向，手机也逐渐跳出了以语音通话为主的发展模式，向着更为智能的方向发展。

如今人们已经开始享受 3G 通信网络与新一代智能手机带来的移动新生活，新型手机更加注重内涵与功能，在外观上趋同，以直板触摸屏为主，但其内在的CPU、屏幕材质、内存、摄像头、USB 设备仍在不断和全面地提升，系统底层的不断完善驱动着手机的进一步发展。

2. 手机软件的开发

只有硬件的提升，手机还无法被冠以"智能"。一部真正的智能手机要有独立的操作系统，让用户可以自由安装软件，实现手机购买后功能的不断扩充。因此，手机另一个主要发展表现是其软件的不断进化。1996 年 Palm 手机系统推出，纳入 RIM 地址簿、日程表、备忘录等程序。1998 年 Palm OS 3.0 已增加同步软件和网络内容剪辑等功能，但仍是内置软件，用户无法后续安装其他软件。后来随着微软移动视窗系统、黑莓 RIM 系统和诺基亚塞班系统的竞争，手机逐步支持后续软件安装，但这些软件大多只能由手机制造商提供。直到 2008 年，苹果的 iOS 和谷歌的安卓系统出现，软件开发平台模式才逐渐成为主导，第三方开始生产越来越多的应用软件。

3. 手机功能的拓展

手机智能化的功能多样化，导致其通信功能进一步被淡化，而原先的"附加"功能和增值业务正在成为手机应用的主流。手机作为移动终端设备已经不再局限于通信，而更多的是为互联网以及互联网应用提供平台。如今手机作为移动终端设备，已经拥有了包括手机即时通信、手机社交、手机安全、手机支付、手机购物、手机资讯、手机出行、手机游戏、手机视频在内的诸多应用。因此，有人将手机功能的演变概括为：诺基亚希望在每个人的口袋里都放入一部手机，

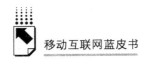

苹果想要放入一种生活，而谷歌放入的则是一张互联网，将人们彻底融入网中央。

二　手机媒体破茧化蝶：从移动大众传播到移动网络传播

1. 日本的 i-mode 模式将大众传播带上移动网络

手机从人际通信工具向大众化媒体的过渡起点可追溯到 1999 年日本 i-mode 无线互联网服务的推出。在技术上，i-mode 采用 cHTML 网页脚本格式，支持 PC 浏览的 HTML 格式，普通网站只要略作修改便可成为 i-mode 浏览网站。同时，i-mode 的电信运营商 NTT DOCOMO 公司创造出与内容提供商分成的经营模式，使得可供 i-mode 浏览的网上内容在短时间内迅速膨胀。良好的经营模式、喜闻乐见的多媒体展示方法和庞大的使用人群吸引了诸如《朝日新闻》、《读卖新闻》、《日本经济新闻》等日本大报的参与。它们开始利用手机媒体传送新闻，使日本移动媒体应用比一般国家提前近十年到来。只是 i-mode 不能运用在 GSM 网络上，限制了它在全球的推广。

2. 中国手机与大众媒体的结合

在中国，随着手机制造、通信、收发短信产品形式的发展，衍生出了手机游戏、手机上网、手机电视等新应用。手机集成服务功能、新闻功能、娱乐功能、经济功能，逐步形成新的大众化媒体。其中一个标志是多媒体短信（MMS，即彩信）的出现。中国移动 2002 年推出了彩信服务，突破了文本限制，将彩色图片、声音、动画等多媒体形式纳入可通过手机传送的内容种类，使手机传播有了更丰富的内容和更直观的视觉效果。

2004 年 2 月 24 日，人民网推出国内首家面向手机终端的无线新闻网，对全国"两会"进行报道，实现了借助手机报道国家重大新闻的历史突破。2004 年 7 月，《中国妇女报》推出国内第一家"手机报"。随后国内各类传统大众媒体纷纷与手机结缘，不仅发行手机报，还推出彩信手机报料，让"读者"第一时间把现场照片发送到报社平台，并开通互动评论的栏目，实现读者与报纸互动，使手机媒体摆脱了"我说你听"的单向传播，逐步向网络互动传播转型。

在中国特定的手机媒体消费情境下，手机电视特色鲜明，应运而生。通信公

司和广电机构联手想尽各种办法把手机电视推到受众面前。2004 年 4 月，中国
联通在全国范围内推出"视讯新干线"移动媒体业务，与国内 12 家电视频道达
成协议，为"视讯新干线"提供内容。同年 12 月，天津联通开通基于 CDMA 制式
手机的掌上电视 GOGOTV，在手机上实现流畅清晰的影音传输效果，用户可以通过
手机收看近 20 套节目。2005 年，中国第一部"手机短剧"、"手机连续剧"和"手
机电影"纷纷面世。当年 10 月 12 日，部分用户还通过手机直播观看了神舟六号载
人飞船发射过程。2006 年年底，中国移动多媒体广播（China Mobile Multimedia
Broadcasting，CMMB）进行系统的试验，次年开始商用试验。2008 年，CMMB 借
用卫星系统形成全国网络，为 2008 年北京奥运会提供视频转播服务。

3. 手机成为网络化移动媒体

将传统媒体内容移至手机屏幕只是手机作为"第五媒体"进化的第一步。随
着技术、应用与市场的全面发展，手机逐步告别一点对多点、单次传递的大众传播
模式，转向点对点、点对多点、多次交互、用户生产内容的网络化传播模式，沿着
更为独特的移动互联网媒体方向发展，更具个性、互动与即时的特征。手机体积
小，受众又多在移动中使用，打破了地域、时间和电脑终端设备的限制，可以随时
随地接收文字、图片、声音等各类信息，实现了用户与信息的同步。

手机向网络化移动媒体发展一方面带动了媒体内容表现形式的变化。如苹果
iPhone 和各类安卓操作系统的手机推出后，报纸等传统媒体都纷纷制作出适应该
系统的客户端，变手机报的被动接受，为客户端或网页浏览的用户主动探索模
式，增加人机、用户与媒体、用户之间的互动环节，并借助社交媒体应用，将内
容进行推送，形成二次传播。另一方面的变化是改变了内容生产模式。无论是微
博的移动应用，还是 LBS 签到，手机媒体的网络化发展在内容上更加依赖手机
用户。信息的生产与消费也都更加垂直化，人们对自己感兴趣的事情的关注远远
高于传统媒体上的泛泛之谈。对于一家餐厅的口碑，移动端上的实时实地评论远
比报章、广播、电视的介绍更具体、真实、可信。手机媒体将人们又带回了
"部落"式的口口相传与信任模式。微博上号召随手拍解救被拐儿童的组织效率
也远高于电视新闻的动员力。借助手机媒体，人们获得的不再仅是信息，而且还
有社会关系及随之而产生的身份。大众媒体时代人们接受的是被大众媒体重新组织
和解读过的"拟态环境"，而手机媒体网络则是依靠个人认知而形成的真实与虚拟
交叉的"杂交环境"。

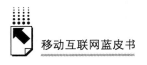
三 2011 年：手机媒体与互联网的不断融合

1. 3G 用户三年猛增十倍终于破亿

截至 2011 年 9 月底，中国 3G 用户突破 1 亿规模，达到 1.02 亿户，而 2011 年 11 月底用户规模近 1.2 亿户。而在"3G 元年"的 2009 年，3G 刚刚投入商用时，用户仅有 1022 万户，三年内猛增了十倍。

中国的 3G 市场依旧"天下三分"，根据三大运营商年度财报，截至 2011 年年底，中国移动的 3G 客户突破 5100 万户，市场份额超过 40%；中国联通 3G 客户达到 4001.9 万户，市场份额约为 31%；中国电信 3G 客户达到 3629 万户，市场份额约为 28.5%。三家运营商 3G 客户数量都呈现快速增长势头，并逐步形成三足鼎立的发展态势。

中国移动稳坐行业老大宝座多年，然而进入 3G 时代，其发展速度便如同净利润的增长一样日趋缓慢。除了自主知识产权的技术以外，终端的不配套成为 3G 发展的最大障碍。在中国移动 TD-SCDMA 产业链中，从横向来看，中国移动采用"终端补贴+合约"的政策使得补贴支出增加，利润下降；而终端厂商由于参与集采，使得利润被限制；同样，渠道售出手机是以补贴的形式，所以利润微薄。而这种三方都"受伤"的模式已成为中国移动 TD-SCDMA 产业的"恶性循环"。

2. 硬件技术上 CPU 进入"多核"时代

智能手机是当今手机发展的主流，其本质特征是硬件上有 CPU，在软件上有操作系统。进入 2011 年后，智能手机硬件开始进入"双核"时代。在 2011 年初的国际知名展会上，摩托罗拉公司、LG 公司以及三星公司就已正式发布了采用双核处理器的智能手机产品。而 HTC 公司近期发布的双核处理器智能手机，主频已经高达 1.2GHz，智能手机的硬件发展就此进入了一个新的阶段。

手机处理器的发展与 PC 行业的进步非常相似，都是从单核向多核方向发展，但速度更快。从 2000 年 3 月 AMD 公司发布全球首款 1GHz 主频处理器到 2005 年 4 月 AMD 公司的双核处理器现身，其间经历了五年时间。而智能手机处理器从单核 1GHz 主频发展至双核，却仅仅用了不到两年时间。2012 年虽然高通公司没有如期发布适用于智能移动设备的四核处理器芯片组，转而推出双核 LTE 芯片，但智能手机都将进入一个更强大的时代，超越 PC 领域硬件的发展。

3. 操作系统是目前软件技术发展的焦点

2011 年，主流智能手机操作系统主要包括安卓、iOS、塞班、PalmOS、WP、Linux 和黑莓七种，但是其发展态势却截然不同。

谷歌安卓系统如日中天，是目前集大成的系统之一，支持厂商多，手机硬件的配置通常较高，而且开发者社区也十分活跃，占据了中国市场智能手机销售总量近一半的份额。苹果公司的 iOS 系统则独占鳌头，因其性能良好、UI 控件出色、操作界面美观和人性化占据了高端机市场。同时，iOS 还以应用平台为卖点，"应用商店"成为智能机市场商业模式的典范，使其在智能手机市场上呼风唤雨。

其他操作系统则无法与以上两个强者势均力敌。塞班虽然是中国智能手机最普遍的操作系统，但无奈其江河日下，正在日益衰落，市场份额不断被蚕食。Windows Phone 7 不温不火，虽然在系统的人性化和界面的美观程度上作了较大改进，也和诺基亚开始合作，但是面对 iOS 和安卓两强的夹击，其局面依旧不明朗。另外三种操作系统在中国市场所占比例则微不足道。

此外，中国移动推出了 OPhone OMS 智能操作系统手机，中国联通也着手研发自有手机操作系统 UniPlus，操作系统市场正进入群雄并起的混战时期。但是，手机操作系统将经过激烈的市场竞争后，最终趋于统一。

4. 3G 时代手机用户都将成为网民

3G 手机的特点是高速度、多媒体、个性化。它的速度很快，不仅能通话，还可以高速浏览网页、参加电视会议、观赏图片电影以及即时炒股等等。3G 时代的来临将使手机媒体具有网络媒体的许多特征，成为人们随身携带的交互式大众媒体。手机是一种小巧的特殊电脑，手机媒体成为互联网的延伸。在 3G 时代，所有的手机用户都是网民。

3G 手机突破了多媒体功能的局限，拥有对数据和多媒体业务强大的支持能力以及在线影视、阅读图书等多种多样的流媒体业务。除传统的通信功之外，3G 手机所能提供的网络社区、信息服务等诸多增值功能也在不断吸引人们的眼球。未来手机将不仅仅是打电话，而且将实现永远实时在线的功能，大家可以随时随地与他人沟通，手机让人类进入全网络时代。

在手机媒体的发展中，技术只是基础，成败的关键在于能否提供合适、丰富的信息内容与服务，以及能否建立一个让手机媒体各博弈方共赢的经营模式。此外，政府能否在发挥市场力量的基础上建立一套合理的管理模式亦十分关键。

5. 手机网络进一步渗透，将彻底改变人们的生活

由于 3G 网络在全球的逐渐普及，智能手机的销量将会进入快速增长期。IDC 数据显示，2010 年第四季度，制造厂商智能手机的销售量首次超过了个人电脑，移动终端制造商共销售出 1.01 亿部智能手机，而同时期个人电脑的销售量却仅有 9200 万部。智能手机市场的迅速发展，令整个 IT 产业、传媒业迎来重要转折。

随着手机宽带的提速，更多互联网应用的迁移促使更多的 PC 网民转换成为移动互联网用户，人们也越来越离不开移动互联网。手机不但是一个信息传输平台，它还是一个身份识别系统，手机卡事实上就是经济关系，通过手机可以进行身份的识别，这对于信息收费、信息的定向传输和管理具有非常大的价值。

此外，"手机电子货币"将越来越普及。手机是一个电子支付系统，利用手机可以进行小额的电子支付，通过这个收费平台可以进行信息传输，也可以进行电子交易。它不仅可以使支付系统实现无纸化，还可以替代银行卡，将人类推向"无卡化"时代，这一方面方便了用户，另一方面还能降低交易系统的成本。

6. "苹果模式"对新闻传播业的冲击

从 2010 年开始，"苹果模式"在全球取得了巨大成功，其赢利模式的核心可以概括为："高价的硬件 + 苹果网上商店"。前者带来巨额的硬件销售利润，而后者通过信用卡支付，直接从苹果网上商店付费下载电子书、软件、游戏、视频等数字化信息，从而获得持续的利润，改变了手机媒体的业态。

在不到 4 年时间里，苹果公司从被市场边缘化的电脑企业，一跃成为全球利润最高的手机企业和最大的平板电脑企业。2011 年第一季度，苹果公司仅 iPhone 手机一项收入就达到了 119 亿美元，第一次超越诺基亚，成为按营业收入和利润计算的全球最大的手机生产商，领导了高端智能手机市场，率先走上了智能化、电脑化、娱乐化的道路。

Apple 封闭系统造成对市场的垄断，从而能获取高额的垄断利润。但是苹果模式在中国缺乏根基，国内用户没有付费习惯，大量应用软件只要好用，很快就被破解。再加上用户基础不大，移动支付手段亦成商家的制约，让不少企业竹篮打水一场空，因此该模式在中国发展有待观察。

四 "第五媒体"的似锦前程与安全挑战

2011 年开始，中国移动互联网进入了发展快车道，3G 通信网络尚在普及之中，人们已经开始畅想 4G 时代。手机媒体也必然会因此而出现变化，它的未来会怎样呢？就此问题，在 2011 年 12 月中国互联网经济论坛上，我们对参会的诺基亚、摩托罗拉、三星等手机制造商，中国移动、中国电信、中国联通等移动运营商以及新媒体业界、学界代表和嘉宾进行有关手机媒体未来发展趋势的问卷调查，共发放问卷 200 份，回收有效样本 178 份。从问卷的分析可以看出以下手机媒体的发展趋势。

1. 手机技术瓶颈将逐步得以解决

长期以来，电池容量和屏幕尺寸是手机难以克服的两个技术瓶颈。在受访者中，51% 的被调查者认为手机电池技术将会出现重大进步，15% 的被调查者认为 5 年内燃料电池会进入实用阶段。国外甚至已开发出无线充电的设备，如能与手机结合，这一媒体将更加完美。围绕屏幕尺寸的解决方案中，一个是开发可折叠手机屏幕，如"电子纸"，尚在实验室阶段；另一个是光学投影，目前该技术已经在部分 IT 设备上得以实现，与手机结合后将有效地克服手机屏幕小、阅读眼睛吃力等视觉上的不足。

面对人们对手机键盘过小的抱怨，触摸屏控制已经部分地解决了该问题，而已装备 iPhone 4s 的 Siri 语音控制也为此提供了更为便捷的解决方案。而更让人展开畅想的是通过手机上的摄像头或者其他捕获工具感应人手指的移动的技术已经研发成功，在已经预设在屏幕上的虚拟键盘中显示用户的按键情况，这样人们将在虚拟的键盘上打字或者进行其他操作，同时这个技术还配备音频和振动传感器，不仅可以捕获移动的手指状态，还可以捕捉声音或振动作为虚拟命令执行。

手机的硬件将会在未来得到加强，CPU、屏幕材质、内存、摄像头、USB 设备都会得到全面提升。而这一切都是以高速的处理器为基础，以完善的系统底层

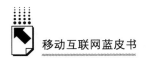

进行驱动。而手机硬件的发展不会停止，整个高新技术的发展将会进一步地刺激手机行业的发展。

手机终将变得更加易用和功能强大，而在此之外，调查结果显示，56%的受访者认为手机设计的时尚化、个性化趋势将势不可当，成为发展的方向。

2. 手机成为人们主要的身份识别系统

在未来，手机不再仅仅是一个信息传输平台，它还是一个身份识别系统。手机就是我们，我们就是手机。手机将成为人们政治、经济、社会生活中重要的身份来源与确认。2011年移动支付已经开始普及，各类移动社交应用也如雨后春笋般成长，围绕手机号码注册的网络实名验证方式流行，手机必将把我们的虚拟世界一步步推向现实，形成虚拟和现实两者最终的结合。在问卷调查中，91%的受访者认为手机成为主要的身份识别系统，其中11%的受访者甚至认为在5年内手机可以取代身份证、驾驶证等证件。电子身份时代呼之欲出，这既为个人提供了更为舒适的移动互联网体验，也让各类管理者提供了先进的管理工具，更为移动互联网媒体的生产与消费提供了更便捷的条件。

3. 手机媒体加速纸质媒体的消亡

从互联网诞生后，就一直有人在预测纸质媒体退出历史的时间，有人甚至给出2044年这一明确年代。但也有人反对纸媒退出的说法，他们的理由是使用习惯、使用深度、成本等。但是习惯是可以培养的，使用深度并不会因为媒介形式而改变，砍伐树木的代价在未来将更大。而手机作为移动互联网媒体，使用更为便捷，能随时随地连上互联网；信息存储密度极高、单位信息存储成本极低，能迅速对数字信息进行大量的复制，作为备份；随着时间的推移，人们对手机媒体的信任度并不低于纸质媒体，权威性、真实性、深刻性并不会因为其发布信息的迅速性而受到损害。在一些突发与敏感事件的报道方面，手机媒体甚至比传统媒体具有更高的即时性、客观性与真实性，例如人们常说眼见为实，手机拍摄画面后的传播内容就更加真实和准确。

问卷调查结果显示，91%的受访者认为纸质媒体会消亡，53%的受访者认为手机媒体加速纸质媒体的消亡。随着电脑的掌上化、第三代手机技术的普及，手机正在成为社会中重要的媒体，使得纸质媒体所具有的便携性等优势日益丧失，手机媒体加速埋葬了纸质媒体。

4. 手机操作系统关系国家信息安全

智能手机是一个定位系统和身份识别系统的综合体，它不仅能够标明使用者的位置，也能进一步透露使用者的身份，而两者结合在一起就形成了个人在时空中的踪迹。这一技术特点既可以被用户个人使用来了解自己和个人利益关切者的行动，也可以被管理部门应用于社会管理，提高效率，也可以被商家用来掌握消费者情报，但也可以被一国用于对他国的钳制，甚至在战争中利用它来打击敌国。因此，世界各国领导人避免使用手机的原因正在于此，因为已经有过不少通过手机定位来精确打击的战争案例。

此外，如果过分依赖国外开发的手机操作系统，就会存在大量个人、组织信息外泄的可能，从而威胁到国家安全。在问卷调查中，36%的受访者认为手机操作系统将在两年内出现主导市场的"王者"。56%的受访者认为手机操作系统关系到国家信息安全。因此，能掌握手机操作系统的主导权不仅意味着对市场的获取，也是一国与他国在博弈中取得优势的条件，未来手机操作系统领域的竞争将更加激烈。

5. 手机成为社会内部稳定的基石之一

手机媒体如今已深深嵌入我们社会的各个方面，随着个人应用水平的提高和通过手机媒体进行社交的范围的扩大，它越来越成为我们社会内部稳定的重要基石。手机媒体在中东地区的"茉莉花革命"和英国伦敦骚乱中所扮演的重要沟通工具角色应足以引起我们的重视。当下，以手机媒体为代表的移动互联网在多数国家都已经成为社会中重要的新闻媒体、舆论平台和行动组织网络，不仅大范围传递信息，还能动员起社会行动，直接关系到社会稳定。同时它也提出了更高的应对要求，如果采用大众媒体时代简单、生硬的屏蔽和切断做法，不仅无法收到控制效果，甚至会适得其反，进一步激化矛盾。如何在手机媒体情境下进行社会管理将成为各国共同的课题。

总之，手机已经成为具有通信功能的迷你型电脑。展望手机媒体的未来发展，手机的通信功能将进一步被淡化，新闻传播、游戏娱乐、移动虚拟社区、信息服务等附加功能和增值业务不断增加。小小的手机不仅是与人形影不离的信息平台，而且能够影响到国家安全和社会稳定。此外，手机媒体是典型的信息经济，手机媒体产业属于知识和技术密集型、智力密集型、低耗高效型产业，具有高效率、高增长、高效益、低污染、低能耗、低消耗的特点。将手机媒体的发展

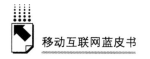
提升到国家发展战略层面，将推动中国经济发展模式由粗放、高能耗、高资源消耗、劳动密集型经济模式向低碳、创新型知识经济发展模式转型；有效解决大学毕业生等高素质人才的就业问题；极大地拉动手机媒体、移动商务、手机广告及相关产业的发展。

参考文献

匡文波：《"新媒体"概念辨析》，《国际新闻界》2008 年第 6 期。

匡文波：《手机媒体概论》，中国人民大学出版社，2006。

匡文波：《手机媒体：新媒体中的新革命》，华夏出版社，2010。

2011 年中国移动互联网研究综述

付玉辉　魏　江*

摘　　要：本文在简要回顾了 1999～2010 年中国移动互联网的研究情况之后，着重对 2011 年中国移动互联网研究进展进行了梳理，分别从移动互联网概念研究、技术研究、产业研究、影响研究、规制研究和研究特征等方面概述了整个年度的研究工作。本文认为未来中国移动互联网研究将聚焦在技术、应用、服务等领域的开放创新实践上，移动互联网领域将出现以媒介融合、产业融合为基础的巨型移动数字生态系统。

关键词：移动互联网　产业融合　新媒体

移动互联网最初肇始于电信运营商提供的移动增值服务，其典型业务主要为通过移动终端接入互联网浏览网页信息，而支撑移动互联网产业链的主要方面有应用、运营平台和移动终端。自从 1999 年日本电信运营商 NTT DOCOMO 推出 i-mode 服务以来，移动互联网逐渐发展成电信运营商与内容提供商合作开展的基本模式。之后，随着 3G 网络、移动智能终端、移动网络应用和云计算技术的蓬勃发展，移动互联网逐渐兴起成为一个重要的信息传播产业领域。[①] 自 2000 年 12 月 1 日中国移动正式实施"移动梦网计划"开始，经过长时间的市场酝酿后，我国移动互联网终于开始进入初始发展阶段。而自 2009 年我国 3G 产业启动以

---

* 付玉辉，中国联通集团综合部新闻宣传处主任编辑，传播学博士，中国传媒大学新闻传播学博士后；魏江，渤海大学文学院新闻学硕士研究生。

[①] 本文所用"信息传播产业"的概念，主要是指依托广播电视网络、通信网络、互联网等网络和技术进行信息传播活动、彼此之间具有媒介融合、产业融合趋势的相关产业的总称。移动互联网是信息传播产业的一部分，而整体的信息传播产业则是移动互联网存在和发展的基本环境。

来，我国移动互联网的发展则步入快速发展阶段。而移动互联网的兴起，正在构造一个迥异于固定互联网的工作、生活环境和媒介生态。当前移动互联网已经成为信息传播各相关产业普遍认同和看好的具有良好发展前景的重要发展领域。

一　1999～2010 年中国移动互联网研究概述

自手机在中国兴起以来，对于移动互联技术的探讨就一直没有停止过。1999年，当时的信息产业部电信科学技术情报研究所网络技术研究部高级工程师白春霞在《现代电信科技》期刊上发表署名文章《移动 Internet 有了 WAP 标准》，报告了移动接入网络标准出台的消息。[①] 2000 年，浙江师范大学人文学院的田中初发表在《新闻记者》上的文章《向 WAP 要一杯羹？——展望报纸移动电子版》是中国较早涉及移动互联网的新闻传播学专文。[②] 该文认为手机 WAP 网站是信息传播的新平台，报纸应主动开辟移动电子版，并提出移动电子版在内容服务上一定要更加注意用户的特征以及传播应更有针对性等一些很有价值的观点。

从一个研究主题的研究文章篇数可以反映该主题的研究热度。近年来，我国对于"移动互联网"的研究成果数量逐渐增加。在"中国学术期刊网络出版总库"中键入"移动互联网"主题，检索后得到以下结果（见图1）：从 1999 年开始当年该主题类文章仅有 11 篇，2005～2011 年研究论文数量呈迅速上升趋势，特别是中国的 3G 元年——2009 年，该领域的研究文章由 2007 年的 248 篇迅速升至 1187 篇，势头很猛；截至 2012 年 1 月 7 日，2011 年当年该主题的研究文章数量已达 2307 篇。随着 3G 和三网融合进程的不断推进，关于该领域的研究已经成为新媒体和媒介融合研究的一大热点。

1. 移动互联网概念认知：概念的演进

近年来，对于何为移动互联网，我国学界及业界有过诸多争议，有人认为移动互联网只是互联网的一种接入方式，是互联网在手机等便携终端领域的延伸。但有研究者持不同观点，对"移动互联网"的概念，进行了批判，认为长期以

① 白春霞：《移动 Internet 有了 WAP 标准》，《现代电信科技》1999 年 8 月 30 日，第 35～38 页。
② 田中初：《向 WAP 要一杯羹？——展望报纸移动电子版》，《新闻记者》2000 年 12 月 5 日，第 56～57 页。

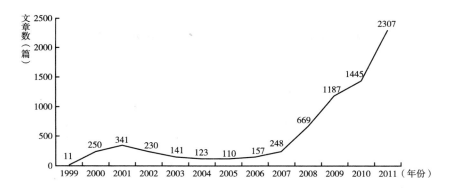

图 1 　"中国学术期刊网络出版总库"历年收录"移动互联网"
主题文章篇数增长图（1999～2011 年）

来手机网被解释成为互联网的延伸，误导了电信运营商、业务开发商、终端生产
商和用户对于手机网的理解。① 有研究者从技术和终端层面对移动互联网进行了
定义，认为所谓移动互联网，从技术层面定义，是指以宽带 IP 为技术核心，可同
时提供语音、数据、多媒体等业务服务的开放式基础电信网络。从终端层面定义，
在广义上是指用户使用手机、上网本、笔记本电脑等移动终端，通过移动网络获取
移动通信网络服务和互联网服务；在狭义上是指用户使用手机终端，通过移动网络
浏览互联网站和手机网站，获取多媒体、定制信息等其他数据服务和信息服务。②

2. 移动互联网技术研究：技术的扩散

移动互联网的基础是移动核心网和接入网的 IP 化，3G 网络为移动互联网的
发展提供了充足的带宽资源，网络技术和应用技术是移动互联网的两个支点。网
络浏览和下载技术、基于位置的应用技术、移动社区应用技术和移动搜索技术都
是移动互联网应用技术的主要内容。移动终端技术使得智能手机具备了强大的业
务处理能力，为内容服务提供了广阔的平台。③ 2009 年初我国 3G 牌照的发放，
为移动互联网的发展创造了前提条件，并且带来了良好机遇。我国的三网融合进

---

① 项立刚：《"移动互联网"概念批判》，转引自艾瑞网，2009 年 10 月 10 日，http：//
　　www. jz123. cn/text/1022597. html。
② 艾瑞咨询：《2009 年移动互联网用户行为调研数据发布》，艾瑞网，http：//news. iresearch. cn/
　　viewpoints/102558. shtml，2009 年 10 月 9 日。
③ 邱其一：《移动互联网背后的技术"引擎"》，中国信息产业网，2010 年 3 月 4 日，http：//
　　www. cnii. com. cn/zz/content/2010 - 03/04/content_ 720148. htm。

程则对广播电视网、电信网、互联网的相关资源进行全方位整合，将对移动互联网的发展产生影响深远影响，将进一步改善移动互联网网络环境，为移动互联网内容的繁荣提供了网络和应用的支持。

3. 移动互联网影响研究：影响的渗透

随着 3G 时代的来临、移动互联网的快速发展，多数学者普遍认为这不仅意味着更快更好的移动网络接入条件，还将对媒体的传播观念和格局、新闻信息的传播与生产方式、消费者信息获取与使用习惯、社会文化等多方面产生深远影响与变革。① 移动互联网的影响主要是基于 3G 技术驱动下所产生的各种影响。3G 使移动互联网的发展迎来了第三波浪潮，也是手机媒体大发展的契机。② 3G 时代的到来，手机成为流动的媒体空间，在整合了传统的传播形态的基础上，成为满足社会大众迅速增长的文化需求的新媒体。③ 有研究者认为，3G 手机互联网技术的应用，对快速新闻生产提供了技术支持。网站与报纸品牌一体化是新方向，内容原创与互动互补是核心问题，采编流程适应新闻传播是 3G 时代报网融合的新要求。④

4. 移动互联网规制研究：规制的变迁

2009 年末媒体对于手机涉黄的系列报道使移动互联网的规制问题进一步成为人们关注的焦点之一。随着 2009 年以来我国 3G 的大规模商用，移动互联网领域内的不良信息泛滥、运营监管等问题受到广泛关注。目前，我国在移动互联网监管领域尚未形成健全的机制、专门的机构，按照移动互联网的发展规律对其进行专业、全面的监管。有研究者认为，作为一个跨行业、跨区域的结合了通信、传媒、金融等各方面特点的新型信息网络平台，手机网需要用新的思维和管理机制来进行管理。⑤ 有研究者认为，手机媒体管理机制的根本性改革是将渠道管理与内容管理分离。⑥

① 曹飞：《3G 时代的新媒体传播》，《现代视听》2009 年第 9 期，第 26～29 页。汤健萍：《从"彩信新闻"看 3G 时代电视新闻的变化与对策》，《当代电视》2009 年第 4 期，第 48～49 页。栾轶玫：《新闻网站的未来趋势与模式创新》，《青年记者》2009 年第 18 期，第 15～16 页。
② 匡文波：《我国手机报发展的趋势和制约因素》，《对外传播》2009 年第 2 期，第 39～41 页。
③ 韩冰、王蕾：《手机媒体存在形式解析及前瞻》，《新闻界》2009 年第 1 期，第 74～75 页。
④ 韩涛：《3G 时代如何真正实现报网互融》，《传媒观察》2009 年第 9 期，第 38～39 页。
⑤ 项立刚：《打击手机色情呼唤手机网时代的管理体制》，项立刚博客，2009 年 11 月 30 日，http://blog.sina.com.cn/s/blog_5854ac960100flv4.html。
⑥ 彭兰：《从社区到社会网络——一种互联网研究视野和方法的拓展》，《国际新闻界》2009 年第 5 期，第 87～92 页。

5. 移动互联网研究回顾：研究的自觉

这一时期，我国研究者对移动互联网技术的研究分析较多，而对非技术维度问题的深入研究相对不足。2000 年张禄林的《移动 Internet 及其研究现状》一文，是第一篇关于移动互联网研究的综述文章。该文主要对移动 Internet 的体系结构和研究现状进行了综述。① 有研究者从行业发展现状的角度回顾了移动互联网的发展，也有文章从手机媒体的角度进行了论述。② 有研究者对 2010 年新媒体市场进行了盘点，认为微博的发展趋势将是媒体、社交、应用平台的聚合，能够满足用户对海量、即时信息的需求，网络社交的需求以及个性化应用的需求。认为优质内容、多渠道分发、终端是数字时代媒体运营的三大要素。③

二　2011 年中国移动互联网研究新进展

移动互联网是新媒体传播的重要领域，具有巨大的发展潜力和广阔前景，而基于移动互联网技术背景的媒介平台势必对中国新闻传播业产生深远影响。目前最引人关注的是移动互联网产业链的终端层面，即移动智能终端对移动互联网传播及社会发展的影响。同时，移动互联网的媒介内容、平台、媒介融合、信息传播与接收方式等等问题也成为 2011 年我国移动互联网研究的重要议题。

1. 移动互联网的地位：从边缘角色到中心地位

2011 年，我国手机网民（包括但不仅限于通过手机终端接入互联网的网民）规模继续稳步扩大。截至 2011 年 12 月底，我国手机网民达到 3.56 亿，手机网民在总体网民中的比例达到 69.39%。④ 对移动互联网的认识进一步得到深入，

① 张禄林：《移动 Internet 及其研究现状》，《现代电信科技》2000 年 9 月 30 日，第 15～18 页。
② 李立奇、沈平：《移动互联网行业发展现状及目标分析》，《移动通信》2011 年第 11 期，第 52～56 页。魏丽宏：《关于我国手机媒体研究的文献综述》，《中国传媒科技》2011 年第 2 期，第 70～73 页。
③ 李智：《内容为王　终端多元——2010 中国新媒体市场回顾》，《传媒》2011 年第 1 期，第 64～66页。
④ 中国互联网络信息中心（CNNIC）：《第 29 次中国互联网络发展状况统计报告》，中国互联网络信息中心，2012 年 1 月 16 日，http://www.cnnic.net.cn/dtygg/dtgg/201201/t20120116_23667.html。

工业和信息化部电信研究院这年发布《中国移动互联网白皮书（2011）》，该白皮书认为，移动互联网改变的不仅是一种简单的接入手段，也不仅是对桌面互联网的简单复制，而是一种新的能力、新的思想和新的模式，并将不断催生出新的产业形态、业务形态和商业模式。[①]

对于移动互联网概念的理解，有研究者认为移动互联网并非等同于"移动＋互联网"，当前移动互联网应用只是传统互联网应用的简单复制和翻版，缺乏对移动终端特殊环境的充分思考，缺乏对移动终端"可移动"以及由此带来的地理位置信息的充分利用。而真正的移动互联网能够通过小区信息和个人消费数据挖掘来实现精准的信息推送，实现让"信息主动找人"，将全面改变人们获取信息的方式；移动互联网也将改变人们关系链的形成和维系，从以往的关系圈产生于家人、同事、同学和朋友之间到基于地理位置、兴趣爱好以及行为来聚合的关系。[②] 但也有研究者认为，移动互联网的立足点是互联网，移动互联网继承了互联网的核心理念和价值，当前它具有三个主要特征：一是移动互联应用和PC互联网应用高度重合，主流应用当前仍是PC互联网的内容平移；二是移动互联网继承了互联网上的商业模式，后向收费是主体，运营商代收费生存模式加快萎缩；三是Google、Facebook、Youtube、腾讯、百度等互联网巨头快速布局移动互联网。电信运营商在移动互联网时代必须承担起智能管道的提供者、平台运营的主导者和移动信息化的引领者的三大角色定位。[③]

美国KPCB风险投资合伙人约翰·杜尔（John Doerr）首次提出"SoLoMo"概念，将当前互联网领域最热的三个关键词整合到了一起：Social（社交）、Local（本地化）和Mobile（移动），而这被认为是未来互联网发展的趋势。[④]

有研究者展望移动互联网的未来发展趋势，认为基于各种融合应用、创造与

① 军苗：《电信研究院发布2011年移动互联网和物联网白皮书》，《邮电设计技术》2011年第6期，第66页。
② 谭拯：《走出"移动互联网＝移动＋互联网"的误区：地理位置信息挖掘是关键》，《通信世界周刊》2011年第26期，第16～17页。
③ 李安民：《从电信运营商角度审视移动互联网的本质、趋势和对策》，《电信科学》2011年第1期，第7～10页。
④ 曹国伟：《社交网络与移动终端的结合将成为最重要趋势》，《信息安全与通信保密》2011年第6期，第17～18页。

体验的数字文明和数字生态应成为"后移动互联网时代"人类社会普遍的发展特征。"后移动互联网时代"的技术形态是"泛在网络"和"无缝连接",社会形态是进一步趋于透明化和开放化,文化形态是走向数字文明和数字生态的融合的新阶段。未来的技术形态结构大致为"具有移动互联网特征的人—人互联网络,具有云计算、云服务特征的新泛在服务网络,具有物—物互联特征的新泛在互联网络";文化形态方面,随着信息通信技术的发展,移动互联网社会将成为信息社会的一种常态,并进一步固化为社会的内在结构。①

2. 移动互联网技术:从技术融合到形态创新

移动互联网技术的兴起,将为人类社会带来一个不同于固定互联网的工作、生活环境和生态。当前,移动互联网已经成为产业各方普遍认同和看好的具有良好前景的领域之一。胡延平认为,移动中心时代的互联网服务基本架构将呈现 COWMALS 的特点,即 Connect-Open-Web-Mobile-APP-Location-Social。"互联网生态正在发生六个重大变化:从 Link 链接到 Connect 连接;从 Site 一站之内到 Open 开放分布;从 Web 到 Web + APP;从 PC 是网络中心到 Mobile 手机是网络中心;从 IP 是基准到 Location 位置成为基准;从 SNS 社交网络向 Social Network 社会化网络转变。"②

有研究者认为,支撑移动互联网的关键技术包括 Web 2.0 技术、SOA、SaaS 技术和云计算技术;终端智能化、计算云端化和网络物联化是移动互联网的三个发展方向。③ 有研究者认为,云计算将从信息传播节点、信息传播关系、信息传播网络、信息传播媒介等四个方面深刻影响人类信息传播模式。④

又有观点认为,移动互联网出现的七大发展趋势主要为:智能手机时代,搜索仍将是移动互联网最重要应用,移动互联网与固定互联网将形成互补,移动互

---

① 付玉辉:《后移动互联网时代:数字文明融合新阶段》,《互联网天地》2011 年第 6 期,第 48 ~ 49 页。

② 胡延平: 《互联网生态正在向 COWMALS 移动》,新浪科技,2011 年 5 月 25 日,http://tech. sina. com. cn/i/2011 – 05 – 25/10575568884. shtml。

③ 班文娟,张百成:《移动互联网的发展和应用浅析》,《信息通信》2011 年第 6 期,第 138 页;郎为民,杨德鹏:《移动互联网发展趋势研究》,《通信管理与技术》2011 年第 6 期,第 11 ~ 13 页。

④ 李卫东,张昆:《云计算对人类信息传播模式的影响分析》,《新闻前哨》2011 年第 9 期,第 47 ~48 页。

联网应用呈现本地化特点，移动互联网代表了新型消费方式，云计算使移动互联网具有无限想象空间以及开放将成移动互联网的重要发展趋势。①

Widget 是一种采用 JavaScript、HTML、CSS 及 Ajax 等标准 Web 技术开发的小应用，由于 Widget 运行终端的不同可分为 PC Widget 和 Mobile Widget。研究者认为，Mobile Widget（移动微技）具有技术门槛低、用户体验好、可跨平台运行等优点，已成为新一代移动互联网终端应用的最佳技术。② 研究者从技术平台建设、内容建设和消费者需求建设三方面分析了移动互联网新媒体的发展，认为移动互联网新媒体需要强化网络技术，内容建设上还处在平移传统内容、借鉴互联网模式的阶段，需求建设还有待开发。③

面对移动互联网的发展，中国传媒业已开始频繁通过开发移动客户端的方式在移动终端上进行布局。官建文认为，中国报刊中，最早在 iPhone 上开发客户端的是《南方周末》（2009 年 10 月），最早在 iPad 上推出客户端的是 China Daily（2010 年 4 月 1 日），最早在 iPad 上开发客户端的中文报纸是《南方都市报》（2010 年 5 月 5 日），最早在 iPad 上推出客户端的中文期刊是《中国新闻周刊》（2010 年 7 月 5 日）。广播媒体与移动互联网的融合方面，深圳电台交通频率为深圳车主打造了一款基于手机终端的移动互联网平台"1062 车主宝典"，以深圳实时路况地图为核心、将公众信息查询、手机搜索引擎、B2C 手机 BBS、媒体资源互动、手机新闻报、即时通讯等功能合为一体。④ 这为传统媒体跨界整合，不断开发新业务新服务提供了良好借鉴。

有研究者认为手机电视是融合广电业、电信业与网络业的技术优势与传播理念的产物，手机多媒体技术正在使手机从单一通讯终端，向着全媒体信息终端、消费终端、娱乐终端转变。⑤ 有研究者从移动互联网角度分析了 OTT（Over The

① 刘允：《谷歌全球副总裁刘允：移动互联网现七大发展趋势》，《中国传媒科技》2011 年第 4 期，第 18～19 页。
② 杨晓华，程宝平，朱春梅：《Mobile Widget——新一代移动互联网应用技术》，《电信技术》2011 年第 2 期，第 28～32 页。
③ 赵子忠：《移动互联网"怎么才能活"》，《广告大观（综合版）》2011 年第 7 期，第 28～29 页。
④ 万明：《传统广播媒体的移动互联网应用分析和策略》，《广播与电视技术》2011 年第 3 期，第 60～64 页。
⑤ 杨文艳：《通信终端凸显三从效应深挖潜力须谋内容——手机电视促进手机与传统媒体相融合》，《中国传媒科技》2011 年第 5 期，第 56～59 页。

Top）模式，认为目前我国移动互联网领域中的视频服务与移动支付 OTT 模式正在逐步形成，但距离真正的 OTT 模式还相距甚远。①

3. 移动互联网产业：从终端繁荣到开放融合

2011 年，我国各类移动智能终端继续深入普及，终端市场持续繁荣，竞争也更加激烈。分析机构 Strategy Analytics 2011 年 11 月底发布研究报告，估计 2011 年第三季度中国智能手机的出货量为 2390 万部，比前一季度增长了 58%，成为全球最大的智能手机市场。② 苹果公司则陆续推出 iPad2、iPhone4s，尽管与第一代设备相比改良和提升有限，但仍然继续延续着人们对于移动互联网应用的热情。2011 年世界移动互联网领域中，谷歌收购摩托罗拉、诺基亚宣布与微软合作等事件显示，产业各方的移动互联网战略布局不断加快，而我国的互联网产业也开始加快移动互联网业务的布局。2011 年 8 月 16 日，"小米手机"在北京成功发布；阿里巴巴与天语合作推出"云手机"，采用"阿里云 OS"系统搭载各项云应用服务；百度联合知名计算机生产厂家戴尔推出"易手机"、嵌入百度的手机软件产品"百度·易平台"，它除兼容大量 Android 应用之外，还内置百度浏览器、云服务和百度其他特色应用；腾讯则联合 HTC 推出定制机 HTC Cha Cha，定位在"全键盘 QQ 社交手机"，通过腾讯的 QQ Service 方案聚合了腾讯的大量社交应用，手机上甚至设有单独的 Q 键，以此方便用户通过手机 QQ、手机 QQ 空间、腾讯微博等社交应用来及时分享动态与心情。终端竞争正在从开放竞争走向开放合作，不同业态的企业相互合作丰富了移动互联网终端市场，提升了移动互联网的终端体验。有研究者认为，未来智能手机将出现智能手机能力呈现 PC 化趋势、开放和开源成为未来智能手机操作系统发展趋势、整体价格走低、受众范围不断扩大等发展趋势。③

2011 年 2 月诺基亚和微软达成战略合作协议，这预示着移动互联网产业的竞争将更趋激烈。有研究者认为，产业生态系统的竞争是移动互联网时代的重要特征，开放是移动互联网时代的基因；网络、硬件不再是竞争的中心，而操作系

---

① 赵子忠：《OTT 与移动互联》，《广告大观（综合版）》2011 年第 7 期，第 148 页。
② 中国电子信息产业网：《三季度中国智能手机出货超美国居第一》，2011 年 11 月 23 日，http://com.cena.com.cn/news/2011-11-24/132209450862768.shtml。
③ 杨天一：《2010 年全球智能手机市场发展分析》，《电信技术》2011 年第 2 期，第 7~9 页。

统、应用平台等已成为新的产业重心。① 研究者认为融合化、社会化和智能化是互联网发展的主要趋势,作为电信与互联网融合的代表,移动互联网正在推动3G技术、社交网络、视频、IP电话以及移动设备等基于IP的产品和服务的增长与融合。而作为互联网与媒体的融合代表,微博的开放性则压缩了传播"暗箱操作"的空间,扩大了普通公民的知情渠道;微博的互动性让普通公民得到了更多的参与机会,也考验着各级政府官员能否主动适应民主、开放、互动的网络生活。② 有研究者认为,云计算将从信息的传播节点、信息传播关系、信息传播网络、信息传播媒介等四个方面深刻影响人类信息的传播模式。在云计算模式下,大量的计算任务都由"云端"完成,将催生智能手机、上网本、平板电脑、电子书等新型媒体终端,将创造出各类全新的信息传播媒介和商业模式。③

还有研究者通过对Twitter、Foursquare、APP Store等移动互联网典型案例的分析,认为移动互联网经历了接入为王、内容为王、应用和服务为王的三个过程。在接入为王阶段,移动互联网的呈现形式主要是WAP、短信和彩信,运营主体是电信运营商加内容运营商。随着智能终端的兴起和普及,2007年进入内容为王阶段,该阶段移动互联网的呈现形式开始多样化,内容越来越丰富;真正意义上的移动互联网在2010年开始爆发式增长,该阶段的典型特征是应用和服务为王,信息服务无处不在,大量应用开始专业化。有研究者通过分析中国三大电信运营商的移动互联网的布局策略,即中国移动的自主研发路线、中国电信的开放合作跟进策略和中国联通的全新整合模式战略,最终认为未来移动互联网业务的发展,不再只是运营商之间数据增值业务的竞争,而是运营商和成熟互联网厂商甚至终端商之间的竞争。④ 有研究者认为,未来移动互联网的四大趋势是网络泛在化、终端场景多样化、用户结构多元化和行业移动互联网化。⑤ 自短信业

---

① 石立峰:《巨头合作背后的"暗战"——移动互联网产业生态下的诺基亚与微软的合作分析》,2011年3月11日《人民邮电报》。

② 刘越:《互联网服务的融合化、社会化与智能化》,《现代电信技术》2011年2月第1~2期,第25~34页。

③ 李卫东、张昆:《云计算对人类信息传播模式的影响分析》,《新闻前哨》2011年第9期,第47~48页。

④ 王媛:《从运营商的移动互联网布局看移动互联网发展之势》,《互联网天地》2011年第7期,第43~44页。

⑤ 李一明:《移动互联网商业模式组成及典型案例分析》,《电信科学》2011年第7期,第23~28页。

务推出以来，移动运营商创新业务的主要提供模式已从传统的"围墙花园"模式过渡到了"开放地带"模式，并正向"无围墙的平台花园"模式过渡。有研究者据此提出了运营商的创新业务运营策略，即应从重点产品、精细化运营、平台化运营、能力开放、智能管道等方面上纵向打通产品层、运营层、平台层、网络层，从整体上提升面向移动互联网的创新业务运营能力。①

还有研究者对"SNS + LBS"业务、微博用户发展、移动应用商店、以移动支付为代表的移动商务、手机终端平台之争等 2010 年移动互联网产业的热点进行了评析，认为 2010 年移动互联网呈现出的特征有：传统互联网厂商看好移动互联网布局移动互联网，国外优质应用加快中国化步伐，以移动互联网用户需求特征进行产品创新更宜获得成功等等。② 而以移动互联网为中心的产业链条的扩展和延伸则说明移动互联网创新扩散效应在产业发展层面具有深刻的影响。

4. 移动互联网影响：从技术维度到社会维度

加拿大学者英尼斯曾指出："一种媒介的长处，将导致一种新文明的产生"。③ 有研究者认为，移动互联网的最大亮点并不在于"移动"，而在于"个人"的内涵，它具有 Individual（分众）、Instant（即时性）、Interactive（互动性）和 Individuation（个性化）等显著特征。移动互联网使个人享有更多自由，这种真正打破时空限制的所谓最自由的媒介同时催生了一种新的传媒的生态环境。④ 高钢认为影响未来网络信息传播形态与模式改变的技术是多元的，从已有的网络技术的社会应用趋势来看，移动互联网、智能便携终端、云计算是能够直接影响信息传播形态与模式改变的三大技术。移动互联网拓展着信息传播的自由时空，使人类之间的信息交流在任何时间、任何地点可以得以实现。⑤

移动互联网对新媒体生态产生了重要影响。2011 年"中国传媒创新报告"课题组发布报告认为，随着三网融合取得实质进展和移动互联网的迅猛发展，手

---

① 顾芳，刘旭峰，赵占纯：《移动互联网背景下运营商创新业务运营策略研究》，《邮电设计技术》2011 年第 12 期，第 12 ~ 15 页。

② 秦琛：《2010 年移动互联网产业热点评析》，《互联网天地》2011 年第 2 期，第 58 ~ 60 页。

③ 〔加〕哈罗德·英尼斯：《传播的偏向》（第一版），何道宽译，中国人民大学出版社，2003，第 28 页。

④ 陈兵：《传媒生态视阈中的移动互联网生存策略》，《中国出版》2011 年第 16 期，第 14 ~ 16 页。

⑤ 高钢：《多网融合趋势下信息集散模式的改变》，《国际新闻界》2011 年第 10 期，第 8 ~ 17 页。

机等移动终端的媒体应用服务异军突起，通过微博的应用，传统媒体不仅在新闻的即时性、互动性、服务性方面得到较大提升，而且在内容传播力和品牌影响力方面也得到显著提升。"2011 年及今后一段时期内，传媒业的创新和发展也将呈现新的特点和趋势，以手机为代表的移动媒体时代的来临，传媒业正逐渐从读纸向读屏转变，从固定阅读向移动阅读转变；传统媒体正加紧建设全媒体数字化运营平台，从单一媒体向全媒体转型；内容生产方式方面，媒介融合背景下，内容生产的专业化、分众化、精准化将进一步加强，微博带动了内容生产的'碎片化'趋势，正在改变着传统的新闻生产方式。"①

　　基于移动互联网的移动终端的快速发展，传统媒体如何借力新的传播技术平台，特别是移动互联网创新调整传统的经营战略和模式成为传媒业所关注的问题之一。2011 年，新闻集团发布了世界上首个专门在平板电脑 iPad 上发行的电子报刊"The Daily"，引发了人们对于媒介融合的广泛热议。有研究者对 The Daily 进行了深入研究，认为其堪称"探索新媒体赢利模式的先行者"。尽管 The Daily 在建立新的媒体盈利战略和模式方面走在了前面，但主要创办者仍然受到传统办报思维的局限，因而忽略了整个媒体生态的变化，如制作方式封闭化而非开放化、出版规律与印刷日报无太大差异、内容分享途径单一等，因此传统媒体产业数字之路还有许多方面有待探索。② 此外，移动互联网领域的网络运营商和内容提供商都在依托合作方的优势试图在移动互联网发展领域进行资源整合和市场开拓。比如，中国移动与新华社联合推出盘古搜索；湖南广电通过成立专门的新媒体业务公司开发手机游戏（芒果游戏）、移动增值服务、手机客户端（芒果移动台）、CMMB 和手机动漫业务（金鹰卡通附属手机业务）布局移动互联网端，这些现象都引起了人们的广泛关注。③

　　彭兰认为 iPad 为传媒开辟了新的传播空间，带来了不同于万维网浏览器的"应用"（APP）传播模式。她认为"应用"是媒体走上 iPad 平台的主要形式，

① 2010 年"中国传媒创新报告"课题组：《2010 中国传媒创新报告》，《传媒》2011 年第 2 期，第 11 ~ 15 页。
② 汕头大学长江新闻与传播学院课题组：《The Daily：探索新媒体赢利模式的先行者》，《新闻实践》2011 年第 8 期，第 14 ~ 18 页。
③ 董倩：《以内容破局——三网融合背景下湖南广电集团新媒体战略研究》，《新闻知识》2011 年第 8 期，第 15 ~ 17 页。

数字技术推动下的信息传播趋势有从专业传播转向全民参与、由固定传播到移动传播、由内容为王到关系为王、由"大众门户"到个人门户、从机械传输到智能处理、从信息互联到万物联网、从数字媒体到数字社会等。项立刚认为随着3G 的发展,媒体会越来越趋向以手机为中心进行传播,这意味着广泛的受众、永远在线、随时随地传播、巨大的爆发力,同时也意味着传媒的商业模式、运作流程、思维模式、人才观念,以及媒体伦理都会发生巨大变化。①

5. 移动互联网规制:从监管思维到治理思维

伴随移动互联网的大规模商用、移动智能终端的快速普及和移动互联网应用的广泛提供,移动互联网的安全问题也日益突出,手机恶意吸费、用户信息泄露和电话及网络诱骗欺诈等恶意行为的影响和危害已引起各方关注。国内媒体曾曝光的手机杀毒软件恶意扣费欺诈消费者的事件再一次凸显了移动互联网领域所存在的信息和网络安全问题,移动互联网的管制问题再次成为研究者们关注的焦点。有研究者认为移动互联网的发展面临着诸多挑战,信息泛滥、安全威胁以及资源无序占用和浪费等,必须引起足够的重视和警惕。② 有研究者关注了移动互联网的安全结构问题,并提出了相应的解决方案。③

有研究者研究了我国移动互联网产业管制的现状,认为当前移动互联网的监管体系无论从内容和方法上都很难满足中国移动互联网产业发展一般性监管目标的需求,提出政府的管制应从经济性管制向社会性管制转变,从行政管理向标准管理转变,并在市场准入、信息管制、垄断管制及虚拟资产管制四个方面建构相对完整的协调统一的管制体系。④ 另外,移动互联网的管理模式依旧是研究者们不断探讨的话题。研究者们从产业整体、电信运营商以及移动互联网企业等不同角度对该问题予以关注。有研究者关注移动互联网的运营模式和电信运营商在其

---

① 项立刚:《手机中心:技术推动媒体产业发展》,《新闻战线》2011 年第 2 期,第 18 ~ 19 页。

② 沈佳瑞:《加快我国移动互联网发展的若干思考》,《信息通信技术》2011 年第 2 期,第 276 页。

③ 卢煜、孔令山:《移动互联网安全挑战与应对策略》,《通信世界周刊》2011 年第 17 期,第 38 ~ 39 页。贾心恺、顾庆峰:《移动互联网安全研究》,《移动通信》2011 年第 10 期,第 66 ~ 70 页。吴勇毅:《网秦"扣费门":移动互联网企业遇成长拐点》,《新财经》2011 年第 6 期,第 60 ~ 61 页。房秉毅、张云勇、徐雷:《移动互联网环境下云计算安全浅析》,《移动通信》2011 年第 9 期,第 25 ~ 28 页。

④ 陈志刚、王茜、韩正君:《移动互联网产业管制的现状、趋势及新管制体系研究》,《移动通信》2011 年第 5 期,第 6 ~ 10 页。

中的位置和作用，认为"围墙花园"本质是网络能力的有限开放和对移动互联网应用的精准控制，是运营商试图延续在 2G 时代封闭性的增值应用管理合作模式。因此，运营商应努力定位基础制度的提供者和保护者的"地基模式"。研究者还认为，电信运营商应成为开放的移动互联网产业生态的组织者，通过自身能力的扩张，确保产业生态不断提高效率效能。[①]

6. 移动互联网研究特征：从单一角度到多重角度

2011 年我国移动互联网研究整合了多学科背景和力量，形成了多元思维和多个视角的研究关注和分析。研究者对中国移动互联网过去十余年的研究历程主要是从技术层面的可行性探讨到创新形态的传播趋势，再到超越单一学科的探讨，并向信息传播、运营模式、产业形态等方面的研究方向不断扩散。有研究者运用产业经济学中迈克尔·波特（Michael Porter）的五力分析模型分析了中国移动互联网的产业环境，就未来产业链的整合发展趋势提出了一些建议。[②] 有研究者从行业发展现状的角度回顾了移动互联网的发展，也有文章从手机媒体的角度进行了论述。[③] 有研究者还对中韩两国移动互联网发展的异同进行了比较性研究，认为移动互联网已成为通信和互联网产业融合的必然走向。[④]

总之，移动互联网研究视角从以往对移动互联网进行技术分析的单一视角逐渐演进为从传播、技术、经济、社会、管制等方面进行研究的多重视角。

三　中国移动互联网研究发展趋势

根据中国移动互联网发展趋势可以判断，移动互联网将成为我国未来信息传播产业发展的热点领域之一，同时也将成为不同信息传播产业相互进入和融合的重要领域之一。

---

① 陈志刚：《移动互联网花园更需要地基模式而非围墙模式》，《通讯世界》，第 29 页。吴钢：《移动互联网时代电信运营商的商业模式：能力开放》，《信息通信技术》2011 年第 1 期，第 24 ~ 28 页。

② 吴佳：《中国移动互联网产业的五力模型分析》，《新闻爱好者》2011 年上半月，第 76 ~ 77 页。

③ 李立奇、沈平：《移动互联网行业发展现状及目标分析》，《移动通信》2011 年第 11 期，第 52 ~ 56 页。魏丽宏：《关于我国手机媒体研究的文献综述》，《中国传媒科技》2011 年第 2 期，第 70 ~ 73 页。

④ 刘滨：《我国移动互联网行业发展策略与展望——基于中韩比较的视角》，《新闻世界》2011 年第 7 期，第 140 ~ 141 页。

1. 聚焦移动互联网各种技术、应用、服务等领域的开放创新实践

技术力量的变革推动了媒体形态的不断演变。纸质媒体有赖于印刷技术的支撑，调频广播、无线电技术、半导体的发明则催生了现代广播媒体，电视媒体是无线电电子技术与各种摄录技术的产物，而固定互联网是 20 世纪 40 年代网络技术发展的结果。从 GSM、CDMA 到 WCDMA、CDMA2000、TD-SCDMA、WiMAX，从 Wireless、GPRS、UMTS、HSPA、EDGE、WiFi、Bluetooth、Ultra Wideband、RFID、IPTV 到 EV-DO、LTE-TDD、TD-LTE 的技术演进，显示了移动互联网技术日新月异的演进历程。由此可见，移动互联网是移动通信技术和计算机技术融合的产物，基于移动互联网的移动媒体的发展和完善有赖于新媒体技术的强力支撑。而在云计算、物联网等多种技术影响下的移动互联网所呈现的新形态，将成为中国移动互联网研究的重点之一。

2. 聚焦移动互联网领域媒介融合、产业融合多元生态系统的重塑

移动通信技术和计算机网络技术的深度融合催生了移动互联网，移动智能终端的持续繁荣使得媒介融合向这种便携、智能的终端不断深入。从全媒体构建角度来说，广播电视媒体、报刊平面媒体、网络媒体等内容生产方都应重视移动互联网这一极具传播价值的新型传播平台。对于多种媒体形态向移动互联网方向上的扩散、延伸和再造，以及如何搭建一个健康、有生命力的赢利模式也将成为移动互联网的研究重点之一；移动互联网的发展将导致各种信息传播产业的相互进入，不同形态的信息传播机构将在同一个移动互联网平台上交叉、共融，在融合中有分化，在分化中有融合，因此，多元融合与多元影响将成为移动互联网研究中探讨的重点话题之一。

3. 聚焦移动互联网开放创新、协商治理的监督管理体系创新实践

移动互联网为信息传播领域的媒介融合、产业融合增添了新的动力，传媒生态正在因移动互联网的深入发展而得以重塑。"SoLoMo" 概念被认为是未来互联网发展的重要趋势，未来的移动互联网也将朝着移动、社交和本地化的方向发展，社交网络的应用和服务、基于地理位置的应用和服务都将与电子商务、信息服务等领域不断融合发展，并为用户提供更为丰富的应用和服务体验。[①] 在宏观

---

① Techweb：《知名风投公司 KPCB 发布〈移动互联网那个趋势报告〉》，2011 年 5 月 28 日，http：//www.techweb.com.cn/internet/2011－10－19/1107989.shtml。

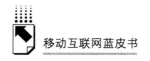

层面，信息传播产业融合进程正在不断加速，云计算、物联网、三网融合进程正在迅速推进，不同信息传播产业相互进入、相互融合的趋势日益明显，未来的信息传播产业将会趋于整合成一个大媒体产业，而移动互联网为此提供了一个契机和良好的接入点，新兴的移动互联网信息平台的渠道和内容的规范和治理也将日益引起重视，基于这几个层面的移动互联网研究将逐渐增多，并将不断走向深入。

总而言之，我国移动互联网的发展使得我国互联网进入新的发展阶段，并成为我国信息传播产业最为令人注目的重要领域之一。而当前我国移动互联网研究也随着移动互联网的发展迅速成为我国新闻传播学和信息传播产业领域的研究重点，其丰富的研究成果也同时为我国移动互联网的进一步发展提供可资借鉴的理论支持。

产 业 篇

Sector Report

B.6
中国移动互联网产业发展概述

王培志*

摘 要: 2011年是中国移动互联网产业强劲增长的一年,移动终端创造了超过2600亿元的市场,移动通信运营数据流量大幅增长。总计约100万的中国手机应用开发者正投身创新应用的大潮。移动互联网产业已成为推动中国经济发展的战略性产业,正完成由引入期到成长期的转型过渡。作为新兴业态,其自身发展既存在规划、技术、创新、生态等诸多方面的不足,也呈现出融合开放创新的良好发展态势。

关键词: 移动互联网 产业规模 发展瓶颈 趋势

一 移动互联网产业定义

国家"十二五"规划纲要明确提出,"新一代信息技术产业将重点发展新一

---

* 王培志,人民网研究院研究员,硕士。

代移动通信、下一代互联网"，将移动互联网为列入战略性新兴产业。移动互联网因此成为各地区、产业界、技术界和投资界争抢产业资源和产业话语权的新的战略要地。

目前关于移动互联网产业的定义，学界和业界并没有给出一个明确的界定，借鉴互联网产业的定义①和赛迪顾问市场研究机构的报告中的相关阐述，笔者将移动互联网产业的广义定义归纳为：移动互联网产业是以互联网技术和通信技术为基础，通过移动终端，采用无线通信方式获取业务和服务的新兴业态，它是横跨通信、互联网及终端、软件、应用和服务等多个领域，涵盖网络、应用、终端、用户四大结构层次的高度整合和合作的产业，它主要是以终端、软件、应用三大层面②的生产活动为产业的集合体。

二　中国移动互联网产业规模与结构

1. 2011 年中国移动互联网产业规模

赛迪顾问通信产业研究中心公布的数据显示，2011 年，中国移动互联网产业规模（由移动互联网产业自身形成及带动其他相关产业部门形成的交易，包括终端产业）超过 3500 亿元，而 2010 年为 2936.9 亿元，增长了19.2%。③

艾瑞咨询统计数据显示，2011 年中国移动互联网市场规模（直接由移动互联网产业各部门形成的交易总额，主要包括移动增值、移动电子商务、移动游戏、移动营销、移动搜索）达 393.1 亿元，同比增长 97.5%，增幅为历年之最。④ 易观国际 2012 年 2 月 21 日发布的分析报告显示，2011 年中国移动互

---

① 百度百科：以现代新兴的互联网技术为基础，专门从事网络资源搜集和互联网信息技术的研究、开发、利用、生产、储存、传递和营销信息商品，可为经济发展提供有效服务的综合性生产活动的产业集合体。
② 赛迪顾问：终端层包括智能手机、平板电脑、电纸书、MID 等；软件包括操作系统、中间件、数据库和安全软件等。应用层包括休闲娱乐类、媒体工具类、商务财经类等不同应用与服务。
③ 《2011 中国移动互联网产业回顾与展望》，2012 年 3 月 2 日，http://b2b.toocle.com/detail—6026456.html。
④ 艾瑞咨询：《2011 年中国移动互联网市场规模达 393.1 亿元》，2012 年 1 月 13 日，http://wireless.iresearch.cn/16/20120113/161468.shtml。

联网市场规模为 862.2 亿元，较 2010 年增长 35.4%①（见图 1）。根据易观国际对于移动互联网市场规模的界定，中国移动互联网市场收入主要包括基于手机互联网的资费（流量费）、使用移动互联网服务（软件和应用）所有消费费用的总和、基于移动互联网的交易购物费用、广告主基于手机媒体的广告投放费用。其中移动互联网应用服务收费和流量费是主要收入，两项占比之和超过 80%，流量的费用虽然总额上在增加，但是占比下降到 50% 以下，应用及服务市场规模增长稳定，占整体移动互联网市场规模的 42.9%，移动购物增长迅速，全年市场规模中的占比已经达到了 12.5%②。

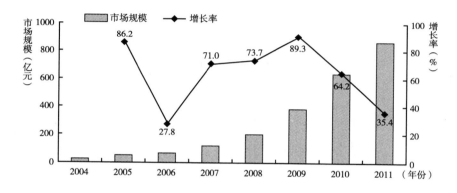

图 1　2004~2011 年中国移动互联网市场规模及增长情况

资料来源：易观国际，2012 年 2 月 21 日。

2. 中国移动互联网产业结构

终端层是中国移动互联网产业发展的基础。在中国移动互联网的整个产业结构中，终端层占有产业的最大份额，根据赛迪顾问通信产业研究中心公布的数据显示，2011 年中国移动互联网的产值份额中，移动终端市场规模超过 2600 亿元，占比为 3/4，年增长率 20% 左右，而移动软件和移动应用产业的绝对份额只占到 1/4 左右③。

---

① 《2011 年中国移动互联网用户数破 4 亿》，2012 年 2 月 21 日，http://www.pangod.com/news/others/2012/0221/509.html。
② 《流量费、移动应用与服务成移动互联网主要增长点》，2012 年 2 月 21 日，http://www.cnii.com.cn/index/content/2012-02/21/content_958158.htm。
③ 《2011 中国移动互联网产业回顾与展望》，2012 年 3 月 2 日，http://b2b.toocle.com/detail—6026456.html。

2011 年，中国平板电脑出货量爆发性增长，智能手机普及率达到新的水平，移动终端性能不断提升，价格更加经济实惠，这为移动互联网产业发展奠定了坚实基础。值得关注的是，2011 年各大国际品牌苹果、三星、摩托罗拉、HTC 各出奇招积极抢夺中国市场这块蛋糕，国产厂商华为、中兴、联想、酷派、小米亦越战越勇奋力追击，各大互联网巨头也在对移动终端布阵，不断升级的竞争风暴促进了中国智能终端市场多元化格局的形成。

网络层是中国移动互联网产业发展的支撑。移动互联网特别是 3G 网络基础设施的建设为移动终端用户提供了更好的数据业务体验，使得基于移动互联网的各种丰富的应用的开发也进入了加速时代，它是连接终端层与应用端的支撑结构。2011 年中国移动互联网的市场规模是 862.2 亿元，流量费占比虽然降到50% 以下，但依然是整体市场的最主要的贡献来源之一。

根据国内三大电信运营商披露的 2011 年全年用户数据，2011 年我国 3G 用户新增 8000 余万户，占全部新增移动用户的 64%，3G 用户总数达 1.28 亿户，用户渗透率提高到 13%。中国移动数据流量连续几年保持了 150% 以上的环比高速增长；中国电信手机流量收入增长 120%[1]，已超过短信、彩信收入。目前，3G 用户正进入规模发展阶段，移动数据业务的发展潜力将在 2012 年得到更大的释放。

应用层是中国移动互联网产业发展的核心。正是由于移动终端的普及和国内移动网络建设的完善，以及 4.31 亿户[2]移动互联网用户日益增长的移动办公、娱乐和生活应用服务的需求，我国的移动互联网应用市场规模增长十分迅速，应用及服务市场规模约 369 亿元，占整体移动互联网市场规模的 42.9%[3]，其中无线音乐、手机游戏及手机阅读是主要推动力。

移动互联网应用服务数量在 2011 年经历了爆炸性增长。刚刚揭晓的 APP100 中国移动应用热度榜显示：中国本地新锐开发者、主流互联网企业、

---

① 《发展动力：流量井喷带动强》，2012 年 2 月 17 日，http://www.cnii.com.cn/yy/content/2012-02/17/content_957084.htm。

② 《易观报告称 2011 年中国移动互联网用户数破 4 亿》，2012 年 2 月 21 日，http://tech.qq.com/a/20120221/000235.htm。

③ 《流量费、移动应用与服务成移动互联网主要增长点》，2012 年 2 月 21 日，http://www.cnii.com.cn/index/content/2012-02/21/content_958158.htm。

运营商等已经从不同角度成功进入移动应用开发市场，为手机用户、网络潮人创造了超过10万APP应用，下载量增幅达293%，收益增长187%。①此外，移动互联网应用的种类日益增加，目前已经发展到上百种业务类型，手机游戏、移动音乐、移动阅读、移动IM、手机视频等主流业务初具规模，手机电视、移动支付、移动广告、移动电邮、位置服务、二维码等新业务、新应用层出不穷，呈现出繁荣发展的景象，移动互联网业务多元化的格局正在逐渐形成。

用户层是中国移动互联网产业发展的主导。用户需求与体验是移动互联网应用开发的指向标，中国移动互联网4.31亿户的用户规模造就了中国移动互联网市场这块巨大的蛋糕，中国移动互联网产业的创业者和实践者也深刻地认识到，单纯的模仿与生搬硬套并不能让他们成为中国市场的领导者，所以他们不仅学习国外移动互联网的技术与应用，还要充分考虑与中国本土的移动互联网的用户需求和习惯结合，无论是第一批吃螃蟹的人，还是后来居上者，脱离中国移动互联网用户必然会被其所抛弃。

三　中国移动互联网产业发展特征

1. 产业市场正在完成引入期到成长期的过渡

中国移动互联网产业从2007年开始每年以近乎100%的速度增长，在五年的时间内，市场规模从69亿元增长到862.2亿元（不包括终端市场，见图1），虽然增长率有所减缓，但是市场地盘不断扩大，中国移动互联网产业正在完成由引入期到成长期的过渡（见表1），市场需求快速增长，竞争者数量增加，用户市场更加大众，现金流量适度，风投资金活跃，高风险高收益的局面正在形成。

2. 产业以开放平台模式为共赢基础

开放性是移动互联网产业发展的重要特征，开放平台是终端商、移动运营商和互联网企业交互竞争的焦点。当前，中国移动互联网产业链条中各主体间的竞

---

① 《APP100中国移动应用热度榜揭晓》，2012年2月29日，http://tech.qq.com/a/20120229/000457.htm。

合加剧，各类合作模式与共赢机制不断得到探索和推广，越来越多的巨头涌入市场，参与产业的推动与市场的竞争发展。以移动应用商店为代表的平台模式为例，它是一个面向消费者的消费平台，同时它又是开发者的合作平台，不同产业主体基于移动互联网平台进行创新与合作，在共赢的基础上充分利用各方的资源，使移动互联网核心以及相关支撑产业得到快速发展，以达到增加商业营收能力和改善用户体验的双重目的，因此只有建立良好的开发平台和模式，广大开发者的聪明才智才能得以充分的发挥，中国移动互联网产业才能不断发展。

表1　中国移动互联网产业的发展阶段

	引入期	成长期	成熟期	衰退期
市场需求	狭小	快速增长	缓慢增长或停滞	缩小
竞争者	少数	数目增加	许多对手	数目减少
用户	创新的顾客	市场大众	市场大众	延迟的买者
现金流量	负的	适度的	高的	低的
利润状况	高风险、低收益	高风险、高收益	低风险、收益降低	高风险、低收益

资料来源：易观国际，2012年1月2日。

3. 产业以终端市场为主力，操作系统成关键

如果把2010年看做中国智能终端的普及元年，那么2011年则是中国移动互联网智能终端市场的全面爆发期，无论是终端厂商还是互联网企业，都不断加大智能终端研发投入和创新，市场竞争异常激烈。作为移动互联网应用和内容的载体，智能终端实现了移动通信与互联网产业的加速融合，有效拉动了电信运营商的数据增值业务发展和移动业务的创新发展，移动终端产业无论在产品、市场还是产业层面都处于深刻变革的进程中。

操作系统成为智能终端的核心竞争优势，谷歌的安卓（Android）、苹果的iOS目前成为两大主流移动终端操作系统，它们相对半封闭的"终端+平台+业务"一体化的平台构建塑造了移动互联网市场的一方"王国"，使终端商、运营商、应用开发商产业链条的上下游在价值和效益上得到快速提升。

4. 运营管道控制减弱，流量经营兴起

2011年中国移动互联网流量费占整体收入的比例已经低于50%，流量费占整体收入比例持续走低，传统的短信和语音收入比例也在进一步下降，这进一

步增加了运营商的忧患意识，使运营商更加重视数据业务，"流量管道"的角色正在转变，流量经营的探索不断深入，自身的数据业务不断扩大，其数据业务产业链的上下游也不断完善，其主导的细分市场——移动阅读、移动支付等发展迅速。中国移动的 9 大业务规模平台优势、6.39 亿用户资源优势、超 80 万基站的网络优势、5 万的营业厅和超过 16 万营业人员的渠道优势、遍布各行各业 280 万集团大客户的行业资源优势①，以及产业链的聚合能力，成为其进行智能管道改革和流量经营的雄厚资本，中国移动在 2011 年 8 月的年中工作会议上强调，要坚守 50% 的新增用户市场份额，同时要努力提升数据业务的占比。

5. 创新应用服务引领产业发展

中国移动互联网的主要业务虽然还是传统互联网迁移到移动互联网平台后的业务，但是移动互联网的新兴业务发展迅速，借助于智能手机和平板电脑的普及，一些以前用途并不广泛的技术开始大派用场，比如说二维码技术及 AR② 技术，腾讯在其手机 IM 工具微信 3.5 版本中添加了生成二维码的功能，用户有自己的专属二维码，其他人扫描二维码便可添加其为好友。2011 年 12 月 8 日出版的《开封日报》推出二维码阅读体验，扫描二维码即可收看 NBA 新赛季宣传片，推出当日，超过 2000 人试用了该服务。此外，随着中国移动互联网开放平台的建立，一些相对成熟的创新应用规模不断发展壮大，2011 年移动阅读应用"网易阅读"获得了艾瑞评选的 2011 年"最佳应用软件奖"和全球移动互联网长城会（GWC）、DCCI 互联网数据中心等机构举办的"2011 年中国移动互联网年度评选"的"最佳网络应用奖"，微信自 2011 年 1 月发布至 11 月，注册用户数已超过 5000 万户，活跃用户达 2000 万户，微信功能"摇一摇"的日启动率已经超过 1 亿次③。从应用的类型来看，移动互联网创新应用层出不穷，手机电视、移动支付、移动广告、移动电邮、位置服务等新业务、新

---

① 李跃：《以应用商店为承载平台做移动互联网智能管道》，2011 年 12 月 14 日，http：//roll. sohu. com/20111214/n328961537. shtml。

② 增强现实（Augmented Reality），是利用计算机生成一种逼真的视、听、力、触和动等感觉的虚拟环境，通过各种传感设备使用户"沉浸"到该环境中，实现用户和环境直接进行自然交互。

③ 腾讯首次披露微信用户数：注册用户已超 5000 万，2011 年 12 月 19 日，http：//reteng. qq. com/info/14282. html。

应用越来越广泛，清科研究中心分析认为，手机游戏、移动支付、二维码、LBS、移动社交应用、移动电子商务、无线营销等细分领域均具有较强的投资价值。

四　中国移动互联网产业发展环境

1. 宏观政策

2011 年 3 月，全国人大通过的"十二五"规划纲要提出，新一代信息技术产业是国家重点支持的战略性新兴产业，将重点发展新一代移动通信、下一代互联网、三网融合、物联网、云计算、集成电路、新型显示、高端软件、高端服务器和信息服务。

围绕落实国家"十二五"规划纲要，工信部从 2011 年开始组织编制了多项涉及行业发展的规划纲要，包括"十二五"信息产业发展规划、互联网"十二五"发展规划，以及宽带网络发展规划，积极引导和推动移动互联网产业快速健康发展。

国务院总理温家宝在 2011 年 12 月 23 日主持召开的国务院有关部署加快发展我国下一代互联网产业的常务会议中明确指出，移动互联网是下一代互联网业务平台重点支持的业务领域之一。

2. 微观生态

在移动互联网的产业地区规划方面，重点建设地方性的产业联盟和产业中心。2011 年伊始，北京 17 家企业发起成立中关村移动互联网产业联盟，旨在支撑战略性新兴产业布局、推动中关村移动互联产业圈的加速发展，引领创新、辐射全国，将中关村国家自主创新示范区打造成为全国移动互联网产业中心。广东的中移动互联网基地、中国联通中央音乐平台基地、中国电信数字音乐运营中心、深圳腾讯动漫游戏及移动互联网基地、成都中移动无线音乐基地、上海中移动视频基地等都在推动移动互联网产业发展过程中起到了重要作用。

在基础网络建设方面，工信部加大规划与扶持力度，以宽带为重点，加快信息网络全面升级，构建面向应用、普遍覆盖、绿色高效的下一代国家基础设施，加快推动第三代移动通信，特别是 TD-SCDMA 以及演进技术 TD-LTE 的发展，推进 TD-LTE 规模试验。工信部发布的统计数据显示，2011 年 3G 累计投资达到 4556 亿元，3G 基站总数达到 81.4 万个，自 2009 年 1 月发放三张 3G 运营牌照至今，3G 网络投资、基站规模已超额完成企业三年规划目标，3G 用户发展目标基本完成。

在移动智能终端方面，加大补贴和定制的力度。2011 年全年三大运营商的补贴总额，大约 570 亿~600 亿元①，除了对苹果等高端产品的补贴，中国电信、中国联通、中国移动对"千元智能机"进行重新定义，将千元智能机作为发展重点，把中兴、华为、联想和酷派等国产品牌的中低端相关机型作为运营商补贴的主力。此外，各大运营商加大对定制手机的提供能力，CDMA 制式 3G 手机在中国电信的推动下迅速增加，中国联通在 3G 终端的推广上，既继续推行以苹果 iPhone 为主打明星终端的策略，同时也开始强化 Android 手机产品提供。

在应用开发方面，加深产业链参与者的平台合作。2011 年 7 月，中国移动应用商场 MM 为开发者颁布了《移动应用商场（Mobile Market）开发者管理办法（试行）》，针对应用收入分成的问题，该办法明确表示了中国移动与"个人应用开发者"或"企业应用提供商"就应用商品销售产生的实际信息费收入按"3∶7"的比例进行收入分配，并按月结算。目前，中国移动的"MM 云服务"已将计费、数据分析等 12 项功能、159 个 API（应用程序编程接口）汇集其中，供开发者灵活调用、组装，帮助开发者缩短开发周期、降低开发成本。

五　中国移动互联网产业发展瓶颈

1. 全国层面的移动互联网产业规划欠缺

当前，国家没有出台专门针对移动互联网产业的全国层面的产业规划，各地区在制定移动互联网产业发展的具体政策时"各自为政"。没有统一的产业规划，就没有统一的产业标准，也就没有与之相匹配的移动互联网产业发展的约束

---

① 《三大运营商终端补贴近 600 亿》，2011 年 12 月 29 日，http://tech.qq.com/a/20111229/000116.htm。

规范和激励机制，便不利于形成良好的移动互联网产业环境。

2. 智能终端操作系统等关键技术受制于国外

移动互联网产业的发展，离不开对移动智能终端的依赖。而操作系统是移动智能终端的核心，当前全球移动操作系统被苹果 iOS，谷歌 Android 和微软 WP7 三大巨头瓜分，虽然中国的两家运营商中国移动和中国联通都已经推出了自主手机操作系统，但无论是在技术成熟度还是在用户规模上，都无法与这三家公司相抗衡。终端操作系统长期被国外企业主导，中国企业在全球移动通信市场没有主动权和话语权。此外，在芯片领域，目前国际各大移动终端设备生产厂商所采用的芯片，主要来源于高通、德州仪器、三星、ARM 和 Marvell 等少数几家厂商（占据超过 60% 的世界市场份额)[1]，国产终端芯片产业在全球来看，仍处于相对边缘的位置：一些有能力的企业通过购买技术授权生产或对芯片进行二次开发和集成，而技术能力差的企业，就只能沦为国外厂商的代工厂。

3. 移动网络基础建设滞后

移动互联网是基于无线通信网络的数据交互，所以无线通信技术的发展直接影响着移动互联网的发展。从最初的模拟信号，到数字信号，从 2G 到 3G、再到 4G，每一次无线通信技术的进步都会导致移动互联网的大幅突破。但目前中国 3G 发展比较缓慢，直接制约了中国移动互联网的发展。同时移动互联网络普遍存在网速低、价格贵等问题，用户使用质量还有待提高；很多 TD 用户还在使用 2G 业务。

4. 赢利模式亟待突破

赢利模式是移动互联网发展的核心问题，移动互联网企业只有实现持续赢利才能持续发展，移动互联网产业才能真正成为推动经济发展的新兴产业。中国移动互联网产业处在发展的初期，赢利模式尚不成熟，依靠广告和用户付费实现赢利仍需较长时间。此外，移动支付长期困扰着移动互联网的发展，对于移动支付安全的担忧也普遍存在，移动互联网上的支付布局工作也才刚刚展开，困难重重。即便是日趋成熟的应用商店平台模式，开发者通过付费下载获得收入的比例

---

[1] 《代工赚取低劳务费中国移动终端芯片产业没有话语权》，2012 年 2 月 7 日，http://news.enorth.com.cn/system/2012/02/07/008604719.shtml。

也不高，艾瑞咨询统计显示，在这 100 万中国手机应用开发者中，实现赢利的仅占 13.7%，主要以依附企业本身为主（如腾讯公司的开发者），亏损的占 64.5%，持平的为 21.8%。在国内，手机用户的付费意愿不高，开发者的利益难以得到保障。

5. 开放共赢的产业链还未形成

无论是终端商、互联网企业还是运营商，或者个人与机构的应用开发商，在整个移动互联网产业链中的定位不清晰，都想建立以自己为主导的业务产业链，甚至利用自己掌握的部分垄断资源，切入其他领域，以自身为中心建立一种不公平的产业链规则，例如应用商店平台、电子商务平台、移动支付平台，各个平台之间相对封闭，缺乏公平的竞争机制，影响产业链的健康发展。

6. 应用创新仍显不足

创新是移动互联网产业保持活力的源泉。虽然目前中国移动互联网应用数量很多，但是优质的应用很少，杀手级应用更是极度缺乏，同质化现象严重，打着"微创新"旗号模仿国外移动互联网应用的开发者，只是在"抄袭"中创新，很难在众多模仿者中脱颖而出，拥有实力的模仿者也很少在创新上下足工夫，此外在网络安全、知识产权保护、众多创新型小微企业发展的资金支持等方面还有待完善，应用创新的人才储备不足，都使得中国移动互联网应用创新整体水平不高。

六 中国移动互联网产业发展趋势

1. 终端与业务的融合加速移动互联网产业一体化趋势

当前移动终端趋向多用化、媒体化、智能化、网络化，承载话音、数据、图片、视频等多媒体业务，实现了互联网终端的业务特性，而且运营商网络承载能力大幅提高，特别是 3G 的普及和未来 4G 的商用为终端多媒体业务的呈现提供了有力保障。未来中国移动互联网终端与业务融合的趋势会不断加速，推动产业一体化的发展，终端厂商、运营商、互联网厂商都在将自身的业务向产业上下游延伸，纵向整合的趋势日益明显，终端商内置应用平台，运营商通过终端对业务进行深度定制，打破网络、业务和终端各自的边界，从一体化的视角

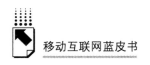

收集用户需求，了解业务特性，规划产品或方案，引起产业链的变革和商业模式的创新。

2. 开放平台提升移动互联网产业链聚合能力

移动互联网产业发展采取开放合作的政策，有利于进一步提升整个移动互联网产业链的聚合能力，与广大合作伙伴共创移动互联网产业的繁荣。建立创新、开放和共赢的平台体系，不仅惠及合作伙伴和开发者，更能够为用户带来益处。当前腾讯、百度、阿里巴巴、盛大、360、人人网等互联网企业也纷纷布局移动互联网的开放平台，力求实现多方共赢，而移动互联网三大运营商也在积极部署移动互联网的开放战略，从最开始的应用程序商店，到搭建多业务的开放平台，吸引并聚合产业链合作伙伴。

3. TD-LTE 技术国际化商用将造就巨大的产业市场

TD-LTE 作为我国具有自主知识产权的 3G 技术、TD-SCDMA 的后续演进技术，具有高宽带、低延时、不对称频谱、位置特性等优势特点，它的优异性能能够带动系统设备、终端、芯片、业务、集成等各产业链的发展，有力地提升移动互联网用户体验，进一步繁荣终端市场、流量市场和应用市场。当前由我国主导的 TD-LTE 技术标准走向国际化，并积极推动商用化，赢得了国际产业界的广泛关注与支持，未来一旦中国的 TD-LTE 网络建成并商用，加上印度、日本、欧洲市场的启动商用，形成商用规模，会造就巨大的移动互联网产业市场。

4. 媒体化和商务化成为移动互联网业务创新方向

长期以来，大众化服务和娱乐化是移动互联网业务的发展方向，随着智能终端、网络技术的发展，移动用户的增加，多媒体化、个性化、社会化、本地化的用户服务成为受关注的焦点业务和创新方向。当前，移动阅读、移动电子商务、移动社区、位置定位等一些有特色的移动增值业务在移动互联网上发展很快。基础功能类和娱乐休闲类应用创新已经很多，而媒体、营销类，商务应用类，社会化应用类，行业应用类等垂直细分领域还处在应用创新的蓝海。

5. 移动安全成为全产业链发展的必要保证

移动安全问题是产业链各个层次都会面临的问题，它可能来自终端、操作系统、软件、应用和网络各个方面，即使是当前热炒的云计算应用，也会存在云安全问题，这对移动互联网商业模式的建立提出了巨大挑战，尤其是涉及移动电子商务和移动支付的领域，个人的基本信息和支付安全问题更加受到关注。未来，移动互联网需从智能终端的管理，设备的入网，事前的检测，应用商店的抽查、认证，信息的备案，网站的记录等环节来把控安全，包括引入实名制，建立第三方监督的信誉机制等，这些都会为移动互联网产业的未来发展保驾护航。

B.7

中国移动互联网产业链及赢利模式评析

王武军　迟建*

摘　要： 移动互联网是移动通信与宽带互联网交互发展的产物，它打破了以电信运营商为主导的产业链结构，终端厂商、软件和应用开发商、服务提供商等多元化价值主体加入产业链中，开放合作成为产业发展的主题。中国移动互联网的开放和多样性吸引了众多的参与者，也催生了许多新的赢利模式。在新的业态中，如何找到适合自身发展的、有效且持续的赢利模式将成为移动互联网相关企业在市场中获得竞争优势的重要保障。

关键词： 产业链　多元化　竞争　融合　赢利模式

一　中国移动互联网多元化产业链及其特征

（一）产业链总体评析

1. 中国移动互联网层次型产业链概览

移动互联网（Mobile Internet，MI）本质上是以移动通信和互联网的融合为技术基础，旨在满足人们在任何时候、任何地点、以任何方式获取并处理信息需

---

* 王武军，工学博士，毕业于北京大学通信与信息系统专业，长期从事通信与网络的产业和市场研究，专注于移动互联网领域，参与撰写《中国战略性新兴产业发展及应用实践》等丛书，主持或参加多项政府与园区规划及市场类咨询项目，现任赛迪顾问公司通信产业研究中心副总经理；迟建，工学博士，毕业于北京邮电大学，有多年通信市场研究经验，对移动通信、移动互联网、物联网等领域有深入研究，参与过数项政府信息产业规划与电信市场咨询项目，现于赛迪顾问公司通信产业研究中心从事通信产业与市场相关研究工作。

求的一种新兴业态。移动互联网产业链内涵广泛，基本上可分为移动终端层、移动软件层与移动应用层三个层级（见图1）。

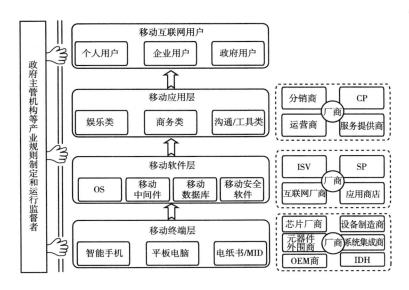

图1　中国移动互联网产业链构成

资料来源：赛迪顾问，2012年3月。

移动终端层主要包括智能手机、平板电脑和电纸书/MID，主要涉及芯片厂商、设备制造商、元器件外围商、系统集成商、OEM商、独立设计公司（IDH）。

移动软件层主要包括智能手机操作系统（OS）、移动中间件、移动数据库、移动安全软件，主要涉及独立软件开发商（ISV）、服务提供商（SP）、互联网厂商、应用商店。

移动应用层主要包括娱乐类、商务类和沟通/工具类，主要涉及内容提供商（CP）、运营商、服务提供商（SP）、分销商等。

2. 移动终端层

移动终端层主要由部件和整机两大部分构成（见图2）。在移动互联网时代，终端多样化成为移动互联网发展的一个重要趋势，各厂商纷纷推出新型移动终端。国外市场上Android系统手机厂商谷歌收购摩托罗拉之后得到了专利保护，有效提升了竞争能力。同时，苹果、微软与诺基亚也必将加强应对，提升竞争能力，苹果下一代智能移动终端产品iPhone5将在2012年9月中旬召开发布会，整合了摩托罗拉硬件资源的谷歌将加快推出软硬件一体化的终端产品,实现与苹果的全面竞争。国内市场上,联想、中兴、华为等国内厂商则与运营商联手推出千元级智能手机,小米科技等互联网企业也加入战局,不断升级的竞争风暴奠定了智能手机市场多极化格局的形成。

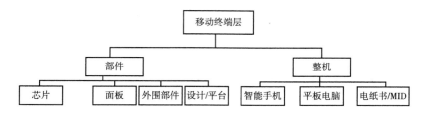

图 2　移动终端层产业链构成

资料来源:赛迪顾问,2012 年 3 月。

在终端多样化的同时,移动终端的功能也日益增强。现阶段,主流智能手机的内置存储都在 8GB 以上,加上扩充存储卡,存储能力和 10 年前的主流计算机相当;使用双核 CPU 的智能手机,其主频不低于 1GHz,计算能力不弱于 5 年前的笔记本电脑;使用 GPS 等定位技术可以使其定位误差达到不超过 20 米的水平;主流 800 万像素的自带摄像头在光线充足的条件下,其成像能力不弱于卡片相机。强大的硬件能力使得移动终端不再是简单的沟通工具,而是便携的随时在线的一体化个人信息终端。

对于身处移动终端层的中国本土企业来说,部分不具备新商业模式运作能力以及技术实力薄弱的中小厂商将被淘汰,阿里巴巴等具有较好成长性的厂商在与海外巨头的竞争中,由于核心芯片、操作系统等关键环节仍控制在跨国企业手中,发展前景仍具有很强的不确定性。

3. 移动软件层

移动软件层主要包括:智能手机操作系统、移动数据库、移动安全软件、移动中间件(见图 3)。智能手机是目前最为广泛使用的移动终端,智能手机上所有的移动应用软件都离不开智能手机软件的支持。移动数据库为移动计算提供了应用支撑,使得云计算等王牌应用得以实现。移动安全软件为系统软件和其他应用软件"保驾护航",预防重要个人信息或商业信息泄露。

移动互联网产业在中国的发展方兴未艾,其所涉及的软件层处于整个产业链

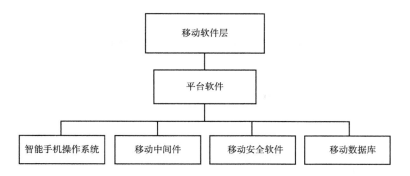

图3 移动软件层产业链构成

资料来源：赛迪顾问，2012年3月。

的高端。国际、国内各软件巨头早已摩拳擦掌，抢占产业高地、争夺市场领先地位，积极推进移动软件层产业在中国的发展。这主要是由于中国市场为移动软件层产业的发展提供了许多有利条件。第一，中国具有规模庞大的内需市场，是全球IT、ICT消费市场的重要组成部分。第二，中国拥有良好的产业投资环境，中国目前仍是全球吸引外资数量最多的国家。第三，中国大力支持新兴信息产业的发展，积极推进三网融合、云计算、物联网等领域的发展，努力促进移动互联网产业成熟度的提高。第四，中国已经具备较为扎实的IT产业链基础，为移动软件层产业的发展提供了良好的支撑。

移动软件层产业在中国市场的发展不会一帆风顺，主要体现在其将面临以下挑战：第一，中国通信产业的成熟度相对较低，尤其3G市场还没有发展成为行业主流。这在一定时期内、一定程度上会限制移动互联网平台级软件市场的规模。第二，软件层在中国的大部分市场份额被国际软件巨头所把持，国内软件厂商的发展仍然滞后，还无法与国外领先厂商全面竞争，这会影响该市场的健康发展。

总而言之，中国移动软件层产业市场的机遇大于挑战。有利的产业促进政策和强劲的国内需求为该市场提供双重动力。随着中国通信产业成熟度的不断提高，尤其是电信基础网络的不断升级完善，产业瓶颈将被突破，移动软件层产业将迎来真正意义上的全面繁荣。

4. 移动应用层

移动应用层按类别可以分为语音增值服务、效率/工具、应用分发、生活/休闲、位置服务和商务财经共六大业务（见图4）。2009年中国3G牌照的正式发放，大大提升了中国移动互联网网络环境，为高速浏览、下载等移动互联网服务体验的提升奠定基础。由此带来的移动互联网用户主动需求也日趋旺盛，用户多样化需求也间接引导移动互联网应用服务的快速发展。

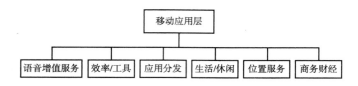

图 4　移动应用层产业链构成

资料来源：赛迪顾问，2012 年 3 月。

目前中国移动应用层业务种类繁多，从现阶段的应用体系可以看到，移动IM、手机浏览器等应用已经取得了较好的发展，但是中国移动互联网的一些特色应用，如手机阅读、位置服务、手机电视等仍然由于产业链合作等原因尚未尽如人意。这也符合中国互联网的发展规律，即发展初期，业务集中于满足用户的个体信息需求，并以工具化、娱乐化应用为主。如手机音乐、手机报、手机浏览器等。发展中后期，则倾向于满足社会化、商务化的群体用户沟通需求，如手机微博、手机社区、移动支付等。

虽然国内用户使用移动互联网业务越来越多，但由于在许多应用市场上，缺乏有效持续的赢利模式，导致流量的增长与收入增长速度严重不匹配，"增量不增收"现象比较严重。

（二）中国移动互联网多元化产业链主体的特征分析

1. 运营商

在移动互联网时代，中国传统电信运营商将面临各种困局：网络压力不断加大、客户能力明显欠缺、硬件创新很少参与、封闭花园行将开放、流量费用成为众矢之的、自营业务不够专业、规模个性难以兼顾等。①

为了寻求业务上的突破和发展，电信运营商都把移动互联网作为最重要的发

---

① 李安民：《从电信运营商角度审视移动互联网的本质、趋势和对策》，《电信科学》2011 年第27（1）期。

展方向之一，尤其是在要迅猛发展的移动互联网应用市场上分得一杯羹。为了摆脱目前面临的管道化、边缘化的困境，搭上移动互联网快速发展的顺风车，在开放合作的基础上积极转型已经成为近几年中国电信运营商发展的主要趋势。另外，虽然面临困境，但中国电信运营商还是拥有巨大的用户与业务信息资源，掌握着精确的用户信息和大量业务信息，而且，相比于终端厂商和互联网企业，运营商有与用户接触的频次更高、接触点更多这些无可比拟的优势①。智能管道的提供者，平台运营的主导者以及新型业务的提供者将成为移动互联网时代中国电信运营商的转型目标。

以中国移动为例，在移动互联网来临之际，中国移动不仅以最快的时间开设了应用商店（中国移动是全球第一家开设应用商店的电信运营商），而且面向典型的移动互联网业务应用（无线音乐、手机阅读、游戏、视频、位置服务等）构建了平台级的产品和运营基地；同时也与产业链各方积极合作，如中国移动和新华社联合推出搜索引擎——盘古搜索，将互联网服务与移动终端深度融合，充分利用自身的技术优势，实现了将桌面搜索结果"直达"手机的搜索服务新体验。

为了争夺市场份额，中国的三大电信运营商目前均推出了各自的移动互联网应用商店，并给予应用开发商70%的销售收入分成。运营商推出应用商店，一是利用开放共赢的商业模式，整合移动互联网产业链，强化竞争力；二是通过满足智能手机应用产品或服务的需求，全面进军移动互联网市场。

未来随着中国移动互联网用户的不断增多，移动应用更加贴近生活，移动互联网业务将更加深入人心，通过与产业链其他环节的合作以及自身的积极转型，中国电信运营商围绕移动互联网的竞争也将更加激烈。

2. 移动终端企业

在移动互联网时代，终端企业主要通过推广操作系统、服务入口及应用商店做大产业链，目的是终端销售，它们主要是靠终端赢利，或者从应用商店获取软件销售分成。目前，苹果、诺基亚与微软等企业正在进一步提升竞争能力，众多企业在操作系统、终端功能和内容服务等方面展开了激烈的竞争。在操作系统方面，目前谷歌主导的安卓系统已经占有超过四成的国际市场份额；诺基亚主导的

---

① 金耀星等：《探析移动互联网生态系统中运营商的发展策略》，《信息通信技术》2011 年第 5（4）期。

Symbian 市场份额继续下降，拥有超过二成的市场份额；苹果主导的 iOS 市场占有率持续提升，占据近二成的市场。在技术能力环节，新的云计算技术已经成为各大厂商布局的重点，苹果率先推出了云端服务 iCloud。在内容环节，各个厂商都加强了与内容和服务提供商的合作，新型移动终端陆续进入市场。

中国本土终端厂商在芯片、操作系统、元器件等产业链上游或核心环节自主研发能力较为薄弱，竞争力不强，推出的产品以中低端产品为主，同时，山寨品牌的低成本竞争模式阻碍了产业的良性发展。另一方面，国内劳动力、土地、能源等成本不断攀升，而越南等东南亚国家代工产业正在快速崛起，使得我国发展劳动密集型产业的比较优势不再明显。在谷歌等国际厂商在专利技术以及市场等方面的巨大竞争压力下，本土移动终端厂商突破当前的跟随发展模式的困难程度日益加大。

未来几年，终端厂商的发展趋势主要有三个：一是继续抢占操作系统制高点，操作系统影响下层芯片的架构和上层应用软件的开发，一直是软件和信息技术服务业发展的制高点，谁掌握了操作系统，谁就绑定了消费者，谁就能够获得竞争优势地位；二是进一步增强终端的功能，加速从功能手机到智能手机的过渡，以更好地应对移动互联网的内容和服务需求；三是不断加强与内容和服务环节的合作，以优质和独特的内容吸引用户。目前苹果以终端厂商的身份正逐渐渗透到产业链的其他环节，开启全新"终端＋服务"的商业模式，这意味着手机厂商将向服务和内容运营商的方向转型，这给国内移动终端企业的发展带来启示，同时也带来市场竞争的巨大挑战。

3. 移动应用企业

中国互联网应用加速向移动互联网领域迁移，移动通信互联网化趋势明显，以基础业务平台为主题搭建应用聚合成为趋势。业务种类融合化、泛在化成为中国移动互联网应用发展的主要特征。

在中国 3G 网络建设加速、移动上网资费下调等众多因素推动下，众多应用和服务提供商开始发力，为用户提供更多的产品和服务，提升用户对移动互联网的使用习惯。随着移动互联网服务更加普及，用户对其的依赖程度和使用偏好将逐步形成，有利于移动互联网市场保持快速发展。近几年，中国移动互联网实现了高速发展，应用创新非常活跃，应用商店呈现爆发式增长，2011 年应用增速居全球第一位，成为了全球第二大应用市场。

在移动互联网应用层环节，中国虽有像腾讯、新浪这样的龙头企业，但还是以中小企业为主，一方面，由于可以直接面对用户，这些企业依靠敏锐的市场嗅觉和快速的市场应变能力，能够真正了解用户的需求，设计出满足用户需求的产品；另一方面，这些企业由于缺乏有效的赢利模式，致使这一环节的一些企业常常入不敷出，同时，又受到来自产业链上游，如运营商的挤压，因此有的企业只能依靠吸引投资这一尴尬的生存方式勉强维持。未来移动应用企业的发展将围绕建立独立的面向用户的平台、为运营商提供技术和服务支持以及成为具有整合和跨平台运营能力的内容供应商三个方面展开。

（三）产业链变动趋势分析

1. 平台化趋势明显

移动互联网以其开放性和多样性著称，企业要想在繁杂的市场上真正地占据一席之地，必须以平台化为导向，建立面向用户的平台。平台化有助于企业增加用户黏性，扩大市场影响力。在移动互联网时代，由于产业链之间相互渗透，相互融合，企业如果仅仅满足于占据产业链的一环，提供单一的产品或服务，很容易沦为产业链上下游企业的"打工仔"，在其他企业的平台上扮演"送货商"的角色。

腾讯八大业务平台的开放，中国移动 MM 的平台化运营战略等表明，不仅仅是运营商，而且是以互联网公司为代表的内容提供者、终端厂商，均打破了传统的产业链限制，开始尝试着直接面对客户。目前，打造直接面向用户的平台，实施"平台"战略成为整个行业的共识。

企业通过平台的建立，将内容服务资源整合，然后打包输送给用户。这就需要企业拥有全产业链整合运营的资源和能力：一方面，通过智能终端，以手机操作系统为平台，整合现有内容资源，丰富手机应用；另一方面，直接面向用户，将内容提供给用户，影响用户行为。

2. 云端一体化成为潮流

云计算和移动互联网出现在同一时代，它们在本质上是相生相长、互相配合的协作关系：云计算提供了计算资源大集中的"大后台"，而移动互联网则是这些计算资源接入和获取的"薄前端"。随着智能终端日益普及和无线宽带的快速发展，计算资源的接入问题将会逐渐得到解决，这将促使云计算可以摆脱"端"和"管"的束缚，向形式更加丰富、应用更加广泛、功能更加强大的方向演进，同时又给移动云服务带来了巨大的发展空间，从而实现移动互联网与云计算的协同发展。

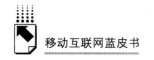

在中国，华为率先提出了"云管端"概念，向"云"和"端"两个方向发力，推出了自主研发的云平台——华为云手机；阿里巴巴集团旗下的阿里云计算公司也正式推出了基于云计算技术的阿里云 OS 操作系统，并推出了首款搭载此系统的天语云智能手机 W700。

未来，围绕着"智能终端＋内容分发渠道（软件应用商店）＋应用软件与数字内容服务"的产业生态系统，构建集成移动云服务的新型移动智能终端是中国移动互联网产业的重点发展方向。集成移动云服务的新型移动智能终端集成了跨终端操作系统平台、开发与测试工具、浏览器、搜索引擎、网络内容聚合、信息技术服务支撑工具等软件技术，结合了新型智能手机、平板电脑、电纸书等终端产品技术，以及社交网络、移动游戏、移动视频、LBS、移动支付等应用服务技术；通过以上软件计算能力和内容与服务供给的云侧化，解决移动终端计算能力、存储能力、电池续航能力等薄弱环节。"强后台"＋"薄客户端"的"云＋端"一体化模式成为未来集成移动云服务的新型移动智能终端发展方向的重要内容。

3. 重要产业环节缺失将得到弥补

目前本土厂商在芯片、操作系统、元器件等产业链上游或核心环节自主研发能力较为薄弱，竞争力不强，特别是操作系统和终端芯片环节成为目前中国整个移动互联网产业链的薄弱环节。要使缺失的产业环节得到改善，未来需要加大"核高基"等国家重点专项的投入力度，加强对移动智能终端领域，尤其是操作系统和芯片方面的投入；在操作系统领域建设国家级研发平台，集中力量突破芯片制造技术瓶颈，推动操作系统及芯片的自主研发进程，在上游领域形成一批具有自主知识产权的成果。同时集中资源，加大扶持力度，在操作系统及核心芯片环节形成一批有引领性的本土龙头企业，实现智能终端操作系统的产业化，打造一条完善的移动互联网全产业链。

二 中国移动互联网产业赢利模式及增长点

（一）影响产业赢利的关键因素

1. 用户

用户是移动互联网业务的最终使用者，在移动互联网时代，庞大而忠实的用户群将是企业赢利的关键影响因素。因此，企业在初期应该首先考虑如何发展用户，以何种方式获得用户，进而考虑以何种方式能够使用户获得很好的用户体验，从而形成一定规模的客户平台，等到形成了一定的用户规模和用户忠诚度之后，再来考虑如何开发这些用户资源来赢利。

以腾讯为例，企业初期一直通过向用户提供免费的服务来吸引用户，用户规模迅速扩大，成功地聚集了自己的忠实用户群体，从而为后来相应的赢利模式创造了坚实的基础。

对于中国移动互联网用户来说，上网时间的碎片化、终端和网络的相关性、业务使用的针对性、稳定的使用频率以及突发多变性的需求是他们的典型行为特点。另外，中国移动互联网用户同传统的互联网用户一样，具有很多相同的价值影响因素，如性别、年龄、受教育程度、经济收入状况等。

2. 产品

移动互联时代的到来，颠覆了用户传统的消费习惯和使用模式，用户追求的不再是简单的通话、娱乐功能的实现，开始更多地在意产品和应用的个性化、使用的便捷性。

移动互联网产品正朝着信息化、娱乐化、商务化、行业化四个方向发展，并在此基础上形成信息类、娱乐类、商务类、行业类四大类业务。每一类业务都有其自身的特点和目标用户，打造真正贴合用户需求的产品，是中国移动互联网企业获取用户，进而获得赢利的关键。通过分析移动互联网市场上用户的需求特征可以得出，在移动互联网时代，移动互联网产品的独特性、产品退出成本及付费的便捷性是产品能够吸引用户，并满足用户需求的关键因素。①

首先是产品的独特性，移动互联网市场美好的前景吸引了众多企业的参与，市场上充斥着各式各样的产品，这就要求产品要具有独特性和差异化。如果产品的同质化现象非常严重，同类型的产品较多，除了企业会面临激烈的竞争，用户的付费意愿也会比较低。

其次是产品的退出成本，如果用户放弃使用该产品将面临较高的成本时（包括显性成本和隐性成本），继续使用并在一定情况下为其付费的可能性会较

---

① 张沙沙：《基于层次分析法的移动互联网产品可用性研究》，北京邮电大学经济管理学院硕士论文，2010。

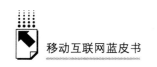

大。以腾讯 QQ 为例，当用户放弃使用时，同时也可能失去与这一交友圈内大部分人的联系。

再次是付费的便捷性，过于复杂或者存在一定门槛限制（如技术门槛）的付费方式将为用户的付费意愿带来较大的负面影响。

3. 竞争者

在比较封闭的市场环境中，由于竞争不明显，用户缺乏可供选择的替代性产品，这时厂商的运营往往是简单而粗放的。而在开放的移动互联网市场环境中，由于业务供给者大量地增加，各种低价、免费的产品大量涌现，企业的发展由粗放式经营日益向精细化经营转变。企业之间的竞争也由原来单一的产品竞争转变为现在的客户资源、品牌和技术以及产业链多方面综合性的竞争。

拥有了客户资源，企业也就拥有了发展移动互联网产品的先机，并且因为掌握了客户资源，企业在经营过程中对产业链上下游的企业也更有话语权。

拥有品牌与技术上的优势使得企业可以通过自身品牌的影响力和技术上的先进性，运用以往的业务运营经验，引领用户的需求，从而在移动互联网领域能够抢先获得用户，建立良好的用户感知，进而形成企业的竞争优势。

在移动互联网时代，产业链上的各类相关厂商，包括系统开发商、硬件制造商、应用提供商、内容提供商等互相竞争，都希望获得全产业链的竞争优势，跨界竞争成为移动互联网时代最显著的特征。苹果的"内容 + 软件 + 硬件"跨产业链经营模式已经成为整个移动互联网行业的共识。除苹果之外，谷歌、阿里巴巴等企业都在寻求产业链上下游的渗透。产业链上的优势将成为移动互联网时代企业的核心竞争力。

4. 合作方

移动互联网业务模式正由封闭转向开放，产业间的互相进入使参与主体日趋多元化。在移动互联网产业链上，由于价值链主体的多元化，各价值链主体在价值链上不断进行横向和纵向的延伸。开放合作，将成为移动互联网时代企业发展的主题，其中既包括产业链横向上的合作，又包括产业链纵向上的合作。

（1）横向合作。

开放、合作是移动互联网的核心价值理念。网络演进和技术进步是促使移动互联网产业发展的关键因素。在移动互联网市场上，开放的接入和开放的标准形成了促进移动互联网业务快速发展的基础。以终端为例，终端标准化是减少应用服务开发复杂度和降低成本的基础。开放且充满活力的市场，为移动互联网价值链上各环节上企业间的横向大规模协作创造了条件。

（2）纵向合作。

苹果的"内容＋软件＋硬件"模式的成功，使其成为移动互联网市场潮流的引领者，其他厂商纷纷效仿。为争取产业链上的竞争优势，以微软、阿里巴巴、百度、腾讯为代表的企业采用"自主研发＋合作制造"方式，即互联网企业自主研发终端操作系统，与终端公司合作推出智能终端，以增强自己在移动互联网市场上的竞争力。这种产业链不同环节上的"跨界合作"，正成为中国移动互联网企业，尤其是一些大的企业迅速扩张的主流模式。

（二）中国移动互联网产业主要赢利模式分析

1. 单边市场赢利

单边市场赢利通常指在市场交易中，买卖双方直接进行交易的情况，卖方通过向买方直接提供产品和服务进行赢利。

在移动互联网产业中，主要包括向用户低价提供基础产品，高价提供互补性辅助产品的交叉补贴模式以及通过对部分产品和用户采用免费或低价的模式，而对另一部分产品和用户采用较高定价，并主要通过对后者的营销实现赢利的80/20定律模式。

（1）交叉补贴模式。

交叉补贴是一种定价战略。即通过以优惠价格甚至免费的方式出售一种产品（称之为"优惠产品"），而达到促进销售赢利更多的产品（称之为赢利产品）的目的。采用交叉补贴的动机通常较为明确：希望通过以折扣价格出售基本产品来推动销售大量的赢利产品，从而提高总利润。这种做法必须在具备一定条件时才能起作用。

首先，客户必须对优惠产品价格极为敏感，而对赢利产品价格不敏感。其次，优惠产品和赢利产品的互补性需足够强，具有较高的同时购买几率。再次，赢利产品的进入障碍足够大，因为优惠产品与赢利产品间的联系还将取决于后者被其他产品替代的可能性。

在移动互联网市场上，超低的边际成本为产品定价提供了更大空间。生产第一个产品所需投入的固定成本非常高，而用于复制生产的边际成本则极其低廉。

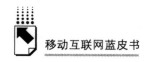
另外，信息技术使得优惠产品与赢利产品之间的依存关系更加紧密。因此移动互联网中的交叉补贴现已成为广受重视的一种典型赢利思路。

在移动互联网市场上，最典型的交叉补贴案例即运营商的终端定制策略。电信运营商，如中国移动通过采购定制终端，以相对低廉的价格销售给用户，但是需要用户订购手机报、手机钱包等业务，通过这样一些业务与优惠活动的捆绑，将这些产品和服务作为赢利产品，从而达到赢利的目的。

（2）80/20 定律模式。

80/20 定律也称帕累托法则，法则认为：原因和结果、投入和产出、努力和报酬之间本来存在着无法解释的不平衡。在多数情况下，80% 的产出或报酬将主要由 20% 的原因、投入和努力所产生，而其余 80% 的后者尽管数量占据绝对多数，但其对于结果产出而言却是次要的、无效率的。

移动互联网中的 80/20 定律模式指的是大部分用户可廉价或免费地使用服务，而仅由少量高级用户承担付费的主要责任，或者大部分产品和服务廉价或免费地提供给用户，仅有少量高级应用需要额外收费。

中国移动互联网市场上现在的许多手机网游采用的就是这种赢利模式，通过免费的游戏来吸引玩家，然后通过向玩家有偿出售游戏装备等增值服务达到赢利的目的，如上海美峰数码科技有限公司开发的备受业界好评的手机网游《上古2》。

采用这种赢利模式的企业，除了需要考虑所提供的付费产品和服务要具有差异性的价值以外，还要考虑在用户使用免费产品和服务的同时，刺激用户的付费冲动或以相对平滑的方式（如便利的支付途径、引入虚拟货币概念等）促进用户在无意识的过程中消费。

2. 双边市场赢利

双边市场赢利通常指在市场交易中，买卖双方之间出现了某个平台（第三方），市场中的交易是基于这个平台，平台通过一定的价格策略向产品或服务的买卖双方提供服务，促成交易并进行赢利[①]。在移动互联网产业中，主要指的是交易分成模式和广告模式。

（1）交易分成模式。

交易分成模式是交易类平台市场常用的赢利模式。在该赢利模式中，用户

---

① 熊艳：《产业组织的双边市场理论》，《中南财经政法大学学报》2010 年第 4 期。

借助某一平台与商户达成交易，平台在交易中收取一定的中介费分成或其他服务费用。

移动电子商务平台提供商（如淘宝）采用的就是典型的交易分成赢利模式，平台企业通过一定的收费策略向买卖双方提供服务，以促成交易。目前在交易分成模式中，平台企业多倾向于向卖方收费，这一费用被卖方转嫁到产品的价格中，从而形成实际的双向收费，其收费方式主要分为：收取中介费用、会员用户收费以及广告费用三种。

（2）广告模式。

广告的发展随承载媒体不断演进，移动互联网时代，移动广告已经成为企业重要的赢利模式。在广告运作模式上，平台化是应用广告的发展趋势。通过整合海量的移动应用，对接广告主，实现广告分发及产业链共赢，移动广告平台成为新型移动互联网商业模式。目前的移动互联网广告市场上，存在着单一媒体（平台）投放和联盟投放这两种形式。

单一媒体投放指的是广告主向单一媒体投放广告，考量的是这一媒体能否使广告信息获得的关注度最大化。某移动互联网媒体获得的关注度越高，其广告位价值越高。

联盟投放模式中，广告运营商由移动互联网媒体（平台）的拥有者变成了广告投放平台的经营者。其上游为愿意投放广告的广告主，下游则由参与广告联盟的大量中小网站构成，联盟广告平台通过协调两者在广告交易过程中的供需关系，借助自身平台服务能力实现赢利。在移动互联网时代，终端与用户之间基本实现了一一绑定的关系，这种联盟投放模式使得广告的投放更加精准，这种构建在个人精准需求基础上的赢利模式将获得更为长足的发展[1]。

3. 业务整合赢利

业务整合模式主要指的是移动互联网时代最具特色的，创新类的网络效应及业务整合赢利模式，主要表现为劳务交换、虚拟货币和赠与三种形式。

（1）劳务交换模式。

劳务交换模式通常是指用户不需要为自己所享有的服务支付任何费用，但是需要以其他方式对服务提供者做出贡献，这一贡献的结果通常可以带来产品服务

---

① 李安民等：《移动互联网商业模式概论》（第一版），上海三联书店，2010，第237页。

的改善，例如用户反馈数据的收集、帮助产品改善服务质量等，从而可以进一步提升产品或服务的价值，实现服务提供者与用户之间的互惠双赢。服务提供者通过利用上述劳务交换过程中用户的反馈，进一步总结分析得到用户的需求特征，转而采用诸如广告、交易市场、交叉补贴等方法，实现最终的赢利。

目前，移动 UGC（用户创造内容，User Generated Content）业务正在日渐崛起。一方面，随着手机的日益普及，人们倾向于用手机记录真实的生活，表达自己的感受，如手机导航类应用中的生活类信息服务，用户在免费使用其基础导航服务的同时，也能察觉到当前人群密集的区域，以获知城市街区的繁华位置或及时获悉社会热点事件等；另一方面，移动运营商希望借助 UGC 吸引更多的用户，开辟新的业务增长点。

大众点评 WAP 网是一个典型的 UGC 移动网站，用户可免费浏览其他用户的点评（主要是针对一些休闲娱乐场所），同时也可以自己做出点评供其他用户参考。大众点评网通过采用一定的激励机制，如积分、折扣、返利等，以充分激发用户的参与性，鼓励其主动提供劳务。

（2）虚拟货币模式。

虚拟货币是移动互联网应用中具有一定购买能力的等价交换单位。用户可通过赠送或优惠支付等途径获得该货币，用户也可以通过普通货币来购买虚拟货币。虚拟货币从购买能力来看，可分为三类，一类可以购买或换取实体商品，但仅限于虚拟货币发行者所提供的有限的商品类别，如移动的 M 值；一类只能购买虚拟物品如道具、特权，如腾讯的 Q 币；一类则具有折现能力，但一般不是直接兑换现金，而是购买商品时可以折返部分费用，如携程网中的积分。通过发行虚拟货币，可以有效地实现对用户的激励、提高用户黏性和缓解现金流压力等目的。

应用虚拟货币模式最典型的案例即中国移动动感地带品牌下的 M 值专属积分体系，这也是当前国内移动互联网中最具影响力的虚拟货币产品之一。作为一套以用户激励为主要目的的虚拟货币系统，M 值具有前文所提到的绝大多数虚拟货币属性，可用于承载多种形式的虚拟货币赢利模式，其所对应的积分货币体系的构建与完善现已成为中国移动改善用户体验，提高用户黏性的重要举措。

（3）赠与模式。

赠与模式指的是基于一些用户的利他和分享心理，提供一个平台，供其免费分发或赠送自身的劳务成果。在移动互联网时代，这样的赠与平台一般均以相应的网络平台或社区形式存在，而赠与的物品一般指的是一些信息、经验和知识的分享等，比如优酷网，其内容完全由热心的用户自发提供。

作为赠与平台运营者和赠与方其实并不期待通过赠与行为直接获得金钱收入，他们通过分享而得到满足，或是希望获得其他互联网上的稀缺资源，比如关注、赞誉和机会等。赠与模式所获得的注意力及其信誉价值可以为其平台带来实际利益，但这一目的通常需要其他的上层赢利模式与之配合方可实现，比如广告模式和劳务交换模式等。

移动互联网的应用环境更有利于个人信息、经验的免费赠与。手机的随身性可以把握住用户瞬间的分享冲动，适合于一些旅游感受、餐饮服务体验和其他类似生活信息分享；移动互联网用户还可通过手机拍照或摄影的方式，即时上传其内容与评论，与他人分享自己的体验。上述礼品形式及内涵不同，将有可能会对赠与模式、其上层的二次赢利模式的选取产生一定的影响①。

（三）中国移动互联网产业赢利模式发展展望

移动互联网是移动通信和宽带互联网交互发展的产物，它从一开始就打破了以电信运营商为主导和核心的产业链结构。复杂的市场环境使得中国移动互联网的赢利模式并不仅仅是简单的某一种特定的、单一的赢利模式，而是一系列以开放融合为基础思想，以满足用户需求为根本目标的赢利策略的集合。移动互联网中的许多业务的赢利模式既充分继承了移动通信和互联网市场中的以运营商为核心，统筹发展的传统观念，又进一步发扬了移动互联网中更加自由便捷、更加开放等特点。赢利模式是企业在市场竞争中逐步形成的企业特有的赖以赢利的商务结构及其对应的业务结构。当前的各种移动互联网赢利模式，正是移动互联网作为一个新型融合产业所拥有的各方面产业经济特色的综合体现。随着多种赢利思路之间不断地碰撞与融合，中国移动互联网产业中还将涌现出更多的具有产业特色的新型赢利模式。

---

① 屈雪莲等：《移动互联网创新赢利模式研究》，《移动通信》2010 年第 34（19）期。

B.8
中国移动互联网智能终端
发展现状及趋势

周宇岩　周　娇*

摘　要：随着智能移动终端应用的环境趋好，应用体验的不断提升以及用户规模的不断扩大，以智能手机和平板电脑为主体的中国智能移动终端市场迎来了发展的高峰期。2011年中国智能手机的市场销量已经超过7000万部，同比增长接近130%，平板电脑销量接近500万部，增长率达到989.6%。伴随智能移动终端的进一步普及，整体市场也进入了激烈变革期，智能移动终端产业链的各个环节面临新的机遇和挑战。

关键词：移动互联网　智能终端　市场竞争　发展趋势

一　中国移动互联网智能终端市场发展现状

（一）中国智能手机市场发展现状及特点

1. 市场发展规模与现状

2011年，中国智能手机的市场增速度明显高于整体手机市场，全年销量超过7000万部，同比增长接近130%。中国智能手机市场销售额超过1400亿元，同比增长100%，高于2010年同比增速。①

---

* 周宇岩，工学管理硕士，毕业于英国莱斯特大学，现致力于移动终端市场和消费者行为的研究，多次参与移动终端芯片、平板电脑、应用软件以及手机渠道等重大项目调研。周娇，赛迪顾问通信产业研究中心高级分析师，从事移动终端手机渠道及市场分析等研究长达8年，参与多个跨国公司和国内企业的IT及电信市场咨询项目，主要专注领域为移动互联网终端产业及市场类研究。

① 赛迪顾问：《2011～2012中国智能手机市场发展研究报告》，2012年2月。

随着竞争的加剧，中国智能手机市场品牌格局正发生剧烈的变化。虽然诺基亚凭借全年2634.5万部的销量，继续保持市场首位，但市场份额跌幅巨大，从2010年的63.0%跌至35.9%。三星在2011年市场份额提升迅速，从2010年的4.6%提升了12个百分点。华为和中兴则以全年795.3万部和544.5万部销量占据了10.8%和7.4%，分别位居第三位和第四位（见表1）。

表1　2011年中国智能手机市场品牌份额

单位：万部，%

排名	品　　牌	销售量	市场份额
1	诺 基 亚	2634.5	35.9
2	三　　星	1216.8	16.6
3	华　　为	795.3	10.8
4	中　　兴	544.5	7.4
5	摩托罗拉	489.1	6.7
6	苹　　果	438.2	6.0
7	酷　　派	287.2	3.9
8	联　　想	212.1	2.9
9	索尼爱立信	198.4	2.7
10	宏达电（HTC）	152.0	2.1
	其　　他	376.3	5.0
	总　　计	7344.4	100.0

　　资料来源：赛迪顾问：《2011～2012中国智能手机市场发展研究报告》，2012年2月。

2. 基本特点

（1）硬件升级，智能手机步入"双核时代"。

　　智能手机核心硬件的不断发展，带动了性能的提升。中央处理器CPU作为智能手机的最重要的硬件之一，决定了智能手机数据处理速度、多任务工作能力、瞬间触控以及屏幕显示等多方面性能指标。长期以来单核智能手机一直是市场的主流，但随着2011年3月28日，LG在全球率先推出首款双核智能手机LG Optimus擎天2X（P993），标志着智能手机正式步入了"双核时代"。作为手机产业链上游的芯片厂商推出双核手机芯片，必然牵动了整个产业链的发展，下游的内容和应用开发者会围绕上游芯片做出产品和市场的战略调整；手机厂商也会

105

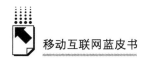
主打"提升用户体验"的牌子,通过硬件比拼来赢取份额。

(2)"千元智能机"成为电信运营商和终端厂商切入大众市场的重要突破口。

移动互联网时代,普及智能手机成为电信运营商和终端厂商的共同利益诉求。"千元智能机"的出现在保留了智能手机大部分功能的基础上,有效地突破了大众市场的价格瓶颈,掀起了智能手机普及的风潮。2011 年 4 月,中国电信已与包括三星、摩托罗拉、HTC、LG、宇龙、中兴、华为在内的诸多厂商合作,推出多款价位千元左右的智能手机,其向华为、中兴定制的两款千元智能手机,销量已分别超过 200 万部、100 万部。当年 5 月,中国联通随后将关注重点放在基于 Android 操作系统的千元智能机,并将集采的硬件标准提升,同时加大终端定制和补贴的力度。同年 6 月,中国移动完成了千元智能机的招标工作,并迅速将 TD-SCDMA 制式的千元智能机投放市场。

(二) 中国平板电脑市场发展现状及特点

1. 市场发展规模与现状

2011 年中国平板电脑市场规模快速增长,其增长率为 989.6%,销量接近 500 万部。① 目前中国平板电脑市场尚未发展成熟,还有较多空间待挖掘,市场整体水平仍有进步空间。对于平板电脑市场的未来,绝大多数用户持有乐观态度,平板电脑在市场中仍具有极强的渗透力。

2011 年的中国平板电脑市场中,苹果霸主地位稳固,以 64.1% 的市场份额引领市场。联想和三星位列亚军、季军位置,分别获得 9.8% 和 8.1% 的市场份额。前三个品牌累计占据市场总销量中 82.0% 的份额,其余品牌销量份额均较少。其中昂达和华硕排在榜单第四、第五位,e 人 e 本、宏基、纽曼、戴尔和摩托罗拉位列第六位至第十位(见表 2)。

2. 基本特点

(1)平板电脑市场快速增长。

2010~2011 年,平板电脑度过从诞生到成熟前的阶段,整个产业呈现快速上升的发展趋势。在这一时期,产业发展方向、市场规模、行业格局以及消费者需求都不明确,市场机会众多,产业链的每一个环节都会有新品牌出现。其中,

---

① 赛迪顾问:《2011~2012 中国移动终端市场发展研究报告》,2012 年 2 月。

表 2　2011 年中国平板电脑市场品牌份额

单位：万部，%

品　　牌	销量	销量份额
苹　　果	315.8	64.1
联　　想	48.1	9.8
三　　星	39.7	8.1
昂　　达	17.7	4.1
华　　硕	12.7	3.6
e 人 e 本	11.5	2.6
宏　　基	11.1	2.3
纽　　曼	6.3	2.2
戴　　尔	5.6	1.3
摩托罗拉	3.7	1.1
其　　他	20.3	0.8
总　　计	492.5	100.0

资料来源：赛迪顾问：《2011～2012 中国智能手机市场发展研究报告》，2012 年 2 月。

硬件终端设备、服务内容提供和周边配套设备三个环节将更为集中、明显。触摸屏平板电脑销售推动着便携式电脑市场加速增长，这些平板电脑还将蚕食标准笔记本电脑尤其是上网本电脑的销量份额。

（2）中低端平板电脑热销。

小品牌厂家对用户体验的重视，满足了客户对产品低价、便捷和较高人性化的要求，从而加速了中低端市场的销量增长。中小芯片厂家瑞芯微、晶晨、Marvell、威盛、飞思卡尔，以及高端的三星、英伟达和高通等早在 2011 年初就在深圳设立服务机构，大力支持中低端市场，上游厂商的大力支持，让深圳的一些小品牌厂商能在国内低端市场没有大规模爆发前，以近 85% 的外销产品迅速长大。

二　中国移动互联网终端操作系统竞争格局

（一）中国智能手机市场操作系统竞争格局

1. 品牌市场份额

移动互联网时代，操作系统成为智能手机产业的核心。各类产业主体积极布局手机操作系统来争取产业发展主动权。而以苹果 iOS 和谷歌 Android 为代表的新一代手机操作系统凭借其开放的产业链和灵活的业务提供模式，深刻改变了手机和移动互联网的产业形态，引发了移动互联网的快速创新和智能终端的加速普及。

2011 年，中国智能手机市场上 Android 系统已经超过 Symbian 成为中国智能手机第一大操作系统，占有 42.7% 的市场份额；Symbian 系统以 36.0% 的市场份额位居第二，且份额在不断下滑；苹果 iOS 系统市场份额占 6.0%，位居第三，市场份额稳步上升；Windows 系列操作系统占有 4.5% 的市场份额，位居第四（见图 1）。

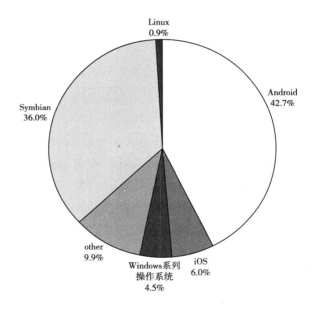

**图 1　2011 年中国智能手机市场按操作系统划分的
产品销售量结构**

资料来源：赛迪顾问：《2011～2012 中国智能手机市场发展研究报告》，2012 年 2 月。

2. 基本特点

（1）Android 系统主导中国智能手机市场。

2011 年，Android 系统市场份额由 5.3% 飙升至 42.7%，取代 Symbian 成为中国市场份额最高的智能手机操作系统。目前，采用 Android 操作系统的手机厂商涵盖了摩托罗拉、三星、LG、索爱、联想、华为、HTC 等各大厂商。相比而言，2011 年 iOS 市场份额出现小幅波动，但总体表现比较稳定。未来几年，凭借开源和智能扩展优势，Android 的市场主导地位将得到进一步强化。

Android 主导智能手机市场的另一表现是，国内众多互联网企业和手机厂商纷纷推出基于 Android 的包含自身特色的二次开发版本。这其中就包括小米科技的 MIUI，阿里巴巴的云 OS，联想的乐 OS，百度的百度易，创新工场的点心 OS 等。这其中除了小米手机和联想乐 Phone 反响较好之外，其他都未有良好的市场表现。尽管如此，Android 的免费和开源还是为国内手机厂商提供了一条发展"捷径"，未来在云服务发展相对成熟以及软件应用平台整合完善的情况下，基于 Android 的二次开发将具有较好的市场前景。

（2）操作系统与应用平台紧密捆绑。

苹果 iOS 首先开创第三方软件开发者通过 APP Store 赚取费用的模式，形成了良好的生态系统。操作系统整合应用平台成为智能手机的标准运营模式，手机应用的实用性、创新性以及数量支持成为操作系统成功与否的标志。iOS 平台目前有超过 55 万款应用程序，而 Android 则为 40 万款。相比较而言，Windows Mobile 在第三方软件开发方面起步较晚，大多数应用程序开发者都已经加入 iOS 或 Android 阵营，这也是目前 Windows Mobile 销量欠佳的原因之一。

3. 优势比较

iOS 革命性的 UI 设计、极强的娱乐扩展性和可玩性，以及完美的触控体验是其取得成功的法宝。另外，苹果手机用户忠诚度是其他品牌无法比拟的，这是 iOS 的优势所在。Android 则凭借开放源代码联合了众多的手机制造商，迅速占领市场。而在第三方软件开发方面，Android 为开发人员和机构提供多种便利和激励措施，使其应用程序数量短期内急剧上升。Android 如能继续加强与手机厂商的联盟，全力支持应用平台发展，未来必将会取得更好的市场表现。

微软将在 2012 年 5 月关闭 Windows Mobile，全力发展 Windows Phone，诺基亚也计划在中国推出 Windows Phone 手机，凭借在个人电脑平台的积累，Windows Phone 在用户使用习惯上占有较大优势。在联合其他手机厂商，并加强软件应用平台建设的情况下，Windows Phone 依然具有较好的市场前景。

（二）中国平板电脑市场操作系统竞争格局

1. 品牌市场份额

2010 年苹果发布首款平板电脑产品 iPad，从而掀起平板电脑全球热潮，iOS 成为首个成熟的平板电脑操作系统。如今平板电脑市场上较为成熟的三大操作系统是 iOS、Android 和 Windows。2011 年中国市场平板电脑销量接近 500 万部。其中 Android 的市场份额超过 60%，其次是 iOS，Windows 拥有近 6% 的市场份额。① 品牌方面，联想、三星分别凭借乐 Pad 和 GALAXY Tab 系列的成功营销，占据了平板电脑市场第二和第三的份额，两者同时采用了 Android 操作系统。

2. 基本特点

（1）Android 平台应用广泛。

同智能手机类似，Android 系统凭借其开源、易用的特点而被众多平板电脑厂商采用。不同于智能手机操作系统的竞争格局，平板电脑市场上只有 iOS 一个较为成熟的系统的竞争威胁，这为 Android 的普及扫除了很多障碍。目前，包括联想、三星、戴尔、联想、索尼等在内的知名厂商纷纷推出了 Android 平板电脑产品，产品线覆盖高、中、低端全线市场。

（2）第三方应用类别齐全，数量庞大。

APP Store 与 Android Market 是目前为止最成熟的在线应用下载商店，提供了丰富的付费下载资源，开发商通过该平台提供的主要软件类别有教育、商业、新闻、社交、书籍等，而游戏类别则完成了从大型 3D 游戏到休闲小游戏的覆盖，工具类别则主要以在线阅读工具、视频客户端和天气预报类软件为主，包括软件、游戏、工具在内的应用数量已超百万。近期，平板电脑在国内餐饮、娱乐、旅游等行业有了初步的应用，其在教育、医疗、金融、电子政务等行业的应用也在研究之中，这些都得益于第三方软件的广泛扩展和应用平台的高速发展。

3. 优势比较

良好的用户体验和完善丰富的应用软件是 iPad 获得成功的重要因素，这与 iOS 在智能手机上的积累和完善密不可分。尽管 iOS 的封闭性以及软件收费等问题限制了 iOS 的普及，但从另一方面讲，这些特点能够促进 iOS 及其软件应用形

---

① 赛迪顾问：《2011～2012 中国移动终端市场发展研究报告》，2012 年 2 月。

成良好的赢利生态链。Android 的主要优势在于开放、免费、进入门槛低，其对硬件规格没有严格的限定和要求，因而被众多厂商所采用，目前几乎 80% 的厂商所推出的平板电脑搭载的都是 Android 系统。反观 Windows 操作系统，尽管其在个人电脑领域取得了极大成功，但在平板电脑领域则表现平平。尽管如此，Windows 依然有巨大的发展潜力。微软计划推出平板电脑的 Windows 8 优化版本，加上其在办公系统的强大实力，预计未来几年 Windows 将会在平板电脑市场有所突破。

三 中国移动互联网智能终端市场企业竞争策略分析

（一）诺基亚

诺基亚目前虽然还是中国智能机市场上难以撼动的老大，但是随着 Symbian 操作系统的逐渐退出，其在智能手机市场的前景未明。2011 年诺基亚中国市场智能手机的销售量是 2634.5 万部，市场份额占 35.9%，跌幅近 30%。

在产品策略方面：诺基亚联手微软搭载 Window Phone 平台，主攻智能手机中的高端市场，低端市场主要以 Symbian 操作系统为主，保证产品覆盖各个消费人群。

在营销策略方面：采取单机集中营销策略，在一定时期内集中宣传某一机型；对于畅销机型的商场促销活动较多"本土化"的营销策略。

在渠道策略方面：采用复合式的渠道结构，国内代理、FD（省级直控分销）和直供共存；将渠道发展的重点集中向国内三、四级市场铺开；逐步弱化社会渠道，强化运营商（OFD/ODEP）渠道。

在服务策略方面：形成特约服务与品牌服务中心互补的完善高效的客户服务体系；除了满足手机本身的售后服务外，还兼具手机配件等增值服务；推出音乐下载、Ovi 地图、Ovi 邮件、基于位置的社区等移动互联网服务。

（二）三星

三星正在崛起成为中国智能手机市场的领先者，2011 年中国市场销售量为1216.8 万部，占比 16.6%。三星主要以手机研发的技术能力为核心基础来打造自身的核心竞争力，定位于中国中、高端市场。三星的平板电脑产品也凭借其精致的外观设计和做工优势，占据中、高端市场的一席之地，2011 年中国市场销售量为 39.7 万部，市场占比 8.1%。

在产品策略方面：智能手机产品全面覆盖 GSM、CDMA（2G）、TD-SCDMA、WCDMA 以及 EVDO（3G）制式，生产主要放在中国，有天津三星和惠州三星两家。平板电脑产品推出由运营商 AT&T 专供的 Galaxy 8.9 版。三星重视运营商定制产品，突出产品的性价比，产品价格覆盖中、高端，满足不同阶段消费者的需求。

在品牌策略方面：注重外形设计与工艺流程，生产销售设计精美、质量上乘的中、高端产品；巨大的投入用以维护高端品牌形象，增强品牌影响力；营销宣传注重产品商务功能；应用网络营销，为新品上市造势且有力推进新品上市。

在渠道策略方面：采用"直供 + 平台直供 + 分销"三方并存结构，其中直供体系将主要覆盖北京、上海、广州等一线城市，以及省会城市等市场。

在服务策略方面：在质量第一策略指导下，三星手机很重视服务策略，以保持高端品牌形象和消费者满意度；采用特约服务为主的售后服务形式，但是服务网点覆盖范围较小，消费服务满意度不太高。

（三）苹果

苹果一直定位中、高端客户群体，iPhone 和 iPad 产品主要针对商务族群、高科技爱用者及高社经地位者。2011 年，中国市场销售智能手机 438.2 万部，市场占比 6.0%。销售平板电脑 315.8 万部，市场占比 64.1%。

在价格策略方面：苹果手机的生产主要是由富士康代工，保持较高的利润空间；苹果手机定价较高，专攻中高端市场，在上市 2 个月后才会下调价格。苹果的平板电脑产品价格定位高端，主要通过新颖独特的产品体验，刺激消费者产生新需求，创造出新的消费市场，形成广泛认知的强势品牌竞争。

在产品策略方面：产品设计一切以用户为本，以简单实用为目标，精益求精，最终赋予产品清爽的外表、简洁的按钮和便捷的操作模式的灵魂；把科技与消费者的需求进行完美结合，进行产品创新，生产出品质出众，全新体验的"消费驱动型"产品，实现产品策略的飞跃；专注在特定利润很高的市场，全力导入最新科技，在手机和平板电脑市场，使其能够在触控使用的界面及显示技术方面占有率遥遥领先。

在营销策略方面："饥饿营销"和"事件营销"有效地为产品推广造势，一般来说通过制造供不应求的现象以及轰动效应的事件，来维持产品的较高售价，维护产品形象，提升产品附加值。

在渠道策略方面：苹果的销售渠道主要包括在国内的实体专卖店、苹果在线商店、苹果授权经销商、中国联通营业厅、联通网上营业厅和苏宁、乐语、迪信通等联通的授权经销商。

（四）联想

联想产品主要定位在中、低端用户群，智能手机价格多在两千元以下，平板电脑多位于三千元以下。2011 年，联想智能手机销售 212.1 万部，市场占比 2.9%。平板电脑销售 48.1 万部，市场占比 9.8%。

在产品策略方面：产品的自主研发逐渐形成主流，并形成了几个稳定的开发平台，提供成本及性价比较优的产品。乐 Phone 产品具有很高的性价比，乐 Pad 系列平板电脑产品覆盖 5 寸到 10 寸平板电脑。

在价格策略方面：参照苹果价格来制定更具有竞争力的价格，回避与其正面竞争；采取灵活的价格策略，对产品进行分类，制定一系列价格体系，紧跟市场需求，抢占市场份额。

在品牌策略方面：通过高端产品，树立联想的新形象，赋予"高科技、时尚、尊贵"的产品内涵，举高打底，高端树形象，底端出销量；拓宽宣传渠道，加大宣传力度，不断提高企业知名度。

在渠道策略方面：开拓运营商、国企、全国大连锁和海外销售的渠道模式，争取通过定制机型与运营商合作，开拓市场；采取特供机型的形式和全国连锁合作，实现各种渠道的有效利用，筹划并探索海外销售的渠道，为继续开拓国际市场做准备。

（五）中兴

2011 年，中兴智能手机以销量 544.5 万部、7.4% 的市场份额，位居第四名。在海外手机市场保持良好发展势头的中兴，在 2011 年加大了对中国智能手机市场的投入。在智能手机领域，中兴坚持"电信运营商深度定制"的策略，通过

"千元智能机"的推广以及多年来在技术方面的积累，市场份额提升明显。平板电脑方面，中兴公司在巴塞罗那召开的 2012 年 MWC 世界通信电子大会上发布了四款平板电脑产品，型号分别为 V9S、V96、PF100 和 T98，预计将于 2012 年 5 月正式上市。

在产品策略方面：中兴具有自有手机的生产工厂，因此与别的厂商相比具有比较明显的成本优势；中兴的智能手机价位主要覆盖中、低端市场，性价比突出，在中、低端市场比较受欢迎。

在价格策略方面：中兴与运营商深度绑定，通过明星千元智能机来拓展市场。

在品牌策略方面：中兴通过对中、低端市场的覆盖，打造成中、低端智能手机市场领先的国产品牌；发力高端市场，希望能通过推出高端终端产品来全面布局智能手机市场，打造全新品牌形象。

在渠道策略方面：主要是以运营商渠道为主，也积极探索社会渠道的拓展。

在服务策略方面：中兴通信在国内建立售后服务网点超过 2000 家，实现对全国地市级城市的全覆盖。中兴的手机自主研发的智能化售后管理系统——ECC 信息平台，实现了对整个售后渠道的高效运作，对售后服务质量进行全程把控。

（六）华为

2011 年，华为智能手机以销量 795.3 万部、10.8% 的市场份额，位居第三名。通过与运营商合作生产定制智能手机，使得华为连续获得运营商的大额订单。在 2011 年中国智能手机市场保持了强劲的增长势头。除了在智能手机领域追求"更大、更快、更薄"以外，华为还积极转型云计算领域，并推出了华为云手机终端。2011 年，华为推出了搭载 Android 3.2 的 7 英寸自主品牌的平板电脑——Media Pad。

在产品策略方面，华为具有国内领先的研发实力，造就了产品的优良品质，华为在研发上的追求和投入，使得华为的产品能够在性能上不断保持领先。

在价格策略方面，华为通过与运营商深度绑定，利用成本优势，推出一系列中、低端的产品，在中、低端市场上占有较高的份额。

在品牌策略方面，华为利用自己的研发优势，把自己打造成国内一线品牌；通过研发上的投入，不断发力中、高端市场。

在渠道策略方面，主要是以运营商渠道为主；除一些社会渠道外，华为还积极开拓新的销售渠道。2012 年，华为推出了电商平台"华为商城"。在这个网站上，用户可以网购华为手机、平板电脑等。

（七）HTC

2011 年，HTC 智能手机销售 152.0 万部，市场占比达到 2.1%。HTC 作为代工起家的手机厂商，充分认识到手机市场未来的发展趋势，以智能手机作为发展契机，投入巨大研发资金，走上了自主品牌之路。经过几年来的发展，HTC 在全球智能手机市场迅速崛起，并将在全球的优势延续到了中国智能手机市场。2011 年 7 月，HTC 与新浪在北京召开了"慧聚未来影响力"的跨平台品牌联合发布会，发布会上，HTC 宣布旗下首款平板电脑 Flyer 正式登陆中国市场。

在产品策略方面，HTC 的产品采用 Android 操作系统为主；HTC 的产品线十分清晰，如 P 系列导航手机、S 系列时尚智能手机等等，具有较为清晰的产品线布局；此外，其产品外观时尚、个性鲜明。

在价格策略方面，HTC 的产品价格集中在中、高价位段，产品价格变化较为稳定。

在品牌策略方面，产品定位于中、高端市场，依靠自己的中、高端产品定位和专业化来带动产品的销售；采用明星机型 + 多机型的产品营销战略。

在渠道策略方面，主要集中于手机专业连锁店和家电连锁店；与运营商合作良好，部分机型进入运营商定制计划，营业厅也成为其主要渠道之一；销售渠道主要集中于一二级城市。

四　中国移动互联网智能终端产业发展建议

（一）面临挑战

1. 芯片和操作系统作为产业链核心环节被跨国厂商把持，我国暂难以抗衡

芯片和操作系统作为产业链的上游，处于优势地位，对产业未来的发展会产生至关重要的影响，但是这两个核心环节多年来一直被跨国厂商所把持。虽然随着平板电脑和智能手机市场的快速兴起，国内也已迅速涌现了一批或新创

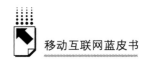

或通过转型进入此领域的上游芯片及操作系统软件相关厂商，但跟国外厂商相比仍有差距。

在芯片领域，国内芯片厂商在芯片开发方面仍主要集中于低端领域，如包括瑞芯微、盈方微在内的本土平板电脑芯片厂商，通过采用内核授权方式，在外围开发一些辅助性 DSP 核。虽然在短期内可以保证较快的开发速度与较低的成本，但是从长远的发展来看，一方面市场过于狭隘，另一方面无法提升自身技术能力，在性能、稳定性及针对性优化上与三星、德州仪器等领先公司存在较大差距，难以进入一线终端厂商采购名单。

在操作系统领域，iOS、Android、Window Phone 等操作系统平台主要由苹果、Google、微软三家国际厂商主导。虽然国内厂商也在积极涉足操作系统领域，如中国移动的 OMS、小米 MIUI 以及点心操作系统，但是都是基于 Android 操作系统平台基础进行再开发或 UI 定制的，核心技术控制力不足，很难与跨国企业抗衡。

2. 代工厂商处境尴尬，亟待转型提升

随着移动终端产业环境的改变，代工厂商的弊端凸显，发展进入困境期。对外，从 2008 年金融危机开始，订单开始大幅下滑，代工的毛利润直线下降，并且随着国内劳动力成本的不断上升，国外代工企业有将工厂向拉美、东南亚等地转移的趋势。对内，从 2008 年开始，中国实行两税并轨以及施行"三险一金"，并且法律规定的最低工资标准不断提升，使内地的代工厂商的人力支出成本不断增加。此外，一些小型的代工厂商的快速崛起，使整体代工市场竞争更趋激烈，并且代工厂商处产业链下游环节，往往会受制于大客户，处境极其被动，比如由于苹果对成本的严格把控以及与物料供货商直接合作，富士康仅能做物料加工，导致了利润空间的下滑，并且由于对新品信息的严格把控，会挤压交货时间给代工厂生产造成极大的压力。因此，谋求更高的利润水平以及持续健康的发展，将成为代工厂商转型提升的重点。

3. 本土终端厂商缺少龙头企业带动，难以形成聚焦效应

智能移动终端市场的广阔前景，吸引国产移动终端厂商加快了市场布局的步伐，不仅包括联想、汉王、万利达等传统的终端厂商，还有国美、华为等新兴的终端制造厂商，同时还存在着大量的山寨品牌。但是在发展过程中，由于本土厂商在核心技术、产业链核心环节以及行业整合能力方面的缺失，制约了整体行业的发展，也造成了在终端领域难以形成极具领导力的龙头企业的局面。随着市场的快速发展以及用户的积累，移动终端生态系统已经构成，但是由于现阶段缺少龙头产业，难以形成产业的聚焦效应，不利于推动产业的持续健康发展。

（二）发展建议

1. 建设芯片、跨平台 OS 国家级研发平台

移动智能终端市场发展迅速，由此带来的技术创新和产业融合步伐不断加快，新技术、新产品、新理念、新业态不断涌现。在此过程中，传统终端领域的Wintel 垄断模式被打破，作为个人化特点明显的移动智能终端在核心芯片、操作系统等上游领域的多样性将极大丰富，这将为国内相关厂商进入此类市场提供难得的机遇。我国应通过核高基等国家重点专项，加强对移动智能终端领域的投入，通过芯片、跨平台 OS 国家级研发平台建设，推动核心芯片及操作系统的自主研发进程，利用我国巨大的市场优势，集中力量突破技术瓶颈，在上游领域形成一批具有自主知识产权的成果，集中资源加大扶持力度，在操作系统及核心芯片环节形成一批引领性的龙头企业。

2. 设立"移动智能终端产业化专项基金"，加快龙头企业的培育

发挥国家财政资金的引导、示范和杠杆作用，聚焦新型移动智能终端产业，围绕"智能终端+内容分发渠道（软件应用商店）+应用软件与数字内容服务"的产业生态系统构建，设立专项资金，重点支持核心处理芯片、电源管理芯片等芯片技术，跨终端操作系统平台、开发与测试工具、浏览器、搜索引擎、网络内容聚合、信息技术服务支撑工具等软件技术，新型智能手机、平板电脑、智能电视等终端产品技术，以及 LBS、电子支付等应用服务技术的研发与产业化。

此外，对于产业链重点核心环节，发现极具潜力的企业，通过资金、政策、人才多方面的扶持，加快培育其成为龙头企业，从而提升移动终端产业的整体水平，带动产业的快速发展。

3. 注重创新和寻求突破，推动移动终端产业链企业转型升级

移动互联网时代孕育了大量的商机，固守传统的发展模式显然已经不能适应新市场环境下的发展，谋求创新和突破才是提升产业链各环节企业自身竞争实力、实现转型提升的关键。iPhone 凭借全新的商业模式在智能手机市场中后来者

居上，并引领着市场的发展；Rovio 公司基于移动终端用户操控习惯以及用户对移动终端上游戏需求的深刻理解，开发出了"愤怒的小鸟"，实现了应用上的创新并首开了抛物线射击游戏的先河；原来的代工厂商 HTC 则抓住了智能手机发展的契机，走上了自主品牌的创新之路。因此，对于移动终端产业链的每个环节，在移动互联网时代都具有提升自身价值、实现跨越式发展的巨大潜力。

五　中国移动互联网智能终端发展趋势

（一）产品与市场趋势

1. 智能移动终端将逐渐成为市场的主流

随着 3G 网络环境的改善，移动互联网应用在生活中的普及，以及电信运营商和移动终端厂商的大力推广，智能移动终端的市场销量不断攀升，步入了发展黄金期；同时，功能手机等传统的移动终端市场不断被蚕食，智能移动终端逐渐成为市场主流已经是大势所趋。首先，经过近些年的发展，消费者对智能移动终端的认知度不断增强，并且早期使用智能移动终端的用户已经产生一定用户黏性，对于扩大智能移动终端用户群体产生了积极的推动作用。其次，应用业务已经广泛地渗透到生活当中，消费者可以通过智能移动终端浏览网页、享受位置服务、收发邮件、观看视频、社交以及游戏等，作为这些丰富应用的终端载体在便捷了用户生活的同时，也在逐步改变用户的应用习惯。随着智能移动终端核心元器件成本的降低，市场日趋激烈的竞争，智能移动终端的价格将会逐步进入大众所能承受的范围之内。因此，未来智能移动终端销量的市场占比将会进一步提升，成为市场增长的主要推动力。

2. 智能移动终端呈现"两大加一小"的局面，Windows Phone 能否突围有待观察

操作系统作为移动终端产业链的核心，可以迅速拉拢大批的移动终端厂商并建成强有力的竞争阵营。因此现阶段，移动终端市场主要是以谷歌、iOS 以及微软为代表的三大移动终端阵营，并且整体呈现"两大加一小"的竞争态势。Android 操作系统凭借免费开源的发展策略，吸引了大批的移动终端厂商加入，其中既有三星、摩托罗拉、HTC、LG 等国际品牌厂商，也有国产联想、中兴、华为等一线国产厂商以及大批的山寨厂商。Android 操作系统的移动终端阵营足够强大，并且未来的发展潜力巨大。而苹果建立的是封闭的生态系统，在智能移动终端领域具有重要的地位，尤其是平板电脑市场，苹果因占有过半的市场份额而占据了绝对主导地位，形成"苹果阵营和非苹果阵营"的竞争格局。相比以上两家，微软操作系统的移动终端阵营的实力较弱，在智能手机领域影响力在逐渐下降，市场份额也在逐步滑落；在平板电脑领域，虽然一些厂商专注于微软移动操作系统的平板电脑制造，但是市场反馈一般。

为扭转在智能移动终端领域的困局，微软一方面联手诺基亚，另一方面加大 Windows Phone 操作系统的研发和改进，力求更符合用户的操控习惯。但是，未来面对优势厂商的咄咄逼人的市场压力是否有行之有效的策略应对，以及自身能否得到用户的认可，仍需观察。

（二）技术趋势

1. 智能移动终端发展遵从摩尔定律，功能将日趋强大

摩尔定律揭示了 IT 产业计算资源的发展规律：平均过 18 个月，半导体芯片的容量就会增长一倍，而成本却减少一半。移动互联网的发展促成了计算能力不断地向智能移动终端积聚，这势必要求终端的性能不断提升，更新换代的速度也将不断加快。从智能移动终端核心元器件来看，以高通的智能手机芯片为例，其升级的速度不断加快，由第三代到第四代产品的升级时间仅为第一代升级为第二代产品所用时间的 1/3，而处理速度提升了近 5 倍。这背后是智能移动终端市场旺盛的需求以及消费者对业务应用更好的支撑的心理诉求，因此在这样的发展背景下，智能移动终端产品的升级速度仍将会不断加快，并且功能也将不断强大。

2. 体感技术和人工智能技术将对终端发展带来重大影响

体感技术和人工智能技术是移动终端技术发展的热点，其本质就是提升"人机交互体验"，这两项核心技术的进步将会进一步带动终端市场繁荣，推动终端产品全方位升级以及对产品重新定位。对于体感技术，移动终端将成为体感游戏硬件中的重要组成部分，是人机交互的载体，使终端的功能得到延展。对于人工智能技术，强调的是更先进、更便捷的交互体验，如 iPhone 的 Siri 设计就是通过用户的语音命令做出反应的一种新型交互式操作。这样的新技术可以解放用户的双手，为移动终端带来全新的改变。现阶段这些技术尚未成熟，未来随着核

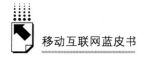

心技术的升级将会对终端产生更深远的影响。

3. 电池技术发展将会突破移动终端发展的瓶颈

在智能移动终端市场保持快速发展的形势下，电池技术已经成为了影响用户应用体验、制约行业发展的主要瓶颈。这主要是因为移动终端厂商追求处理器更快处理能力、大屏、更优的显示品质以及加载更丰富应用的同时，对电池的续航能力提出了更高的要求。此外，电池的技术更新速度已经明显落后于智能移动终端的发展，成为了制约移动终端发展的重要技术瓶颈之一。移动终端产业链各方已经明显意识到电池问题的严重性，加大了研发的力度，积极探索电池技术的提升，如苹果正在进行新型电池的研发，预计可提升待机时间数倍。此外，最新的研究成果显示，在锂电池扩容方面也已经取得了一定的成绩。虽然等这些电池新技术成熟并应用到市场中仍需要一定的时间，但是却为电池技术未来的发展指明了方向。

B.9
中国移动互联网运营商
竞争格局与发展态势

马思宇　王　映*

摘　要：2011 年，中国移动互联网运营商收入结构继续调整，移动数据及增值业务稳步上升，综合竞争实力日趋均衡。目前，中国移动通信网络建设投资重点集中在 3G 网络且初具规模，我国政府已启动 TD-LTE 规模试验，有望形成我国主导的 TD-LTE 在全球应用和部署的产业新格局。与此同时，以业务应用平台为核心的产业生态环境逐步形成，原有以运营商为核心的商业模式受到冲击，"智能管道" + "应用平台" 将成为中国移动互联网运营商的战略转型方向。

关键词：移动通信　数据业务　3G　智能管道

一　中国移动互联网运营商市场概览

（一）总体特征

1. 移动业务对固定业务的替代加剧，3G 用户增长的贡献最大

2012 年 2 月 7 日，国务院新闻发布会上工业和信息化部公开的数据显示，2011 年，全国电话用户总数达到 12.7 亿户。其中，移动电话用户达到 9.86 亿户，在电话用户总数中所占的比重达到 77.6%。全年净增 1.27 亿户，创历年净增用户新高。

---

* 马思宇，电信研究院通信信息研究所市场研究部高级工程师，主要研究领域为电信运营市场和互联网增值业务领域，在客户满意度、景气指数、电信业务资费、渠道设计及市场竞争策略等方面有深入研究；王映，电信研究院通信信息研究所市场研究部高级工程师，主要从事电信产业政策、运营市场分析、通信工程项目决策咨询、电信业务与产品等方面的研究。

2011 年是中国 3G 终端市场快速拓展的一年。根据工信部统计，2011 年全年
3G 用户净增 8137 万户，同比增速翻番，总体规模达到 1.28 亿户，3G 基站总数
达到 81.4 万个，成为移动电话新增用户数快速增长的最大贡献者。

2. 移动数据和增值业务占比稳步上升，收入结构继续调整

2011 年，我国移动通信市场规模进一步扩大，第十七届电信新技术新业务
高级报告会上，工业和信息化部发布的数据显示：2011 年 1 ~ 7 月，移动通信收
入在电信主营业务收入中的占比稳步上升，已超过 70%。其中：从收入占比上
来说，作为现金牛业务的移动本地电话业务在电信主营业务中的收入贡献依然最
大，约占三成，而移动增值业务是占比第二的明星业务，所占比例不断加大；从
增幅上来说，移动数据及互联网业务的增幅排在第一位，移动增值业务也有大幅
增长（见图 1）。中国移动 2011 年报显示：数据业务发展态势良好，2011 年收入
同比增加 15.4%，占营运收入的比重达到 26.4%，其中，无线上网业务增长迅
速，上涨 45%，占营运收入的比重达 8.4%，成为拉动营运收入增长的重要因
素。运营商业务的移动化、无线化趋势日益明显。

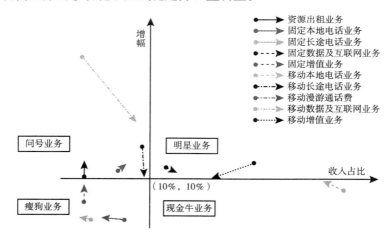

图 1　2011 年各类业务收入变化对比示意图

注：问号业务是指处在这个领域中的是一些投机性业务，带有较大的风险。明星业
务是指由问号业务继续投资发展起来的，业务处于快速增长的市场中并且其市场份额占
有支配地位。现金牛业务是指处在这个领域中的业务产生大量的现金，但未来的增长前
景是有限的，它是成熟市场中的领导者和企业现金的来源。瘦狗业务是指业务既不能产
生大量的现金，也不需要投入大量现金，这类业务常常是微利甚至是亏损的。

资料来源：电信研究院通信信息研究所市场研究部。

3. 移动互联网用户快速增长

随着智能手机的普及和运营商对移动互联网相关业务的大力推动，移动互联网已远远超过固定互联网，成为应用范围最广、用户规模最大的互联网业务。根据工业和信息化部统计数据，截至 2011 年年底，全国移动互联网用户规模超过6.3 亿[①]，占移动电话用户总数的 64%，且用户数仍维持 30% 左右的同比快速增长态势。其中，手机仍然是移动上网的最主要方式，手机上网用户占移动互联网用户总数的 98%，无线上网卡用户仅占 2%。

面对不断成熟的移动互联网形成的新的产业生态环境，增值业务和应用平台提供商通过引入创新的业务应用、服务模式，逐渐增强了对用户的影响力，业务和应用平台成为产业运作的核心环节，电信运营商将加强对其主导权的争夺。

（二）竞争格局

1. 市场总体集中度依然较高，但新增市场力量逐步趋于均衡

目前电信市场竞争格局仍高度集中，中国移动在收入总量中的占比仍超过50%（见图 2），一家独大局面短期内难以改观，中国移动 2012 年 3 月 15 日披露的 2011 年度业绩显示，公司全年实现营运收入 5280 亿元人民币，同比增长

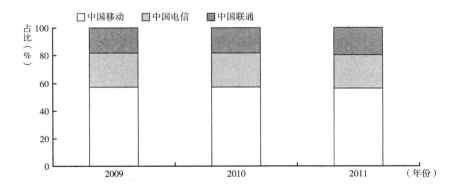

图 2   2009～2011 年 3 家运营商电信业务收入占比对比

资料来源：电信研究院通信信息研究所市场研究部。

[①] 编者注：移动互联网用户规模统计数据口径是源于工信部统计数据。CNNIC 报告显示中国2011 年手机网民规模是 3.56 亿。易观国际 2011 年 2 月 21 日发布产业数据，截至 2011 年年末，中国移动互联网用户规模为 4.31 亿。

8.8%；实现净利润1259亿元，同比增长5.2%。但电信业务收入向中国移动集中的速度和态势已基本停滞，中国移动的收入份额呈现微降趋势，中国电信则凭借较强的综合实力在收入份额方面稳步提升。

2. 三大移动互联网运营商占据增值业务市场近八成份额

领先型互联网企业的实力在增强，但从增值业务市场收入规模看，中国移动、中国联通、中国电信三大移动互联网运营商依然是主导者，占据增值业务收入的近八成（见图3）。中国移动凭借移动互联网应用类增值业务发展优势占据增值业务市场主导地位。

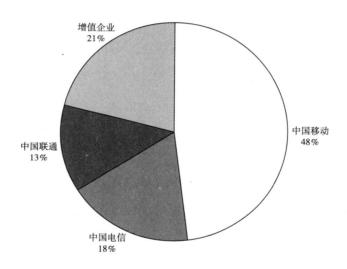

图3 2011年中国增值业务主要市场份额

资料来源：电信研究院通信信息研究所市场研究部。

3. 移动互联网成为转型重要战略，但运营商面临丧失核心地位的危险

近年来，移动互联网发展迅速，流量激增。面对移动互联网的快速发展，运营商积极探索"终端＋内容"的发展模式，积极开拓新业务和培育重点应用，进一步提升流量价值。

智能终端是移动互联网内容和应用的载体，三家运营商通过对定制终端进行重金补贴、自主研发以及与终端厂商合作的方式大力发展终端业务。同时为更好地进行内容创新，三家运营商先后推出了自己的应用商店（移动MM、联通沃商店、电信天翼空间）。

在移动互联网时代，业务/应用平台成为产业运作的核心环节，终端厂商、互联网企业、软件厂商等都可凭借其独有优势直接建立面向用户的业务/应用平台，从而加强对产业主导权的争夺，电信运营商面临核心地位丧失的危险；而传统 SP 因为缺乏不可复制的优势，生存空间被严重挤压，传统的内容资源拥有者作为 CP 受到各平台的重视。

二 中国移动网络基本建设与技术发展

近年来，伴随着固定资产投资的增加，电信业通信基础设施建设迈上新台阶。覆盖全国、连接世界、技术先进的全球最大信息通信网络已基本建成。移动通信和宽带接入等方面的建设成为全业务经营条件下的重点投资领域。

（一）移动网络建设特点

1. 我国移动交换机容量进入复苏性增长阶段

受移动网络流量迅猛增加等因素的刺激，我国移动交换机容量 2011 年增速提高。根据统计，截至 2011 年年底，我国移动交换机容量达到 17 亿户，同比增速由去年的 6% 提升到 13%（见图 4）。

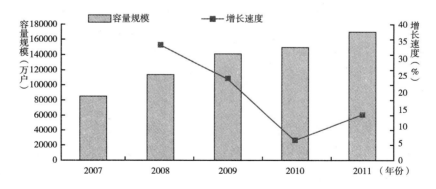

图 4　2007~2011 年中国移动交换机容量规模及增长速度对比

资料来源：电信研究院通信信息研究所市场研究部。

2. 移动网络建设为移动互联网和全业务经营战略实现提供网络基础

随着网络性能的整体提升，运营商将进一步实现固定与移动网络融合及相关业务发展，推进智能管道发展，提升流量价值，支持移动互联网战略与全业务经营的实现。例如，中国移动明确提出了 2G + 3G + 4G + WLAN① 的四网融合，对 GSM 网络要持续高价值投入，满足业务需要，保持网络质量绝对领先；对 TD 网络加强连续覆盖和深度覆盖，加快业务分流，稳步提高网络利用率，与 2G 共同提供高质量语音服务与增值业务；对 WLAN 网络将加大覆盖力度，逐步覆盖绝大部分数据业务热点地区，发挥数据分流作用。通过接入网的融合及核心网升级改造，运营商的融合业务提供能力将进一步增强，更容易实现差异化竞争。

3. 移动互联网投资重点集中在 3G 网络，目前初具规模

2010 年 4 月，工业和信息化部、国家发展改革委、科技部、财部、国土资源部、环境保护部、住房和城乡建设部、国家税务总局等八部门联合印发了《关于推进第三代移动通信网络建设的意见》，根据规划，到 2011 年我国 3G 网络覆盖全国所有城市及大部分县城、乡镇、主要高速公路和风景区等，3G 建设总投资 4000 亿元，3G 基站超过 40 万个。

根据工信部统计，截至 2011 年年底，我国 3G 用户已达 1.28 亿户。其中 TD 用户 5121 万户，在 3G 用户中的占比约为 40%；中国电信和中国联通的 3G 用户分别达到 3719 万户和 4002 万户。3G 基站总数达到 81.4 万个，TD 基站达到 22 万个，中国电信和中国联通的 3G 基站分别达到 26.95 万个和 32.45 万个。3G 累计投资达到 4556 亿元。在网络覆盖方面，基本实现所有地级市、县城及大部分乡镇的连续覆盖。

经过近几年的发展，我国 3G 网络建设超额完成三年目标，发展速度优于国外同期水平，业务应用活跃、社会贡献突出，成功进入良性发展阶段。

4. 三大移动运营商积极推出"3G + WLAN"发展模式

随着数据流量的快速增长，移动通信网络的压力不断增加，分流需求增加。因此，无线局域网成为 2010~2011 年度的建设热点，三家运营商在全国大中城市大规模建设 WLAN 热点。以中国移动一家数据为例，在中国移动 2012 年披露的财报中显示，无论是无线上网业务收入或是业务流量，WLAN 占比都有显著提升。在业务收入方面，WLAN 收入从 2010 年的 1.91 亿元人民币，增长至 2011

---

① Wireless Local Area Networks，无线局域网络。

年的 7.39 亿元人民币, 增长率为 286.9%; 在业务流量方面, WLAN 流量从 2010 年的 402 亿 MB 增长至 2011 年的 2004 亿 MB, 增长率高达 397.9%。这充分表明, 经过 2011 年的 LAN 热点的大规模建设, 中国移动的 WLAN 业务发展已经走上良性发展的快车道, 流量和收入不仅实现了同步增长, 并实现了大跨步式增长。统计数据显示, 截至 2011 年年底, 中国移动基站总数超过 92 万个, WLAN 热点接入近 220 万个。

中国联通和中国电信也积极布局大规模建设 WLAN 热点, 用来辅助 3G 业务为用户提供高速上网服务。2011 年, 中国电信宣布, 会在未来 2~3 年将各自的 WLAN 热点数增加到 100 万个, 中国联通也加大了 WLAN 的部署力度, 热点近 4 万个。

(二) 各类 3G 技术及业务应用情况

我国目前 3G 网络技术主要分为 TD-SCDMA、WCDMA 和 CDMA2000 三种制式, 各类网络覆盖基站数见表 1。

表 1 2011 年中国 3G 网络制式覆盖情况

单位: 个

网络制式	3G 基站数	覆盖城市
3G 基站总量	81 万	—
TD-SCDMA *	22 万	基本实现地级市、县级市和县城主区域连续覆盖
WCDMA **	32 万	所有地级以上城市和大部分县城 (覆盖率为 97%)
CDMA2000 ***	27 万	全国全部城市和县城

注: * Time Division-Synchronous Code Division Multiple Access (时分同步的码分多址技术), 中国提出的 3G 标准, 中国移动采用。
** Wideband Code Division Multiple Access (宽带码分多址), 3G 标准之一, 中国联通采用。
*** Code Division Multiple Access 2000, 3G 标准之一, 中国电信采用。
资料来源: 电信研究院通信信息研究所市场研究部。

1. 中国移动 TD-SCDMA 发展现状

(1) 网络覆盖规模及利用率尚需提高。TD 基站规模相对最少, 呈"块状分离"覆盖状态; 网络利用率仅为 10%, 3G 业务的 TD 网承载比例低。

(2) 网络性能指标低: TD-SCDMA 话音的接通率和掉话率等关键性能指标相对较低, 与其他两种网络制式相比 TD 网络的数据业务速率差距明显, 网络关

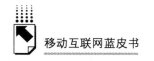

键性能指标差严重影响用户体验。

（3）终端瓶颈问题尚需突破。2011年TD智能手机出货量占全部TD手机出货量的1/4，而其他两种制式均在50%～60%。终端存在待机时间短、起呼失败、通话杂音、机身过热和掉话等问题，直接影响了用户对TD业务的选择。

（4）用户发展态势较好，但渗透率较低。目前我国TD-SCDMA用户规模超5000万户，用户份额领先；基站规模22万个，基本实现地级市、县级市和县城主要区域的连续覆盖；相比竞争对手而言，TD用户渗透率仅为7.7%，低于10%，与其他两种制式相比差距较大。

2. 中国联通WCDMA发展现状

（1）加大HSPA①网络建设。截至2011年年底，中国联通已经在全国56个城市铺设了HSPA＋网络，下行峰值达21M，是中国联通现有网络的三倍，首批支持HSPA＋网络的新型21M上网卡已于2011年5月17日上市。

（2）iPhone及千元级终端补贴策略优化用户结构。3G终端运营已成为中国联通优化用户结构的重要手段，通过终端补贴突破用户业务使用瓶颈。继借助中高端定制手机提高用户ARPU值（Average Revenue Per User，每位用户的平均收入）之后，中国联通正在通过普及型智能手机（覆盖诺基亚、三星、索尼爱立信、华为、中兴、酷派、联想、小米手机）的推广来覆盖更广泛的用户。

3. 中国电信EV-DO发展现状

（1）积极推进EV-DO试点工作。作为CDMA20001X的演进技术的EV-DO，中国电信积极开展其相关推进工作，进一步提升数据业务速率和系统吞吐量。通过EV-DO网络，中国电信实现了2～3倍提升上下行峰值速率，用户可享受到更高速的基于音频和视频的移动网络接入以及更高速的手提电脑和移动网络的连接。截至2011年年底，在北京、广州、成都、武汉、上海等多个试点城市的EV-DO Rev. B相关测试都已经完成，鉴于其终端款式以及数量不多，用户需求不明显。

（2）以WiFi弥补网络覆盖不足。目前，中国电信网络覆盖策略采取以EV-DO为主，形成连续覆盖；以WiFi为辅，做热点覆盖，两者协调发展。

---

① High-Speed Packet Access，高速下行链路分组接入技术。

（三）LTE/4G 发展

当前正值全球选择和部署 4G 移动通信技术的关键阶段，我国政府启动 TD-LTE[①] 规模试验有力影响和带动国际运营商选择 TD-LTE，有望形成我国主导的 TD-LTE 在全球应用和部署的产业新格局。

为推动 TD-LTE 技术尽快成熟，工业和信息化部组织开展了 TD-LTE 技术试验。技术试验从 2008 年年底开始，分为概念验证、研发技术试验和规模技术试验三个阶段。根据规划，TD-LTE 规模试验将以形成商用能力为目标，通过进一步扩大部署和应用的规模，进而实现端到端产品达到规模商用的成熟度，并带动国际运营商选择和部署 TD-LTE。

目前，TD-LTE 赢得了国际运营商、国际组织和机构的认可，受到了广泛的关注和支持，很多国际运营商都有意选择并部署 TD-LTE。例如，北美、欧洲、亚洲等地区运营商已累计建设 33 个 TD-LTE 试验网，日本软银、中东运营商等已正式商用开通 TD-LTE 网络。

截至 2011 年年底，TD-LTE 规模试验第一阶段基本完成，2012 年开始启动扩大规模试验，重点放在扩大网络规模、推进产业成熟、积累建网经验、优化产品性能、发展友好用户、带动国际市场等方面。中国移动方面表示，TD-LTE 技术的商用将会加快推进，预计 2012 年将启动第二阶段 9 个城市的规模试验，包括浙江、广东大城市拟采用平滑升级，杭州、深圳开展业务试商用。至 2013 年，令基站规模增至超过 20 万个，扩大试商用规模。

三　移动运营商在产业链中的角色转变

（一）移动运营商在移动互联网时代面临的挑战与机遇

1. 对运营商网络承载能力提出挑战

随着移动互联网时代的到来，数据流量的快速增长成为电信运营商需要解决的最为紧迫的问题，特别是移动数据流量的快速增长，已经对运营商的网络承载

---

① Time Division Long Term Evolution（分时长期演进），第四代（4G）移动通信技术与标准。

能力提出了巨大挑战。根据思科公司预测，2011 年全球移动数据流量每月为 0.6EB①，2016 年将达到每月 10.8EB，年复合增长率将达到 78% （见图 5）。

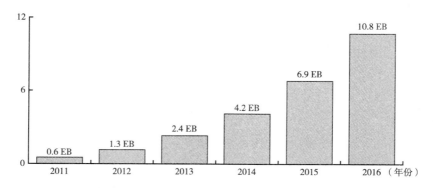

图 5　全球每月移动数据流量增长

资料来源：美国思科公司：《2011~2016 年全球移动数据流量预测报告》，2012。

2. 面临数据业务收入增速放缓的困境

在数据流量快速增长的同时，电信运营商却面临数据业务收入增速放缓的困境，出现了在移动互联网时代流量增长与收入增长、利润增长之间的尖锐矛盾。国内外主流运营商在推动移动互联网战略实施过程中，移动互联网接入收入虽然处于较高的增长状态，对其总体营收也起到了明显的推动作用，但与其使用量的增长幅度对比，则明显低于使用量的增长，进而导致总体 ARPU 呈下降趋势，数据流量增长带来的巨大收益被互联网企业占有。

3. 以运营商为核心的商业模式受到冲击

数据流量的快速增长主要是由于移动互联网时代以业务应用平台为核心的产业生态环境逐步形成，原有以运营商为核心的商业模式受到冲击。在传统商业模式中，通过对用户和计费的控制，运营商占据绝对主导地位，相关企业需要通过运营商向最终用户提供服务和销售产品。然而在移动互联网时代，业务/应用平台服务提供商成为整个产业链的核心环节。业务/应用平台提供商通过引入创新的业务应用、服务模式逐渐增强了对用户的影响力。在移动互联网时代，不仅电信运营商可以掌控业务/应用平台，而且终端厂商、互联网企业均可以通过掌控

① 计算机的存储单位，艾字节，1EB = 1024PB = 1024×1024TB = 1024×1024×1024GB。

业务/应用平台直接向终端用户提供服务。电信运营商的核心地位受到挑战，在整个产业链中的价值在下降。而与此同时，终端厂商和互联网企业在价值链中的地位得到提升（见图6）。

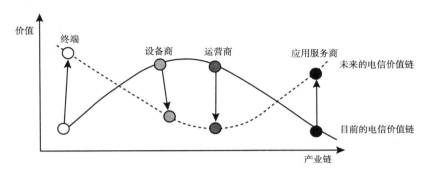

图6　移动互联网时代产业链价值发生扭转

4. 对网络性能提出了更高要求

移动互联网时代业务呈多样化方向发展对网络性能提出了更高需求，进而推动数据流量的快速增长。首先，对带宽提出了更高需求，例如，基于视频的业务及应用需要消耗越来越大的带宽。其次，业务越来越强调互动性，例如，远程医疗、远程教育、SNS 应用在体验上越来越强调互动性。再次，业务的实时传递需求较大，例如，在线游戏、远程监控、物联网应用需要网络支撑实时性传送需求。此外，第三方 CDN（Content Delivery Network，内容分发网络）、P2P、云内容等应用增长带来数据流量流向的不确定，而且各类应用对数据和网络的安全性需求也越来越高。

（二）移动运营商在产业链中的角色定位及实施策略

1. 战略定位

面对移动互联网时代的各种机遇挑战，电信运营企业需实施战略转型，一方面推进网络转型，构建智能管道，在智能管道基础上开展流量的精细化运营；另一方面推行平台化运营，实现内容与应用的聚合，从管道运营商向上下游延伸，增强对移动互联网时代产业链的掌控能力。

2. 转变运营策略，构建智能管道

（1）智能管道模式的创新。

智能管道是相对于普通管道而言的。与普通管道相比，智能管道的本质是提

升网络承载能力和管道价值。智能管道对于运营商而言不仅仅是网络的改造和升级，更体现为运营模式的创新和商业模式的转型。

智能管道是在网络智能化基础上运营模式的创新。通过智能管道建设颠覆传统管道能力单一和缺乏精细化管理的缺陷，利用运营商在移动互联网通道的核心位置，建立能够主动感知和缓存业务流量，共享、优化和快速分发热点内容，且具有通道增值能力的智能化通道。通过智能管道可实现业务提供模式的创新，缓解运营商面临的数据业务收入增速放缓的困境。

智能管道建设不仅仅是网络的智能化改造和业务模式的创新，智能管道更是企业战略和商业模式的转型。通过智能管道建设可帮助运营商实现商业模式由B2C 向 B2B 市场的拓展和转型，可有效应对移动互联网时代以业务应用平台为核心的产业生态环境，是向未来电信 3.0 时代"智能普适网络"运营的基础。

（2）智能管道的"智能"体现。

智能管道的"智能"主要体现在以下三个方面。

一是针对用户，智能管道能为用户提供有线、无线的一体化融合最优接入，实现跨网络、跨平台、跨地域、跨账户的融合接入，提升用户体验；

二是感知信息的集中会聚和统一分析，分析用户的行为和消费习惯，实现高价值信息的输出和共享、进行策略服务保障、行销执行优化等，提供基于用户、业务、流量等因素的差异化服务和业务推送；

三是增强基础网元的智能化管理能力，对第三方合作者能够提供基于电信核心能力开放的智能业务引擎服务，帮助第三方优化运作流程并与消费者之间建立端到端的互动和交易通道。网络能力开放是运营商实现管道价值化的前提，通过现有的综合业务平台的优化，将网络的资源指配和资源保障能力通过开放的 API 接口提供给第三方的 SP/CP，网络能力开放不仅可以帮运营商挖潜增收，也是竞争的需要，还是产业链建设发展的重要方向。

（3）智能管道的运营策略。

智能管道的实施涉及网络、运营乃至整个商业模式和公司战略的转型，是一项综合性、系统性的工程。现阶段，不同运营商在智能管道推行过程中采用的策略及侧重点各有不同，但总体上运营商推行智能管道主要包括如下策略。

首先，构建高速、融合的网络传送能力是建设智能管道的基础。网络具备足够大的带宽是一切智能化手段实施的基础，提高网络速度也是用户能够感受到的最直接的方式，特别是在接入网、城域网和骨干网的通道带宽。对于接入网，应主要通过光进铜退的推进，利用 PON（Passive Optical Network，无源光纤网络）、VDSL（Very-high-bit-rate Digital Subscriber Loop，甚高速数字用户环路）等新技术实现接入带宽的拓展；无线接入网适时引入 LTE，提供高速的无线接入能力。对于城域和骨干网，应配合接入提速的进程，通过大容量路由设备和端口的引入以及网络的合理规划，支持视频等大带宽业务对网络的基本需求。自 2009 年北欧电信巨头 Telia Sonera 建设了全球首个 LTE 商用网络以来，全球运营商纷纷跟进，使得 LTE 商用网络数量猛增，截至 2011 年底全球 LTE 网络用户数约 1600 万户。LTE 的加紧推进与电信运营商布局移动互联网市场和向智能管道转型密切相关。

第二，为了支持用户多种方式的灵活接入，需要将现有的有线技术以及 WiFi、3G、未来的 LTE 等手段有机结合，并使用户可以采用统一账号接入不同的网络，不同的接入终端也可以实现即插即用与自动适配，既让用户感到使用方便、成本合理、速率高，又利于运营商的合理投资。AT&T 等运营商在面对数据流量迅速增长的压力时就采用了 3G + WiFi 的方式进行网络流量分流，以提升网络效率。同时也适时推进 LTE 建设提升网络容量和网络性能。

第三，构建端到端的差异化服务和市场运营能力。智能管道的内涵就是提供差异化服务，实现精细化的流量经营，进而提升流量价值和数据业务收入，因此构建差异化的服务提供能力就成为智能管道建设的关键。

端到端差异化管道是要建立用户终端—接入—城域—骨干—业务平台/终端的全程具有 QoS① 保障的通道，实现对用户及业务的差异化区分和有针对性的处理，包括对关键流量的质量保障、对非法无用流量的限速和管控等。现阶段运营商在部署智能管道时主要通过引入策略控制和计费方案（PCC，Policy Control and Charging）快速实现差异化服务提供和运营，缓解因数据流量快速增长导致的网络拥塞和单位带宽收益下降的困境。现阶段运营商常用的控制策略包括以下几方面。

（1）实施基于用户的优先级策略，对于高优先级的用户提供更好的资源保障。

（2）实施区分忙闲时的优先级策略。一些大量使用 P2P 下载的用户对下载

---

① Quality of Service（服务质量），是网络的一种安全机制，用来解决网络延迟和阻塞等问题的一种技术。

的时间没有要求，可以通过闲时的资费优惠进行下载，从而保障忙时高优先级用户的业务优先级。

（3）实施基于位置的优先级策略。一些用户可能对商务区、办公区的移动宽带使用提出更高的质量要求，此时可以制定专门的套餐方案。

（4）实施基于业务的优先级策略。比如，对移动视频类业务的"粉丝"，可以量身定制特殊服务，保障他们享用较一般移动视频用户更高的业务等级，这一点特别适用于行业用户。

（5）实施基于终端类型的业务优先级设置。比如，由于3G智能明星机套餐绑定用户ARPU值较高，网络可以感知到终端类型，从而实现对它们的优先保障。

从各运营商实践看，芬兰的Elisa对网络流量划分出优先级，通过策略区分和QoS机制保证高优先级的业务。沃达丰在西班牙也使用了同样的方法。印尼Indosat采取了允许用户按需调整业务优先级的方法。例如，在世界杯期间，某些球迷认为实时流畅地观看世界杯非常重要，并且舍得为此花费较高的费用，因为他们可以临时提高自己的优先级。运营商的系统会及时识别这些变化，并改变服务等级。

3. 开放业务能力，实现平台化运营

由于电信运营商更擅长于提供满足大众需求的业务，难以提供大量的长尾业务，因此通过电信能力的开放和平台化运营可以让用户进行自我业务定制，满足个性化需求；让用户参与业务提供，直接降低业务成本，缩小业务提供周期。对于电信运营商而言在满足用户个性化需求的同时有效降低了业务成本。

（1）构建自己的开放创新体系。网络能力的开放对电信运营商具有非常重要的意义，以自身的网络资源与能力为依托，如认证能力、短信彩信、PUSH信道、定位、计费等。通过开放用户位置和在线状态等信息，辅之以开放API，吸引开发者，形成以网络为平台的开放创新体系是运营商未来发展的最主要方向之一。目前世界上主流的运营商如Vodafone、Verizon、Orange、Telefonica、Sprint等都在探索、实践网络能力的开放。电信运营商拥有多种可资开发的核心能力，主要包括：能够通过移动网络提供安全的授权和认证服务；手机结账和支付已高度标准化，并被用户广泛接受；能够基于网络提供位置和定位服务；拥有比较完整、真实的客户信息；能够提供无缝的固定和移动接入；运营商的设备管理系统能够帮助合作商检查设备兼容性并改进解决方案；运营商的客户服务能力高度专业。运营商可以借助上述能力提供的智能型和增强型业务平台。

（2）打造行业应用和物联网运营平台。电信运营商在构建智能管道实现平台化运营的过程中，行业应用、物联网等将是重要掘金点。现阶段虽然行业信息化市场很大，竞争很激烈，红海特征也十分明显，但是毋庸置疑的是，行业应用的电信竞争领域依然是一片难得的蓝海，运营商有多年行业服务的经验积累，有助于形成强强联合的有力支撑，提供一站式、一揽子信息化服务的专业能力等。不过，面对如此难得的蓝海市场，参与者不在少数，与众多专注于信息化应用系统开发的公司相比，运营商在产品设计及开发方面的能力还有待进一步提升。客观地说，在开拓行业信息化发展方面，谁能找准自己的优势并尽快补齐短板，方能畅游行业信息化的大片蓝海。

考虑到物联网的发展得到了全球的广泛关注，各国运营商都将物联网应用作为收益增长的有效推动力，大力搭建物联网运营支撑平台。同时，考虑到某些行业应用（如物流仓储、远程监控等）具有全球化的特征，因此运营商在运营支撑平台搭建过程中，应该注重全球合作及对不同国家不同通信标准的兼容性，努力打造全球化、跨行业的一体化通用平台。其中，由于物联网涉及领域、技术众多，运营商应该加强在国际标准化组织中的协作（如3GPP、ETSI、IEEE等），努力构建一个全球统一的物联网架构体系，进而在此体系下打造全球一体化通用平台。

B.10
中国移动互联网应用服务
发展现状及趋势

刘青焱*

摘　要： 中国移动互联网应用服务可分为六大类 22 小类，形成了游戏平台、广告平台、电商平台、营销和销售平台（应用商店）等移动应用服务平台，移动应用服务开发者、平台提供商、移动网络运营商和云计算服务提供商等在产业链各环节创造和探索了多种赢利模式。移动应用服务的产品发展将越来越呈现垂直化、专业化和平台化趋势；营销向精细化、精准化、多样化和社交化发展；游戏、广告、电商将在较长时间内作为移动应用服务赢利模式的主体，开放平台和软硬件结合或为移动应用服务注入新的活力。

关键词： 移动应用　赢利模式　发展趋势

一　移动应用服务格局和现状

（一）移动应用服务种类和消费需求

移动互联网应用服务在概念范畴上应具备四重要素，即移动性、互联网、应用层以及服务化。移动性要素是指其通常具有地点非固定化、连接无线化、终端便携化、场景语境化等特点。互联网要素是指信息通道必须是构建在 IP（Internet Protocol，互联网协议）之上，亦即为桌面互联网向移动终端的自然延

＊ 刘青焱，爱立信研究院研究员，爱立信实验室（中国）负责人，北航软件学院特聘教授，开放平台实验室联合创始人。研究方向为互联网向移动互联网、物联网演进过程中的技术创新和商业实践等。

伸；由此，基于传统的电路交换的电信服务诸如移动电话、短信需排除在本范畴之外。应用层要素则明确了其在 OSI（Open Systems Interconnection，开放式系统互联，是由 ISO 国际标准化组织提出的使全世界计算机互联为网络的标准框架）七层协议上必须位于应用层。服务化要素是对前一要素的强化约束，进一步明确其功能的提供必须经由按需服务的形式提供，从而对其产品模式、业务模式、商业模式及创新模式均有具体限定。

在移动应用服务概念范畴上的四重要素展开，可以厘清移动应用服务的细化种类。综合公开资料如相关行业咨询公司的报告，结合对于流行的应用商店的调研，可将移动应用服务归纳为以下六大类 22 小类。

1. 内容类

内容类移动应用服务的消费者价值主张是内容，核心价值是内容的生产和提供，核心竞争力是内容的质量，主要商业模式是广告和对内容收费。

（1）移动游戏。

作为一个独立性强、专业化程度高的垂直领域，游戏业是移动应用服务中内容产生和消费量最大、消费面最广、科技含量最高的领域之一。游戏是融合了文本、音频、视频，具有高度互动性以及深度虚构性的多媒体内容。而移动游戏的井喷则使得游戏进一步向工作和生活的碎片时间渗透，丰富了消费者的闲暇生活。

（2）移动阅读、电子书、杂志。

电子化阅读和碎片化阅读是移动互联网时代的阅读特征和大趋势。消费者越来越多地在移动终端上利用碎片化时间完成文本内容的快消费。一个浅阅读的时代已经来临。

（3）移动搜索。

人类对于在线知识的获取经历了门户时代和搜索时代。搜索是目前人类已知的对海量知识在线获取的最佳手段。作为桌面搜索向移动终端的自然延伸，移动搜索更能满足人们时间特定性、地点特定性、场景特定性的知识获取需求。

（4）移动音乐。

音乐天然具有移动性。远在无线电广播时代，在移动场景中腾出耳朵聆听音乐就已经是一种非常普遍的内容消费习惯。而随着移动互联网时代的到来，个性化、流媒体化的移动音乐服务已经证明了它巨大的商业价值。

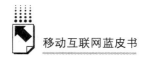

（5）移动论坛、博客。

在互联网移动化的今天，论坛和博客服务对于移动终端的支持已成为必需。从流量指标上看，主流的论坛和博客服务来自移动终端的流量正在迅速赶超或已然超越来自传统桌面终端的流量。

（6）移动电视、视频。

受益于移动通信技术的不断创新和政策优势，下一代电视和视频一定是基于IP和移动宽带技术的。在3G/4G迅速普及的今天，随着流量价格的不断下降，移动视频服务必将日新月异。

（7）移动教育、移动学习。

终身学习已经成为很多人所秉承的理念。移动互联网使得人们有机会把零零碎碎的时间，比如乘车、排队的时间，更加充分地利用起来用于获取知识。

2. 通信类

（1）移动语音、VOIP（Voice Over Internet Protocol，网络电话）。

通信是人类基本需求之一。语音通话服务在移动互联网的时代也将进化为基于IP和移动宽带的技术。在技术上，LTE（Long Term Evolution，长期演进，是移动通信从3G向4G演进中的"准4G"技术）采用了"全IP化"的网络架构，不再支持传统的电路交换网络。在这种意义上，所有传统电信业务，包括语音、短信，都将成为移动互联网上的一种应用服务。随着这一变革的发生，移动语音服务领域的颠覆性创新也将层出不穷。

（2）文本短消息、即时通信（Instant Messaging，IM）。

基于文本的实时短消息是十分重要的通信方式。长期来看，传统互联网的即时通信服务在移动化之后将和传统短信服务正面交锋，其结果就是文本短消息服务的价格将趋于接近流量字节价格，文本短消息的暴利时代将一去不复返。

（3）电子邮件。

作为一种正式的沟通工具，电子邮件在人们的工作、生活中发挥着巨大的作用。这一工具延伸到移动互联网上使得人们可以随时随地处理公务，提高了劳动生产效率。

3. 社交类

（1）移动社交网络服务（Social Network Service，SNS）。

社交网络服务是借助互联网信息双向多边流动的特性、将人和人进行双向连接形成人际网络，然后让信息按照网络拓扑而流动、扩散。社交网络服务的移动化使得社交进一步渗透到人们的日常生活之中，变得无处不在、无时不在。

（2）移动微博。

微博是另外一种新的信息传播网络拓扑结构。单向连接和双向互动使得微博比 SNS 具有更高的选择性、更低的对等性、更强的传播性。相比 SNS，微博更符合中国文化特点，所以与欧美不同，在中国微博服务的使用量和活跃度远高于SNS 服务。而微博的短平快特点也注定其天生适合移动应用场景。

4. 地图类

（1）移动电子地图。

移动互联网应用服务最有价值的服务之一就是电子地图了。电子地图服务提高了人们面对陌生环境和遇到问题的适应和生存能力，同时也是移动互联网几乎所有与地理位置相关的应用服务的核心组件之一。

（2）移动导航。

移动电子导航是基于电子地图的应用之一。它综合了电子地图、移动宽带、移动定位、卫星定位等技术，方便了人们的交通出行。

5. 电商类

（1）移动购物。

在网络购物越来越普及的今天，通过移动应用服务的创新来提升人们的购物体验已经成为一个热门方向。比如帮助人们购物比价或者提升购物效率的移动应用服务，都是非常受欢迎的。

（2）本地搜索。

一直以来，如何能够随时随地及时获取附近的饭店、银行、加油站等信息是人们迫切需要解决的问题之一。随着本地搜索和信息服务的移动应用的出现，这一切问题得到了解决。

（3）移动银行、支付。

移动银行、支付的作用不仅仅局限在完成网络购物，其更深远的意义则在于取代我们的钱包和各种卡片。一个统一的移动金融工具将会彻底变革我们的生活。

（4）移动旅游、酒店、机票。

通过移动终端获取旅游及相关资讯的价值首先是信息的获取，更重要的是在移动终端上介入交易环节，这是旅游类电子商务移动化的战略方向。

6. 其他类

（1）移动炒股、理财。

证券类应用服务因其对于即时性的要求非常高，所以有十分迫切的移动化和随时随地使用的需求。早在智能终端和移动宽带尚未普及的时候，证券人士和股民就已经开始在使用非智能手机进行随时随地的行情监测和处理股票交易了。

另外，在移动终端上随时随地记账有助于人们养成良好的理财习惯。而移动化的场景可以使得这一切更加方便易行。

（2）移动杀毒、安全。

随着移动终端的智能化和计算能力的增强，手机病毒和恶意软件也开始呈现出迅速发展之势。更为严重的是，借力各种地下刷机和山寨应用市场，各类病毒、恶意扣费软件以非法手段吸金，给消费者造成巨大损失。因此，杀毒和安全类移动应用服务有着巨大的需求和重要的价值。

（3）移动办公、网盘、协作。

移动互联网时代是一个多终端的时代，而在这些终端上随时随地记录自己的想法、有效管理自己的笔记或文件、随时保持各终端之间的同步并与他人协作成为一个非常有价值的服务，借助智能终端、移动宽带和云计算等技术，这一切都成为了现实。

（4）移动天气。

天气类应用虽然功能十分简单，但下载、使用以及创收水平都是名列前茅的。初看这也许有一点点出乎意料，但是仔细分析，天气类应用几乎是每个人手机上的必备应用之一。即使考察到短信增值服务的领域，天气类服务也是最热门的订阅服务之一。

据 Mobilewalla 在 2011 年 12 月公布的报告①称，在 2011 年，苹果应用商店中的应用数量从 33.8 万增长到 58.9 万，谷歌安卓市场（现已更名为 Google Play）中的应用数量则从 11.5 万迅速增长至 32 万。另外，黑莓和 Windows 手机分别有约 4.3 万和 3.5 万的应用数量。总体应用数量达至 98.8 万，即将突破 100 万大关。

综合相关报告及应用商店的下载量排名可以看出，比较热门的移动应用服务

---

① Mobilewalla：《2011 年全球移动互联网应用数量报告》，2011 年 12 月 7 日，http：//www.mobilebloom.com/mobilewalla-says-1-million-mobile-apps-available-for-download-soon/227770/。

类别为：游戏类、天气类、阅读类、搜索类、即时通信类、邮箱类、音乐类、社区类、地图类等等。由此可见，娱乐化和工具化的应用类别用户基数大、活跃度高。同时，移动互联网的应用服务也呈现长尾分布的态势，多元化的应用服务类别大大丰富了移动平台上的创新。

（二）移动应用服务平台和现状

移动应用服务掘金大潮中的"卖水者"，即分门别类提供各色平台化组件和服务的移动应用服务平台提供商，也许将是这场大潮中获益最丰的利益体之一。这其中常见的有游戏平台、广告平台、电商平台、营销和销售平台（应用商店）等等。

（1）游戏平台通过提供通用化的组件服务，有效地支撑了移动游戏类应用的开发、营销、销售、追踪、统计等工作，降低了应用开发成本，缩短了上市时间，提高了应用的用户体验，给应用的演进提供指导数据。目前在国内，主要有一些第三方的初创公司在提供类似的服务。

（2）广告平台为移动应用服务开发者提供可供应用内植入的广告组件，并帮助开发者解决了移动广告的展示、监测与售卖等一系列问题，使得开发者可以非常容易地在应用中使用移动广告这一赢利模式产生收入。目前在国内市场，涌现了一批移动广告平台提供商，但尚未有绝对的胜出者。

（3）电商平台则为移动应用服务开发者提供了另外一个创新空间和赢利模式。围绕电子商务平台所形成的生态系统中，移动电子商务与相关的应用服务，如打折、优惠、比价、点评、购物、二手、房产等等，形成了蓬勃的业态。

（4）移动应用服务最重要的平台可能就是营销和销售平台（应用商店）。通过这一平台，移动开发者得以以极低的成本享受拥有巨大用户量的营销渠道，同时获得诸如按下载付费等赢利模式。

另外，随着移动互联网的进一步发展，更多的移动应用服务平台，如移动社交网络平台等，将迅速涌现。

（三）移动应用服务营销和营收

移动应用服务投放市场后，通常必须通过营销的手段来获取用户量，取得市场占有率。这对于商业模式依赖于用户基数的应用服务尤为重要。因为没有用户量就意味着亏损。移动应用服务常见的营销方式有如下六种。

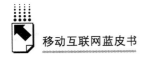
1. 口碑营销

优秀的工具类应用通常采取一些激励用户推荐其他用户使用的措施来形成口碑营销。出色的口碑营销可以用极低的营销成本获取巨大的营销效果。适合于此类的应用服务通常具有内生性的天然价值和黏性，并且通常采用高级功能付费等商业模式。

2. 应用商店

多数的移动应用服务会采取竞价购买其所投放的应用商店的广告位的方式来进行应用的推广。这通常是最为自然、直接以及最有效果的方式。

3. 广告平台

移动应用服务开发者更容易选择移动应用植入广告来推广，其原因不言而喻：无论是传统网站的展示广告还是搜索引擎的竞价广告，都不能把所推广的移动应用安装到用户的手机里面去。在这种情况下，移动应用植入广告对于推广移动应用就显得非常合理且有效。

4. 合作植入

通过与终端商或者刷机商合作，将所开发的移动应用预装或植入用户的手机中，是一种行之有效且被广为采用的推广方式。

5. 应用外包

对于刚刚起步的开发者而言，从稍大的企业承接移动应用服务开发的外包工作，不啻为一个行之有效的启动方式。在外包模式下，开发者完全无须关心应用后续的推广问题。开发者只需要通过合适的渠道找到客户、与发包企业保持良好的关系并按时完成订单即可。

6. 海外销售

值得一提的是，在世界因全球互联而扁平化的今天，充分借助中国人力成本的优势，国内研发、国外销售已经成为众多移动应用服务开发者广泛采取的最为成功的移动应用服务研发与营销策略之一。

在营收水平上，2011 年全球移动应用市场总体营收突破 85 亿美元①。根据爱立信实验室的报告②，2011 年，应用商店中的应用内付费和高级功能收费成为

---

① ABI Research：《2011 全球移动应用市场营收报告》，2012 年 2 月 17 日，http://www.cntechnews.info/global – system – for – mobile – application – revenues – to – reach – 46 – billion – in – 2016/。

② 爱立信研究院：《2011 年移动应用报告》，2011 年 12 月 21 日，http://labs.ericsson.com/developer – community/blog/distimo – report – 2011 – APP – year – review。

应用的主要营收来源。在苹果应用商店中，营收排名前 200 名的应用中 50% 的营收来源于此。而在谷歌安卓市场中这一比例则高达 65%。对于苹果应用商店，来自中国的应用下载量占比有戏剧性的增长，在其 iPhone 和 iPad 平台上这一数字分别达到了 30% 和 44%。

二　移动应用服务产业链和赢利模式

（一）移动应用服务开发者和创新者

移动应用服务开发者作为创新主体，在整个移动应用服务产业链中处于源头之水的位置，是整个移动应用服务生态系统中最为重要的组成部分，亦处于整个移动应用服务生态链的最底端。在生态系统内进化压力的驱使下，数以万计的产品被开发出来，多种多样的赢利模式令人眼花缭乱。下面将一些常见的赢利模式分为三大类进行列举和简单探讨。

1. 前向收费

（1）按下载付费。

每次下载应用即对本次下载付费，这就是按下载付费模式。应用商店中的一个个应用被开发者明码标价，消费者只需选择他们想要购买的应用，付费后就可以把这个应用下载到移动终端中使用。

（2）高级功能收费。

让用户免费下载和使用基本版，但是有一些高级的、特殊的功能则需要付费下载高级版解锁相应功能才能使用，这就是所谓的高级功能收费（Freemium）模式。用从少部分付费用户手里赚到的钱维持公司的运营和发展，给其余大部分用户提供可免费使用的产品和服务，这是基于经济学和传播学上的仔细考量之后所做出的精明决策。

（3）应用内收费、虚拟道具收费。

应用主体免费，但是对其中一些具有虚拟象征或虚拟价值的组件或道具进行收费，这就是虚拟道具收费模式。与高级功能收费模式不同的是，虚拟道具收费模式所售卖的，往往并非现实有用的事物，而是更多满足心理需求或虚拟价值的组件。例如，即时通信软件中虚拟人物的收费服饰以及诸多移动游戏中的收费道

具均运用了此类收费模式。

除了虚拟道具收费外，应用内收费的例子还包括诸如书架应用免费电子书籍收费、音乐应用免费和音乐收费等实例。

2. 后向收费

（1）展示广告。

广告古已有之，展示广告更是传统媒体核心的赢利模式之一。移动应用服务中对于展示广告的运用，即是对于传统媒体的简单、直接借鉴。展示广告的计费方式多采用 CPM（Cost Per Mille，千次映像成本）标准核算。

（2）点击广告。

点击作为重要的用户互动行为变革了广告的形态。点击广告应运而生。当且仅当用户点击了相应的广告之后，才对广告主计费。点击广告的计费方式多采用 CPC（Cost Per Click，单次点击成本）标准核算。

（3）会员推广。

有很多应用开发者在其应用中对广告主的网站或商品进行推荐，如果有用户因此而成功注册了广告主的网站或购买了广告主的商品，那么推荐人会得到一定的佣金（Commission），这种赢利模式就是会员推广。这种模式多采用按效果计费 CPA（Cost Per Acquisition，单次获取成本）标准核算。

3. 其他模式

（1）捐赠模式。

有的开发者笃定理想主义能够感召更多的用户，于是会将其作品免费供大家无限使用，然后在其中请求用户捐赠数额不定的款项，以支持作者的持续开发。在捐赠模式下，好的作品会得到更大的用户基数，亦有可能取得比收费更好的效果。

（2）开源模式。

具有黑客精神的开发者组织常采用开源模式提高开发者社区的参与度，这无疑有助于生产力和成熟度的提高。而在收费模式上，则采用成立非营利性基金会谋求企业赞助或者成立技术支持企业为客户提供技术支持等方式。受制于国内的体制和工商环境等，这种模式在国内尚难以开展。

（3）实体化模式。

作为数字产业向实体产业的一种延伸，移动应用服务开发者还可以借助应用软件的成功进入实体产业，比如将其所塑造的成功形象授权玩具厂商制作玩具、授权电影投资商摄制影片等等。

综上所述，移动应用服务的赢利模式千姿百态，并不断创新。各种移动应用开发和服务提供者更是从一两种模式切入，迅速做大后积极探索多种赢利模式，产生复合赢利效应。

（二）应用商店和平台提供商

应用商店作为整个移动应用服务产业链中最关键的分销渠道是不可或缺的重要一环。由于苹果的渠道和平台由其严格控制，所以目前国内的应用商店多基于安卓平台。其他则还有一些非智能机应用平台商。以下对常见的三类模式进行探讨。

1. 智能终端厂商自建应用商店和平台

国内有一定市场占有率的智能终端商，借助开源的安卓平台，建立自己的应用商店，与自产终端紧密绑定。这种做法，即是借鉴苹果的软硬件密切结合的思路。

2. 第三方独立安卓应用商店

由于安卓生态系统的开放性，基于安卓平台的智能终端也是百花齐放，没有一家终端商具有绝对垄断的地位。另一方面，安卓平台的开放性也使得安卓智能终端像电脑一样很容易"重装系统"和"定制化"，即俗称的"刷机"，第三方独立安卓应用商店应运而生。它们一方面和众多终端商合作，预置它们的应用商店程序在出厂手机中；另一方面则和代刷机产业链合作，将它们的应用商店程序刷入用户的手机中。

3. 非智能机应用平台

还有一类厂商则瞄准了国内仍有巨大市场占有率的非智能机市场。它们推出跨平台的应用运行平台和开发平台，通过和终端厂商合作推广其平台的市场占有率，并将其平台推介给第三方开发者，引入第三方在其平台上进行应用服务的开发、推广和销售。但是，随着智能终端的迅速普及，这一业务将迅速萎缩。

（三）移动网络运营商

在移动互联网浪潮中，作为最重要的基础设施提供商和运营商之一的移动网络运营商自然不甘袖手旁观。但是此次移动互联网浪潮却是由智能终端厂商而并非由移动网络运营商引爆，移动网络运营商久久未能找准定位。综合观之，移动网络运营商在应对此次移动互联网浪潮中采取了各种策略，下面就常见的五种策略逐一进行探讨。

1. 开设应用商店

智能终端厂商通过引入应用商店这一分销模式，借助移动网络快速分发移动应用和服务，大大加速了移动互联网的引爆过程。因而，应用商店也成为最早被移动运营商注意到并首先模仿的创新模式之一。国内三大运营商在这一方向上均有涉足，中国移动推出移动市场，中国电信推出天翼空间，中国联通则推出沃商店。

但是，与移动终端商不同，移动运营商并不掌握终端这一入口，也就无法掌握应用分销渠道。所以这种对于应用商店的简单模仿，也只能达到比国内小型山寨市场稍好一些的效果而已，与其投入不成比例。

更不利的是，这些应用商店所面向的终端平台要么是日渐衰落的非苹果、非安卓系的平台，要么是还处于快速演进阶段、版本尚不稳定、规格碎片化严重、赢利模式不够良好的安卓平台，而对于目前用户体验最好、消费者付费习惯最好的苹果平台则因为苹果的严格控制而完全无法涉足，这就更进一步造成了这些应用商店投入产出比严重失衡、前景暗淡的结果。

2. 自建终端或与终端商合作抢占市场

移动网络运营商或谋求自己掌控终端入口，比如中移动推出自己的 OPhone 手机，或与终端商合作抢占移动宽带市场，比如联通与苹果合作。

但是，移动网络运营商对智能手机产业链不再可能具有其以往对于非智能手机产业链的掌控能力。本质上，非智能手机是附属于移动网络的移动电话，而智能手机则是独立于网络之上的掌上电脑。智能手机并非是非智能手机的演进产物，而是个人电脑的演进产物，这也是为什么迄今为止世界上最成功的智能手机不是由一家非智能手机厂商制作，而是由一家个人电脑厂商制作出来的原因。这也是为什么现在引领智能手机产业夺命狂奔的是一家个人电脑厂商和一家互联网厂商，而传统的大牌非智能手机厂商却在快速陨落的原因。正是这两个概念具有哲学意义上的巨大分野，才令智能手机成为一个颠覆性的事物。所以，事实证明，移动网络运营商再也无法利用自己可掌控的产业链制作出自己的优秀终端，而且在与业界领先的优秀终端商合作的过程中也无法处于绝对主导和控制地位。

3. 探索开放网络能力

对于移动网络运营商而言，其所掌握的移动语音通信业务、移动短消息业务以及计费业务等是核心资产和优势领域，如果能够将这些业务能力通过开放接口的形式和移动互联网域对接，将支撑移动互联网更多创新业务，同时也会带动自身核心业务的发展。而对于运营商计费的开放，业界则给予更高期待，因为即使在美国，信用卡作为一种通用的电子支付手段其渗透率也仅有 65%。如何通过富于智慧地进一步开放网络以期重现 SP 时代的辉煌而同时避免在某些重大问题上重蹈覆辙，也许是每一个移动网络运营商应该深入思考的问题。

4. 专注提升网络接入水平，探索智能管道

移动互联网的爆发式增长直接带来对移动网络带宽需求的快速增长。因此，提升网络接入带宽、速度、覆盖率和稳定性，以满足日益增长的需求，是移动网络运营商的首要大事。但是，在当前数据业务计费模型下，数据业务的单位流量收益是远小于传统话音业务和短消息业务的单位流量收益的，而移动数据业务的成本则主要受制于频段资源的天然稀缺性，这一矛盾正成为悬挂在移动网络运营商头上的达摩克利斯之剑。解决这一矛盾的根本或许在于提高网络的价值，即通过智能管道相关技术，增强网络的上层业务感知能力，提升上层业务的用户体验，探索更符合用户习惯的应用服务模式，进而改善营收模型。

5. 探索 LTE、物联网等新兴增长点

在日益增长的带宽需求和落后的网络基础设施的矛盾面前，移动网络运营商进一步谋求下一代移动网络通信技术的升级成为一个自然的选择。比如中移动积极试点 TD-LTE。另一方面，移动网络运营商也在大力关注和拓展移动网络的应用领域，不再仅仅盯着个人智能终端的接入，而是积极探索物联网或称作工业互联网的应用服务，比如移动宽带技术在智能农业、智能交通、智能电网、智能城市、智能家居中的广泛应用。

总之，作为移动互联网最重要的基础设施提供者却又是最不引人注意的环节，是管道而不是渠道的位置也略显尴尬，移动网络运营商的移动互联之路还在探索之中。

（四）云计算服务提供商

云计算服务提供商是移动互联网移动应用服务生态系统中至关重要的组成部

分，也是移动互联网移动应用服务区别于上一代无线应用服务的关键因素之一。云计算是互联网数据中心运维高度成熟的产物，它的出现使得 IT 基础设施可以变买为租，从而实现根据业务需求量进行更加灵活的系统伸缩。云计算引入移动应用服务中可以降低研发成本，提高研发效率，缩短移动应用服务的上市时间，降低运维成本。下面对于移动互联网应用服务中常用的云计算服务略作探讨。

1. 云基础设施平台

位于 IaaS （Infrastructure-as-a-Service，基础设施即服务） 或者 PaaS（Platform-as-a-Service，平台即服务）层面的云计算提供商所提供的是云虚拟主机、虚拟存储、虚拟化数据库以及代码运行时等基础级云服务，也是最有价值的云服务之一。

2. 云广告平台

作为移动应用服务赢利模式最重要的支撑之一，云广告平台提供商不断涌现。其中有应用商店提供商自身提供的云广告平台，也有第三方独立运营的云广告平台。当云广告平台碎片化之后，又出现了云广告平台的整合平台。而云广告平台的商业模式也是十分清晰的，即通过销售获得广告商，通过营销获得应用开发者，通过广告的点击获取佣金。

3. 云游戏平台

作为各类移动应用服务中比例最大、用户最多、用户消费时长最长的游戏类应用自然会孕育出更多对云计算的要求。云游戏平台就是其中之一。作为一个专业化程度很高的垂直领域，移动游戏急需将部分组件通用化，比如游戏中心、用户社区、积分榜、各类数据统计等，因而，云游戏平台应运而生。通过为移动游戏提供通用的组件以及云端的数据中心，云游戏平台大大提高了移动游戏的开发速度和专业水准，减少了重复开发劳动和成本，并有助于移动游戏的营销和推广，具有较高的价值。

4. 云开放 API

通过互联网提供云开放 API （Application Programming Interface，应用编程接口）将云端的基础能力提供给移动应用或服务使用，并按照使用量进行付费，大大提高了移动应用服务的研发速度，降低了研发成本。比如地图 API、短信API 等。

综合来看，移动互联网移动应用服务通过移动宽带网络随时随地获取云端的计算能力、存储能力以及其他能力，使得移动应用服务的研发难度降低、产品质量提高、上市时间缩短、用户黏性提高、更快获得营收，因此，云计算对于移动应用服务的重要价值和意义是不言而喻的。

三 移动应用服务发展趋势

（一）移动应用服务产品发展趋势和应对策略

移动应用服务具有长尾化的典型特征。而长尾化对需求多样性的充分满足的另一层面的意思就是供给过剩。事实上，众多的移动应用服务的质量参差不齐，绝大部分的应用无法取得赢利。而那些从长尾中脱颖而出的幸运者则主要得益于其对产品的准确把握、对市场的敏锐洞察、对时机的选择、执行力和速度、优秀的质量、长期的积累以及结合趋势做出的战略取舍。

纵观移动应用服务产品发展趋势，越来越呈现出垂直化、专业化和平台化的特点。垂直化是做准，专业化是做精，平台化是做深。由于面临着传统互联网服务移动化的威胁，移动应用服务的创新和发展空间则更多的会在各种垂直市场，比如旅游、酒店、交通、家居等等。一个典型的争论是移动互联网究竟是否会内生出不同于传统互联网的独特应用服务和商业模式，这个问题目前尚未可知。但是对于极富洞察力的创新者来说，潜在的机会必然会更多地处于目前传统互联网巨头移动化过程中尚未注视到的垂直领域，这也是最大的机遇所在。

一款应用打天下的时代已经一去不复返。移动互联网时代的应用服务创新者早已意识到平台化的重要性。在以专业、准确的角度切入市场之后，通过深度挖掘用户需求并对应用服务进行平台化延伸，是移动应用服务发展的绝佳策略。

（二）移动应用服务营销发展趋势和应对策略

国内的移动应用服务开发者在营销上通常采取粗放式的处理，这严重制约了国内开发者的赢利能力和水平。未来，营销向精细化、精准化、多样化和社交化发展是必然的趋势，相应的策略也应当为国内开发者所采用。

移动应用服务营销的精细化要求开发者对应用的定价要基于经济学模型进行合理估算，通过频繁调整价格及检测市场的反应来测试供需模型，选择有效时机

进行促销活动。精细化的营销所带来的营收改善效果丝毫不弱于甚至常常更胜过投入大量成本进行产品的改善。

移动应用服务营销的精准化要求开发者对应用的营销效果进行实时的监测和统计分析,在数据分析的基础上对营销进行优化,使之更加精准地定位到营销的目标客户群。亦可以结合位置等信息进行基于地理位置的精准营销投放和推广,可以收到良好的效果。

移动应用服务营销的多样化要求开发者不拘泥于现有的移动应用营销策略,而是能够积极探索新的营销方法。比如配合软文宣传进行事件营销,灵活运用病毒营销策略,采用用户有新鲜感的技术比如二维码等进行营销等等。

移动应用服务营销的社交化要求开发者能够熟练掌握各类社交工具在营销中的运用,借助社交网络的链式传播途径,达到移动应用服务的快速推广和定向营销。

(三) 移动应用服务赢利模式发展趋势和应对策略

移动应用服务的赢利模式的繁复也恰如其分地表明了移动应用服务爆炸式发展的阶段性现状。好的赢利模式一定是简单的,移动应用服务也必将探索出符合其自身特色的赢利模式。在当前背景下,移动应用服务赢利模式的发展有以下三大趋势。

第一,主流赢利模式的延续和优化。作为目前主流的移动应用服务赢利模式的游戏、广告、电商将继续延续并在较长的时间内依旧作为移动应用服务赢利模式的主体。而在此三种类别下衍生出来的种类繁多的模式,则是在具体实践上结合具体应用服务的产品模式而做出的调整和优化。

第二,开放平台为移动应用服务注入新的活力。可以预见的是,越来越多业务成功的应用服务会演进为开放平台,通过开放建立围绕自己的生态系统,以期通过互利共赢获得进一步的发展。未来的移动应用市场的竞争格局不再仅仅是孤胆英雄之间的战斗,而更会是军团之间没有硝烟的战争。

第三,软硬件结合或成为新兴模式。随着开源硬件的蓬勃兴起以及全球化制造的可行性,硬件的设计、研发和生产进一步简单、柔性、按需,软硬件结合或成为移动互联网乃至物联网应用服务的新兴模式。软硬件结合大大提高了移动应用服务的内生价值,使其赢利能力有可能达到前所未有的水平。

历史上，任何一次伟大的创新无一不是技术创新、产品创新以及商业模式创新的完美结合。没有技术的突破，产品的新模式就只能是锦上添花。没有产品创新，商业模式的创新就只能是无水之源。科学技术是第一生产力，把生产力成功转化成优秀的产品并推广到全世界，并通过全新的商业模式来赢利，则是创新的全部要义，这也是移动互联网移动应用服务应当遵循的创新和发展策略。

市 场 篇

Market Report

𝔹.11
2011 年无线阅读市场分析报告

董海博*

摘　要：2011 年，无线阅读蓬勃发展，其已从一种时尚转变成一种生活习惯。无线阅读的强势崛起极大地冲击着传统阅读，巨大的发展潜力促使各类运营商纷纷加入竞逐行列。预计在 2012 年，无线阅读市场将迎来整体爆发，内容将打破网络文学一统天下的局面，逐步向纵深方向发展。各类运营商将加速整合，渠道卡位战将进一步白热化，以内容为主导的运营团队将迎来发展的春天。

关键词：无线阅读　手机阅读　电子书　数字出版　碎片化

一　无线阅读的基本情况

（一）无线阅读的概念

无线阅读主要是指在无线互联网条件下，借助电子阅读器、手机等阅读载

---

* 董海博，人民网舆情监测室主任舆情分析师，毕业于中国人民大学，资深媒体从业者，互联网研究专家。

体，进行电子阅读的行为。广义的无线阅读，是指通过短信、手机报、彩信、WAP 网站、第三方阅读软件等渠道，获取新闻信息、阅读图书杂志等网络浏览行为。狭义的无线阅读，则指借助手机、平板电脑、电子阅读器等载体，在无线网络或者离线条件下，通过 WAP 浏览、第三方阅读客户端、离线下载阅读等方式进行的电子阅读行为。阅读的内容，包括图书、杂志、漫画、报刊和多媒体读物等。本报告研究的是狭义的无线阅读。

（二）无线阅读发展历程

无线阅读的兴起，最早应追溯到传统的 WAP 读书频道阅读时期。2008 年下半年以前，中国的无线互联网发展还处于 2G 时代，不少运营商开辟了 WAP 读书频道，无线阅读作为最受手机网民欢迎的手机业务之一，其强劲发展势头已经显现出来。

2008 年下半年，3G 牌照的发放让中国无线互联网逐步进入 3G 时代。无线阅读接续 2G 时代东风，成为 3G 应用中最具备"规模性"与"变现性"的新业务。各类无线运营商迅速介入手机阅读市场开发，并在 2009 年展露出巨大的发展活力。

2009 年，全球最大的网络零售书商亚马逊发布的无线电子书籍阅读器 Amazon Kindle，开启了无线电子书付费阅读的热潮，迅速引领时尚，备受消费者青睐。在其感召之下，以阅读器终端为载体的付费电子阅读，让各类通信运营商、数字出版商纷纷跃跃欲试，并造就了汉王电子书 2009 ~ 2010 年的发展传奇。

2011 年，随着苹果等智能手机风靡全球，无线阅读的潮流也被手机阅读所取代。广泛普及的智能手机，助推手机阅读逐渐成为我国无线阅读市场的主要形式之一，并且极大地改变了人们的阅读习惯和生活习惯，加剧了出版格局的解构和重塑。

（三）无线阅读的方式

无线阅读目前主要有以下三种方式。

1. 手机阅读

手机阅读是指以手机为载体，通过访问 WAP 站点直接浏览和阅读书籍的行为。手机阅读不仅可以在线阅读，还可以将图书、杂志下载到手机上进行离线阅读。随着智能手机的普及，这种阅读方式已经被广为接受，成为最主要的无线阅读方式。据艾瑞咨询《2010 ~ 2011 年中国手机阅读用户调研报告》数据显示，

47.0% 的用户每天使用手机阅读的频次在 2~5 次。由于手机阅读的持续时间可以由用户掌控，且体验效果不因时间间断而降低，因此，手机阅读深受用户青睐。2011 年，中国移动手机阅读基地的月访问用户已超过 6000 万，手机阅读业务月收入更是突破了亿元大关；中国联通的"沃"阅读用户在 2011 年也超过 3400 万，日均访问量超过 1000 万次，实现销售收入 3.8 亿元；即使是起步较晚的中国电信，其天翼阅读用户总数也已经超过 3000 万。①

2. 以专用的电子阅读器为载体来阅读

电子阅读器阅读是指利用专业的电子阅读设备，进行在线阅读和下载阅读的行为，即通常所说的电子书阅读。自从 2009 年亚马逊推出 Kindle 阅读器后，电子书概念迅速风靡全球，国内的电子阅读器生产厂家也如雨后春笋般诞生。到了 2011 年，随着智能手机的普及，电子书阅读的高速增长势头几乎被拦腰斩断，迅速被手机阅读和第三方阅读客户端所替代。虽然电子阅读器阅读势头有所下滑，但是因为其良好的阅读体验以及终端 + 内容的商业模式，还是吸引了深度阅读人群和商家的青睐。2011 年电子阅读器总销量约为 120 万台。② 预计这个数字在 2012 年还将被刷新。盛大文学、当当网等内容运营商都已着手谋划生产自己的电子阅读器。

3. 第三方阅读客户端

2011 年，由于智能手机、平板电脑等大量普及，助推无线阅读更加便捷。用户可以在无线环境下下载第三方阅读客户端，通过免费或者付费的形式来实现阅读。各类互联网出版商家纷纷开发了自己的阅读客户端软件，在无线互联网应用中备受关注和好评。2011 年，利用第三方阅读客户端软件，在平板电脑或智能手机上进行无线阅读的人群大量增加。最受网民欢迎的阅读客户端，包括云中书城、QQ 阅读、百阅阅读、熊猫看书等。盛大文学公布的运营数据显示，截至 2011 年 12 月 1 日，云中书城 Android 阅读类应用安装总量正式突破 200 万大关，用户可以通过云中书城 Android 应用阅读近 300 万册电子书。当当网电子书的发展还处于初期，但其应用下载量已超过 50 万次。③

---

① 《数字阅读热潮再起　运营商扮演"关键先生"》，2012 年 3 月 1 日《南方日报》。
② 《智能手机与平板电脑热销　电子书市场再次热闹起来》，2012 年 3 月 2 日《解放日报》。
③ 《电商或改写中国电子书模式》，2012 年 3 月 14 日《中国图书商报》。

二 2011 年无线阅读的主要特点和趋势

（一）行业基本特点

1."三低"阅读特征明显

"三低"，即指无线阅读人群呈现出明显的低龄化、低学历、低收入特征。中国新闻出版研究院 2011 年 4 月 21 日公布的"第八次全国国民阅读调查"报告显示，在利用手机阅读电子出版物或浏览网页的读者人群中，年纪在 18~70 岁之间的读者人数，占整个国民阅读人数的 23%。其中 52% 是农民。而艾瑞咨询 2011 年 9 月发布的调查数据显示，基于各地 1.5 万个有效样本的抽样调查表明，中国手机阅读用户中，15~25 岁的占 78.7%；学历水平方面，中学（中专）和大专的占 75.9%。不过，从目前的发展趋势看，越来越多的高学历、高素质、高收入人群加入了手机阅读，"三低"的情况可能随着智能手机的普及而改变。

2. 继承网络阅读的版权原罪

目前，网络上随处可见网友整理的盗版书籍，无线应用客户端中也有大量网友自己开发的免费阅读客户端软件，用户可以轻松下载进行阅读。同时，一些运营商也有意逃避版权问题，网络作家的维权声音并不少见。无线阅读的盗版问题一直备受诟病，让中国的无线阅读处于一种尴尬的发展之中。

3."免费"向"付费"演进

随着无线阅读的普及，中国互联网用户根深蒂固的"免费午餐"习惯正在松动。在尊重知识版权的前提下，无线阅读运营商正在探索完善的收费方式。通信运营商通过包月套餐向用户收费，电商、网商则通过出售电子书赢利。随着收费渠道的进一步完善和版权意识的增强，付费阅读正在成为无线阅读的主流。

（二）无线阅读改变生活

1. 无线阅读助力全民阅读率提升，见缝插针式的碎片化阅读形态从流行时尚演变为生活习惯

和传统实体书籍相比，无线阅读已经越来越受到年轻人的追捧。无线阅读不仅可以随时阅读，而且可以上网下载任何自己想看的书籍，充分满足人们个性化阅读的需求。越来越多的年轻人逐渐放弃传统图书，转而采用无线阅读方式。无论是在地铁、公交车上，还是排队买票，只要有闲暇时间，都可以看见周围有人拿着手机在进行无线阅读。事实上，2011 年，电子书阅读已不仅是一种时尚，更代表着人们利用碎片化时间阅读已逐渐成为一种习惯。

2. 民众的付费阅读意识进一步增强，无线阅读运营商收入将呈现爆发式增长

2010 年，大家还在讨论免费模式将是互联网商业模式的未来，而且人们已经逐渐习惯了互联网开放式的分享和免费地获取资源。然而 2011 年，随着无线阅读的普及，尤其是手机支付、第三方支付渠道的日渐成熟，付费阅读的方式已被大部分无线阅读运营商所采用。与之对应的，无论是主动还是被动，中国互联网用户根深蒂固的"免费午餐"习惯正在悄然发生改变。盛大文学调查显示，愿意花钱在手机上看小说的用户已经过半（比例为 52.1%）。这些用户中，81% 愿为一本书支付 1 ~ 10 元，剩下的甚至愿意花费更多。目前，盛大文学提供的 100 万种电子书里，20% 是收费的。[①] 这样的收费阅读也为无线阅读运营商带来了丰厚的收入。2011 年，中国移动手机阅读基地月收入已经过亿元，与此同时，中国移动手机阅读也给产业链上的合作者带来了商机，目前，很多图书的手机阅读销售收入已远超实体书收入。[②] 2011 年，盛大文学可供移动用户阅读的总在线图书量为 46273 册；每册在线图书的平均服务收入为 3762 元人民币。[③] 同时，越来越多的网民愿意付费阅读网络书籍，可能改变根深蒂固的"免费午餐"习惯。

3. 网络文学虽然仍占主导地位，但内容结构已出现调整趋势，经典阅读内容比重有所增加

无线阅读的碎片化、情境性以及浅阅读的特点，决定了其内容更偏重网络文学。大部分阅读是随时随地、见缝插针进行的，也决定了适应无线阅读的内容是情节性与娱乐性占主导地位。事实上，2011 年排在无线阅读排行榜前列的书籍，仍然是穿越、宫斗、奇幻等题材。不过，这种情况正在发生改变。当当网的数字图书馆战略，正在将经典阅读内容的数字版权引入其战略计划，联通沃阅读也注重经典书籍的内容引进，而中国移动手机阅读基地，则着手引入教育书籍战略。

---

① 《中国手机网民越来越乐意掏钱包　肯花钱在手机看小说》，2011 年 12 月 1 日《文汇报》。
② 《中国移动手机阅读业务渐入佳境》，2011 年 10 月 28 日《钱江晚报》。
③ 沃华传媒网，http：//www. wowa. cn/Article/219769. html。

2011 年的阅读经验显示，无线阅读内容已经出现了明显的结构调整趋势，阅读市场的细分和纵深分化程度将进一步加深。

（三）无线阅读市场遍地狼烟

1. 无线阅读市场完成阅读模式和赢利模式初步建构

无线阅读以数字化出版的表现形式，打造出一个全新的出版发行渠道。相比传统的出版流程，无线阅读将阅读资源直达用户，减少了印刷、物流和仓储等程序，扩大了传统意义上的发行范围，让规模性阅读成为可能。包月服务、付费阅读等术语逐渐进入主流话语体系，成为潮流的塑造者和引领者。基于这样的价值判断和业务链设计，以中国移动手机阅读为代表的各类运营商纷纷力推无线阅读，建立起一套完整的无线阅读模式，人们的生活习惯，因"移动"发生变化。

2. 各类运营商纷纷介入，形成激烈竞逐

在各类运营商的推动下，无线阅读在 2011 年获得巨大发展。中兴通信 2011 年 11 月底宣布，计划投资人民币 20 亿元在中国西南部建设一个数字阅读基地，为中国联通的数字阅读服务提供支持。① 电信天翼阅读平台从 2011 年 10 月开始试行收费。许多网商也纷纷加入运营阵营。当当网宣布打造四位一体的个人图书馆，并以低价电子书搅局电子阅读市场；盛大文学有限公司、红袖添香科技发展有限公司等也纷纷着手打造自己的阅读平台，并在各个终端服务商中长袖善舞，进一步加剧了行业竞争。无线互联网延伸了人们的阅读时间和空间，拥有资源优势的巨头随之展开在移动阅读市场上的激烈争夺，整个无线阅读市场可谓遍地狼烟。

3. 无线阅读业务正处于爬坡期，仍存多重不确定因素

无线阅读的规模化发展，给社会带来的变革毋庸置疑。但从 2011 年无线阅读整体发展情况来看，目前的无线阅读产业正处于萌芽期和爬坡期。各类无线阅读服务，正遭遇内容质量、赢利模式、版权问题、用户付费习惯培养等多种问题，尤其是大部分阅读内容还是传统图书或网络图书的手机版，而且同质化严重，无法满足用户想看新鲜、原创内容的需求。互联网上的电子书盗版问题严

---

① 《中兴通讯将投资 20 亿元为联通打造数字阅读基地》，2011 年 11 月 30 日《光纤日报》。

重，数字资源正版化是确保手机阅读市场健康发展的关键。此外，无线阅读的内容、表现形式和经营模式与其他出版形式又有所不同，将逐渐形成成熟的模式，并创造相应的商业价值。

（四）重塑新闻出版格局

1. 无线阅读强烈冲击出版市场，出版社从被迫选择走向主动迎合，纷纷加入数字出版行列

智能手机、阅读器和平板电脑正在深刻地改变着出版业。新技术的冲击使得出版的边界变得越来越模糊，出版的价值链已被重组，出版的内容形态不再单一，阅读正在被深刻改变。2011 年一个显著的特点是，身处无线阅读业务飞速发展的黄金期，传统出版社审时度势，已逐步放弃了对无线阅读的抵制和抱怨，从最初的被动反应，到充分发挥自身集团优势，以海量优质出版图书瞄准读者心之所向，主动投其所好，在手机阅读市场开疆辟土。事实上，"纸质阅读"向"电子阅读"的转变是一种进化，传统纸质阅读的优势，都可以随着电子技术的进步逐渐淡化。

2. 无线阅读对实体书和传统书店带来强大冲击，图书出版形态正在解构

无线阅读的热潮，对实体书店的冲击也显而易见。传统书店门前，书籍堆放、贱价出售已是屡见不鲜的场景。一些民营书店纷纷倒闭，在文化界引起了巨大关注。研究者认为，实体书太贵，打折幅度又低，民众在网上购书既便宜又便捷，对实体书店形成冲击。另一方面，无线阅读环保、便捷，正在形成一股强风暴，从欧美国家蔓延到中国，加速了实体书店的倒闭。2011 年，全球最大的网络书店卓越亚马逊电子书的销售额首次超越实体书，国内的当当网、京东商城也迅速跟进。传统的图书出版形态正在解构，未来传统书店的生存空间将越发逼仄已成为出版界共识。出版商和发行商对实体书的前景表示悲观，纷纷另谋出路。这个趋势在 2012 年还将进一步延续。

3. 传统媒体纷纷推行数字化出版战略，出版形态表现出显著的多样化特征

2011 年，传统媒体纷纷抢滩登陆平板电脑、电子书阅读器、智能手机等阅读终端，场面蔚为壮观。一些主流报刊如《人民日报》、《南方周末》、《财经》、《新世纪》等，既出版纸质版，又出版 iPad 版、手机版，真正实现多渠道、全方位的推广和传播，报网融合的程度进一步加深。这些传统媒体客户端借助无线阅读的便捷性，及时将新闻送达用户，不仅增强了用户的新闻阅读体验，而且一些媒体通过收费阅读，实现了一部分收入。不过，从 2011 年传统媒体在无线互联网中的表现来看，形式仍然大于内容。大多数阅读内容只是报刊媒体的电子版，且时效性仍不够强，而且无线互联网的互动特点也表现得不够。相信在未来的发展中，传统媒体借助无线阅读发展的能力会越来越强。

三　2012 年无线阅读市场发展趋势预测

1. 无线阅读覆盖人群将更加广泛，精英人群将深度介入

2G 时代，无线阅读只是小众阅读、时尚阅读。而今，它已逐渐演变成为一种大众阅读。随着无线互联网的进一步发展，以及无线阅读终端的大量普及，无线阅读的形态和人群将发生巨大变化。目前，在商家的推动和网络潮流的引领之下，阅读客户端已成为智能手机、平板电脑的标配。从 2011 年的发展趋势看，越来越多的成年人、精英人群加入了无线阅读的行列。这些成熟人群借助其在社会生活中的话语权，将加强对无线阅读的影响，其观点、体验也将带动无线阅读用户与无线阅读运营商之间的互动。这种互动，将为无线阅读的发展、完善、创新、整合产生巨大的影响，从而推动行业的进一步规范化和专业化。

2. 无线阅读内容向纵深、专业方向延伸

同质化、低俗化的无线阅读内容在 2011 年备受诟病，网络文学、流行文学的浅阅读式书籍已经不能满足更加专业和成熟的阅读人群的需要。从 2011 年下半年开始，无线阅读运营商已着手对无线阅读人群进行细分，并开始引入经典阅读和专业阅读，来推动无线阅读市场的持续活力。另外，单纯的阅读功能并不能完全体现无线互联网的特征，运营商正致力于增强无线阅读的互动性和分享功能，从而使阅读体验更加符合用户的阅读习惯。这种趋势对新闻出版行业具有明显的引领作用，对于提升全民阅读质量、塑造健康的阅读文化具有强烈的指导性。

3. 各类无线阅读运营商进一步加速分化整合

2011 年末的无线阅读"卡位战"为无线阅读前景带来了更多的不确定性。通信运营商的垄断局面受到了剧烈的冲击，各方的利益博弈进入白热化阶段。2012 年，这种争夺战将愈演愈烈，阅读形态、赢利模式、表现方式等各个层次的探索将进一步增强。究竟谁将主导未来的无线阅读市场？是电商、网商还是通

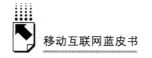

信商？前景尚未明朗。不过，可以断定的是，各类运营商必将走向更加紧密的竞合关系，在产业链的各个环节，都会先后找准位置，实现成熟的产业模式。

4. 数字出版分账规则将更加公正、透明、开放

运营商之间的竞逐，为内容提供商带来发展的春天。随着推送渠道的增多及出版形式的多样化，一家独大转化为群雄并起，以往内容提供方受制于通信运营商的局面将发生改变，谈判主导权将大大增强。未来的利益各方，将在更加公平、公正、公开的环境下进行合作，在这个开放的平台上，双方均可进行双向选择，运营商和内容出版商的谈判角色将渐趋对等，分账收益规则也将更加公正。

B.12

沟通　开放　融合

——移动社交平台发展研究

刘志毅 *

摘　要：移动社交平台是移动互联网核心领域之一，这个领域集中了目前最热门的核心应用：移动 IM、移动 SNS 及移动微博。同时，移动社交平台体现了目前互联网发展的主旋律——沟通、开放、融合。用户在沟通上的需求催生了可能会颠覆产业链的细分领域——移动 IM 市场；基于真实社交关系的移动社交平台有可能发展为整个移动互联网应用平台的中心；移动微博则聚合了移动互联网和微博的力量，有可能发展为能够融入到用户的真实生活圈、进行深度服务的信息平台。

关键词：移动社交　沟通　开放　融合　关系

CNNIC 发布的第 29 次互联网调查显示，截至 2011 年 12 月底，中国有 5.131 亿网民，其中有 2.499 亿微博用户和 2.442 亿 SNS 网站用户，微博过去一年的增长率为 296%，网民使用率为 48.7%。即时通信用户规模达 4.15 亿人，比 2010 年年底增长 6252 万人，年增长率达 17.7%。另据 CNNIC 最新关于移动互联网应用渗透率的调查显示，截至 2011 年年底，移动微博的渗透率达 38.5%；而移动 IM 的渗透率则已达到 83.1%。随着整体市场规模的增长，移动社交细分领域发展呈现百花齐放的状态。

（1）移动 IM（移动即时通信软件）：以微信、米聊等产品为主导的新型移动社交应用软件的发展，使得移动 IM 领域成为有可能颠覆整个行业的领域，移

---

* 刘志毅，DCCI 互联网研究员，主要研究方向是综合门户、移动互联网以及社会化媒体。

动 IM 对用户有巨大的黏性，且具有平台化发展的趋势；

（2）移动 SNS（移动社交网站）：移动 SNS 领域发展的关键词是"开放"，正因为开放使得移动 SNS 成为最具潜力的移动应用领域之一，也使得移动社区平台有了基于真实关系的用户基础；

（3）微博：作为国内最热门的应用之一，微博在移动端延续了在 PC 端的巨大优势和传播能力，对于国内市场来说，微博对移动社区平台的整体发展起到了催化剂的作用，而微博能否成为移动端的主流应用之一，也会影响整个移动互联网的发展。

一 移动 IM 领域：颠覆产业链的生态体系

（一）移动 IM 领域市场发展概况

移动 IM 领域的发展在过去一年中取得了较大的突破，根据 CNNIC 数据显示，截至 2011 年 12 月底，手机即时通信是移动互联网应用中使用率最高的服务，使用率高达 83.1%，用户量年增长率达 44.2%（总体手机网民为 3.56 亿）。其中，微信的用户数量在 2011 年 11 月时超过了 5000 万①，而与此同时米聊的注册用户超过了 700 万②。除此之外，移动 IM 用户过去一年的突破还体现在两个方面。

1. 移动 IM 产品的创新

无论是 Talkbox 还是微信，不仅在功能上实现了革命性突破，同时也在很大程度上为"国内互联网抄袭国外产品"正名。国内众多的手机 IM 软件厂商都在各自的产品上实现了不同程度的创新，使得整个移动 IM 领域在产品功能上满足了用户多元化的需求体验。

2. 移动 IM 领域牵动了产业链各方

无论是第三方软件公司，还是传统互联网巨头，或者是通信运营商，都加入了移动 IM 领域市场激烈的竞争中，期望在这个市场获得一定的份额。市场很快从蓝海变为红海，差异化的竞争趋势逐渐被同质化竞争趋势所淹没，目前的市场发展阶段如图 1 所示。

---

① 数据来源于腾讯公开数据，http：//weibo.com/1599464160/ycaBUgf3C。
② 数据来源于搜狐 IT，http：//it.sohu.com/20111031/n324005765.shtml。

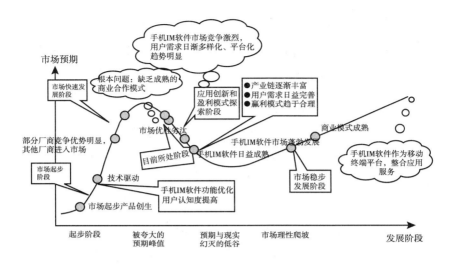

图1　移动 IM 市场发展周期

作为一个赢利模式尚不清晰，且进入门槛很低的领域，移动 IM 领域触动各方如此激烈的竞争的原因很多，最重要的是移动 IM 领域是可能颠覆产业链，控制整个产业上下流的市场，所以各方不会选择轻易放弃。这里有三个原因：一是移动 IM 拥有巨大的用户黏性，由于手机及 PC 端 IM 软件的普及，对用户的教育成本非常低，在厂商免费政策的刺激下，很快就会积累大量用户基数；二是移动 IM 领域绕过了运营商，满足了用户在沟通上的需求。虽然在通信方式上移动 IM 并非主流（语音直接通话的方式），但是移动 IM 拥有自己独特的市场定位和用户群体，使得运营商对产业链的控制力进一步被削弱；三是移动 IM 在和通讯录打通以后，拥有对用户关系进行管理以及对用户内容进行分发的潜力。如果移动 IM 能基于手机通讯录建立起用户内容分发渠道的话，就将从根本上取代传统运营商的价值，使得整个产业链发生颠覆。

（二）移动 IM 领域市场发展趋势

移动 IM 的发展呈现了以下趋势。

（1）产品在商业上具有突破性的潜力和价值，对用户的吸引力和黏性有较大幅度的增加，并且因为和通讯录打通，使得产品有相当卓越的竞争力；

（2）不同移动 IM 厂商的用户资源重新整合和划分，移动 IM 逐渐成为移动互联网入口的主流应用之一；

（3）功能不断完善，整合各种内容资源，形成平台化与媒体化的趋势，保持持续的向上增长态势；

（4）因为移动 IM 竞争的参与者涉及产业链的上下游，所以与语音通话、视频通话等功能进行打通的可能性较大；

（5）由于关系型产品争夺的是用户资源，移动 IM 领域将会产生少数几家垄断整个市场的格局。

通信技术的每一次发展都改变了人们的沟通方式，移动 IM 的巨大发展也是源于信息数字化传输技术的推动，以及网络带宽成本的不断下降。如图 2 所示，用户在使用媒体时有四大核心需求：沟通、信息需求、娱乐及交易，随着技术的发展，移动 IM 成为移动互联网时代满足人们这些需求的主流应用之一。

使用媒体 四大核心需求					
沟通	单向 文字图片	单向语音	单向视频	双向 语音+文字图片+ 视频	双向随时随地 语音+文字图片+ 视频
信息获取	定时随地 被动接受	定时随地 被动接受	定时定地 被动接受	随时 半随地主动搜索	随时随地 个性定制
娱乐	单向定时 阅读	单向定时 音乐　语音节目	双向定时 定地视频	双向随时半随地 语音+文字图片+ 视频	随时随地 阅读　音乐 视频　游戏
交易	分类广告 现实交易	—	—	随时半随地 线上网络交易	随时随地线上 网络交易+线下 实体手机支付
实例	报纸、杂志	广播	电视	互联网媒体	移动IM、移动 社区

作为媒体满足并不断满足用户在内容方面的需求是最关键的 ⟶

图 2　用户使用媒体的需求变化

与此同时，它引发整个产业链出现了巨大的变化。对运营商来说，传统业务——语音业务、信息业务、数据业务、增值服务都受到了巨大的影响。而以互联网公司为代表的第三方服务公司，通过自己巨大的用户群体以及对用户喜好的深度把握，将用户资源纳入了移动 IM 的各种圈子和社区中，以免费的商业模式及满足用户需求为主要价值主张，利用用户规模在产业链中进行博弈，迫使运营商让出主导产业链的位置，沦为数据传输的管道。

虽然运营商在规模与资金上占有绝对优势，但互联网公司在把握市场趋势以及用户需求方面有独特优势。面对船小好掉头，并且没有任何负担、强力的专注度、对市场脉搏的敏锐捕捉及不断快速创新方面的互联网公司，运营商确实心有余而力不足，但是其整合资源及产业链上下游的能力也不容忽视。

（三）移动 IM 领域市场发展的核心驱动力

移动 IM 主要满足用户沟通的需求。最开始以移动 QQ 为代表的移动 IM，只是将 PC 端的即时通信软件移植到移动端，并没有功能上的很大突破，不过由于移动端用户基数很大，所以整体用户规模也在逐步增大，属于培养市场的阶段；第二阶段是以 Kik 类和 Talkbox 为主流发展的阶段，主要是信息的推送及语音的传送（对讲式功能），这两类软件一类满足用户在发送短信方面的需求，一类则满足用户语音通信类的需求（以手机对讲机的方式），并完成了功能上的大突破；第三阶段就是以微信、米聊等整合多种功能，向社区化、平台化发展的移动IM 软件，这一类软件不仅仅是在满足用户多元化需求上有很大的进步，还逐渐形成了一个用户社区及平台，为其成为移动互联网的入口奠定了基础。

再从用户关系方面分析移动 IM 的发展，用户间的关系可以分为三类：强关系、弱关系及暂时性关系。移动 IM 软件的发展驱动力即是基于多种层次的关系的沟通需求，特别是对用户暂时性关系需求的多维度的满足。这些需求具体体现在以下四个方面。

1. 信息需求

暂时关系中的信息需求相比弱关系之间的信息需求更纯粹。也就是说，人们在暂时性关系中需求的信息更多的是针对某些特定问题的普适性答案，而非有关个体的针对性信息。人们需要信息时就寻找跟答案有关的知识或人。一旦这种信息需求得到了满足，与他们的交流通常会结束。这种暂时性关系类型对网络搜索的发展前程越来越重要。搜索引擎的发展也是基于这样的需求产生的，这样的需求既产生内容，也产生对用户的价值。

2. 暂时性联系

这样的联系主要存在于需要临时的交流来完成的意向工作。一旦任务完成，交流便终止。例如，网上教学中和客服的沟通或者在微博上简短的私信沟

通。这样的功能主要促进了电子商务的发展，以淘宝为例，虽然和店家的关系只是暂时性关系，但是这样的暂时性关系却在很大程度上决定了用户购买的决策。

3. 暂时性关系也可能是因为一个共有的、正在进行的嗜好而形成

这种基于兴趣的需求常常在网上的社区或者论坛上发生。基于非真实身份的论坛不仅仅产生了非常有价值的线上内容（以帖子为主要交互方式），而且线上的交流可能延伸到线下，使得暂时性的互联网交流向弱关系甚至强关系迁移，形成一个动态的关系变化。

4. 人们经常和分享相同地理位置的人形成暂时性关系

这种关系既可以是简单到相互聊天的一种方式，也可以是长途旅行的复杂交流，所以带有很大的不确定性。特别是现在的技术允许我们和分享跟我们一样地理位置的暂时性关系交流（即使在不同的时间内），所以这种结合空间和时间的方式具有非常大的潜力。这样的沟通需求也就形成了现在非常火暴的基于 LBS 的服务——将线上和线下通过时间和空间的方式建立不同程度的连接，成为可能主导未来的主流商业发展方式。

总结之前的分析可以看出，无论是从产品层面还是关系层面，移动 IM 软件都有非常大的发展潜力。主要是移动 IM 软件从不同层面满足用户的沟通需求，且从技术层面也有相当的发展潜力。可以预见的是，移动 IM 将成为移动社区的基础应用，成为移动互联网的关键入口之一。

二 移动 SNS：真实社交关系下的大生意

随着校内网、开心网、QQ 朋友等有代表性的社交网站在 PC 端的迅速发展，特别是国外 Facebook 等社交网站的急速发展，使得社交网站成为备受行业瞩目的领域，而移动社交网站作为新兴领域，也具有非常大的发展前景。

（一）移动 SNS 领域发展现状

根据 CNNIC 的数据统计，截至 2011 年底，我国社交网站用户数量为 2.44 亿户，相比 2010 年底略有增长。在使用率方面，社交网站用户占网民的比例为 47.6%，比上年底回落了近 4 个百分点。而在移动社交领域，手机 SNS 的使用率为35.7%（总体手机网民为3.56亿户），成为过去一年手机用户使用增长率最高的应用之一。这给行业一个清晰的信号——随着社交网站的发展，用户黏性成为目前SNS最需要解决的问题。过去一年主流SNS网站进行了战略调整，以应对用户黏性下降对网站带来的冲击。不过，虽然社交网站用户增长放缓，但SNS主体的竞争仍然多元，存在着巨大的发展潜力，尤其是移动SNS的发展更是如此。由于SNS网站是对真实人际关系在互联网端的映射，在作为传播媒介以及沟通平台上拥有巨大的优势，而移动SNS在此基础上拥有以下独有的特征。

（1）移动SNS以移动终端作为传播媒介，相比PC上的社交网络，在满足用户四大基本需求（沟通、信息获取、娱乐、交易）上都有较大的突破，其媒介价值是值得肯定的；

（2）基于国内使用智能手机的用户增长速度非常快，移动SNS的用户规模和发展前景非常看好，尤其是用户对移动终端的黏性和使用时间较PC端都有较大的增长，可以预见移动SNS对用户也会有较大的黏性，且在用户基数上会有较快的发展；

（3）以真实社会关系为基础，除了和PC端的社交网络一样，具有实名制的特征，移动端的SNS还可以通过打通通讯录来扩展社交关系的层次，来提高真实社交关系的影响力，而且移动终端本身也代表了用户的真实身份，相对于PC端的社交网站更有价值。

综上所述，移动SNS具备相对于PC端SNS更加广阔和更加深层次的社交关系，以更多纯移动终端用户加入SNS为发展主要渠道，将SNS与移动终端有机结合，打通多层次的交互关系（人与人、人与机、机与机），为互联网用户提供线上和线下的深层次互动沟通及全面的应用服务。

过去一年间，移动SNS产业链的各方都有了较大的发展。

（1）SNS服务提供商：以校内网、开心网等在传统PC端的厂商在移动端取得了较大的发展，且由于移动支付的发展使得原来单纯依靠广告赢利的模式有了新的转机和发展，促使SNS服务提供商的规模和用户基数都有较大的增长；

（2）无线网络运营商：由于3G网络的急速发展以及无线网络布局在2011年有了较大的基数增长，整体网络情况较前一年有了较大突破，所以在技术支撑上能够给SNS服务提供商更大的选择及空间；

（3）应用提供商：基于对移动应用的乐观情绪，参与移动社交应用的开发

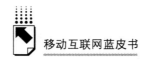

者数量有了较大的提高，而且提供应用由娱乐类扩展到商务类、休闲类等，在质量上也更加符合用户的需要；

（4）终端平台提供商：2011 年终端厂商开始与 SNS 服务提供商展开深度合作，一方面促使整个产业链更加完善和成熟，另一方面通过加强终端的相应功能聚合服务和用户。除此之外，以提供移动终端平台为主的厂商（如 UCWEB、腾讯 QQ 浏览器等），从移动互联网入口端解决了用户在体验上的问题，推动了移动 SNS 的发展。

（二）移动 SNS 领域发展趋势

对于产业链的各方，过去一年虽然取得了较大的成绩，但移动互联网的发展目前还处于初级阶段，所以还有相当多的工作需要产业链各方努力协同完成，主要有以下几个方向。

1. 利用移动互联网的优势，进一步建立用户基础吸引用户关注

除了原来 PC 端的 SNS 用户以外，如何吸引不使用 SNS 的用户是目前扩大用户基础亟须解决的问题。改善用户体验，使其通过移动终端直接访问 SNS，通过 SNS 对用户关系管理的便利性及 SNS 平台上的各类应用吸引用户是最重要的做法。更重要的是，移动 SNS 由于具备比传统 SNS 更深层次的真实关系，所以如何对 SNS 相关的用户关系数据库进行管理并应用到营销中是服务提供商应该思考的问题。

2. 促使更多开发者参与移动 SNS 应用开发，积累移动 SNS 平台应用，进一步建设移动 SNS 开放平台

移动 SNS 与 PC 端 SNS 最大的不同在于移动 SNS 可以随时随地为用户提供深层次的服务，可以深度地影响用户的真实生活。如基于 LBS 的各类应用就可以和用户的真实生活结合起来，而且有较为广阔的商业前景。又如社会化电子商务的发展，虽然目前还未移植到移动端，但是可以预见的是，定制化的社会化电子商务，必将在移动端引起巨大的反响，促使整个移动 SNS 平台向更为有利的方向发展。

总之，基于移动通信能力的应用可以是多方面的，如从交友到商务，从娱乐到企业化应用，都会有较大的作为，如何建立相应的服务体系，为各种应用的扩展提供良好的支撑平台，建立起基于真实关系的有效沟通，是目前需要解决的问题。

3. 移动智能终端的发展促进移动 SNS 发展

在多网融合的下一代网络发展大趋势下，智能终端的发展将会与移动 SNS 的发展息息相关。终端厂商是否能解决智能终端在硬件（如屏幕、电池等）和软件（如浏览器、手机安全等）方面的问题，成了移动 SNS 发展的关键问题。

过去一年，终端厂商在解决硬件问题上有诸多进展，如三星、诺基亚、华为等在解决手机屏幕增大和电池续航能力上取得了较大的进展，而在浏览器领域，除了 UCWEB 以外，QQ 浏览器、海豚浏览器都在手机浏览器端的用户体验上有很多新的技术和进展，特别是在解决数据缓存、自动调整手机浏览网页大小等关系到用户体验的方面有了很大的进展。通过各方的努力，终端之间的差异性不再成为使用移动 SNS 的障碍，跨平台多操作系统的应用是现在的主流发展态势，这样的发展也使得开发者在应用开发时能够获得更多的支持以及做出更好的创新。

4. 移动 SNS 商业模式多元化发展

移动 SNS 最开始的赢利模式和传统互联网一样，定点投放展示广告。不过由于这样的广告赢利收益较小且没有差异化竞争力，所以移动 SNS 需要发展新的赢利模式，过去一年来发展出了以下几种主流商业模式。

（1）通过不同受众人群发布精准定向广告。

由于移动 SNS 是基于真实社交关系的应用，所以能够通过用户的真实资料以及用户的消费行为等形成较为全面的数据库，通过对数据库的分析管理可以定向投放精准的广告，可以说这种精准广告和移动 SNS 整合的模式是未来移动 SNS 的主要赢利模式之一。

（2）形成交际圈，利用会员制形成收费。

社会化网络的核心作用之一就是让用户在日常关系以外形成新的社会人际网络。这种圈子的形成是基于暂时性关系形成的相互联系，但是由于社交关系可以在不同层次的关系间进行相关转化，所以这样的人际关系对用户有较大的吸引力。

另一方面，垂直类 SNS 的发展也会带动这种交际圈的会员制发展，通过专业纵深的垂直 SNS 将不同群体联系起来，进行深度的线上和线下的互动，以移动终端为身份识别的载体，这样的社交群体能为移动 SNS 带来较大的收入。不过目前这一模式因受限于移动 SNS 群体的发展，所以还未成熟，但是可以预见的是随着垂直类 SNS 逐渐发展壮大，这将成为移动 SNS 聚集特定需求群体并发

展盈利的主要方式之一。

（3）建立网上虚拟社区，与电子商务打通。

社交网站是现实生活在互联网上最直接的映射，在真实生活中用户的需求也能直接在社交网站上体现，所以网络虚拟社区与电子商务的打通几乎就是水到渠成的——用户的需求在社交网站上能够得到体现，更重要的是，社交关系的存在使得用户对关系圈内群体的推荐有比较深层次的信任，使得商品信息能够更快地传播，形成较强的购买力。

（4）与运营商合作共赢，进行流量分成创收。

在移动互联网时代，运营商仍然是主要参与方之一，也是目前掌握整个产业链发展命运和格局的重要参与者。在以往 SP 时代的流量分成模式在移动 SNS 发展的初期仍然是不可或缺的一部分。由于在资金和规模上的巨大优势，运营商可以通过建立开放平台来吸引广大开发者的参与，在应用的丰富性和用户基数的积累上完成产业链初期的规模化增长。

综上所述，移动 SNS 的关键词可以总结为开放——不管是以人人网为代表的互联网服务提供商，还是以移动 139 说客为代表的运营商，如何将移动 SNS 平台化，吸引广大开发者的参与，以此来累积移动 SNS 发展初期的用户数量，是目前应该解决的问题。

三 移动微博：融入用户生活的综合信息平台

（一）移动微博领域市场发展现状

根据 CNNIC 的统计数据，截至 2011 年 12 月底，新浪微博用户的总体数量为 2.5 亿户，腾讯微博用户的总体数量为 3.1 亿户。其中手机用户使用年增长率最高的应用是手机微博，增长率为 52.2%。微博作为碎片化的自媒体改变了信息传播的方式，也改变了整个互联网媒体发展的格局。而移动微博的发展就更引人关注，因为移动微博拥有 PC 端微博的主要优势——作为节点共享的即时信息网络，同时也具备了 PC 端微博不具备的优势——充分利用碎片化时间，最大化微博的媒体效应。

众所周知，微博的主要功能有三个：即时信息的发布和获取；人际网络的构建和维护；多样化的应用及服务。由于微博的传播方式以聚合为主要特征，使得其信息传播效率极高，参与受众数量大，用户自发生成内容质量高，而移动微博在这方面的表现丝毫不亚于 PC 端的微博，原因很简单，相比于 PC，移动微博占有用户更多碎片化的时间，且能产生即时性更强的内容，通过移动终端能捕捉更多的一手资料，引爆媒体的传播能量；在人际关系网络的建立上，由于微博的名人效应和社会效益从 PC 端完全移植到了移动端，而移动端用户的黏性更强，更乐于参与互动和交互，所以在这方面移动微博也有超越 PC 端的优势；最后是应用方面，由于移动互联网上的应用相比 PC 端拥有除娱乐外更多的服务特性——如基于地理位置的生活服务、移动支付等，所以移动微博的应用将比 PC 端更具可塑性，也更能贴近用户的真实生活。如图 3 所示，移动微博用户比整体微博用户的黏性更强，对互联网依赖程度更高。

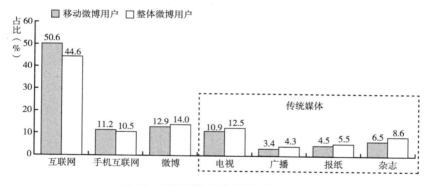

图 3　不同媒体用户接触时长占比

数据来源：DCCI 2011 年中国互联网用户 SNS 网站以及微博使用情况调查，DCCI 互联网数据中心。

（二）移动微博领域市场发展风险和趋势

微博的发展毋庸置疑，但是也存在一些风险，主要有以下三个方面。

1. 行业监管的风险

随着实名制的实施，微博的媒体特性是否被限制，微博上参与讨论的热情是否会有所影响，还有待观察。

2. 用户基数的增长以及用户黏性的提高

过去一年在某些短暂时间内微博用户的数量有所下降，这给微博的发展蒙上了一层阴影，如果不能保持较快的发展速度并在用户体验上有显著提高，微博是否能成为移动互联网主流入口之一尚未可知。

3. 微博商业化模式尚未清晰，发展途径还在探索

不管对于新浪还是腾讯，微博都是重要的应用，特别是对于新浪来说，如何在微博上取得实际的收入，如何在商业化的方向上有所突破同时不影响用户体验，是非常具有挑战性的课题。

对微博来说，未来的发展路径有很多种，但笔者相信：作为媒介融入到特定人群的生活圈中创造价值才是微博的归宿，也就是要作为信息整合的平台。微博的重要功能是整合碎片化的信息并传达给相关的人群，通过对资讯的整合能够对长尾的、不同圈子的信息资源和人际关系进行深度整合，融入到用户的真实生活圈中进行深度服务，这也是微博作为覆盖面最广的媒体之一所能发挥自己功能的核心途径。融合，是微博发展的关键词。

综上所述，2011年移动社交平台发展的关键词就是"沟通、开放、融合"。以移动IM为沟通的媒介，促使不同关系的用户进行不同层次的沟通，通过与移动终端和通讯录的打通，建立起复杂的关系链，促使移动互联网和PC互联网进行深度融合；以移动SNS网站为开放平台，整合产业链各方加入移动社交发展的潮流中，展开基于真实社交关系的交互，促使虚拟社会和真实社会之间深层次的沟通，扩大用户的社交圈并能通过垂直化SNS建立更深层次的联系；以移动微博作为与真实生活息息相关的信息媒体平台，整合长尾用户（也就是大多数互联网用户）的信息资源，为他们提供信息传播的平台，充分融入用户的生活圈中，为移动互联网提供输送信息的动脉。

用户沟通的需求是移动社交平台的发展基础，开放的趋势成为互联网发展的核心关键词和主要动力，而现实生活与虚拟社区的融合成为移动社交平台发展的主旋律。把握这三个主要方向，移动社交平台必将成为移动互联网的核心应用和发展趋势之一。

B.13
2011年中国移动电子商务市场分析

张周平 莫岱青*

摘 要：2011 年我国移动电子商务行业发展迅猛，在用户规模和交易规模方面都实现了突破式发展。用户规模达到 1.5 亿人，交易规模达到 135 亿元，两者都保持快速的增长趋势。其发展过程中呈现出了个性化发展、传统电商服务商引领发展等趋势。本文主要对移动电子商务的现状、特征、出现的问题及趋势给予了分析。

关键词：移动电子商务　移动支付　趋势　环境

一 移动电子商务概述

（一）移动电子商务的概念

移动电子商务就是利用移动通信网和互联网的有机结合来进行的一种电子商务活动，借助于短信、WAP（GPRS、CDMA、3G）和无线射频技术等方式来实现，移动电子商务根据发生对象主要分 B2B 类、B2C 类、C2C 类。从狭义上来讲，是指以手机为终端，通过移动通信网络来连接互联网所进行的电子商务活动。从广义上来讲指应用移动终端设备，通过移动互联网进行的电子商

* 张周平，现供职于中国电子商务研究中心，网络贸易部主任、高级分析师。主要研究方向：B2B 电子商务、行业网站、行业电子商务应用、政府电子商务、移动电子商务、高校电子商务、电商人才、网络营销、SaaS、电子农务、大宗商品电子交易平台等电子商务细分和主要应用领域；莫岱青，现供职于中国电子商务研究中心，分析师。主要研究方向：C2C 与 B2C 平台、网络零售、网络支付、仓储物流快递、网络购物、海外代购、电视购物、网店运营、电商服务商，以及传统企业开展电子商务零售业务等电子商务细分和主要应用领域。

务活动。移动电子商务主要提供这些服务：银行业务、交易、订票、购物、娱乐等。

（二）移动电子商务的参与者

在移动电子商务中，主要的参与者包括：内容服务提供商、无线网络运营商、软件提供商、支持性服务提供商、移动电子商务提供商、终端平台和应用程序提供商以及最终用户。

1. 内容服务提供商

内容提供商直接地或通过移动门户网站间接地向客户提供信息和服务。如新闻、音乐、资讯等。

2. 无线网络运营商

处于移动电子商务产业中信息交会的重要枢纽地带。无线网络运营商有中国移动、中国联通、中国电信。拥有移动电子商务末端的用户资源，应该说在整个移动电子商务发展过程中起重要作用。

3. 软件提供商

为移动电子商务提供信息及应用入口。处理上一层运营商开发出来的内容，形成能满足用户需求的，适合在移动网络上传送的数据。未来移动电子商务服务平台对应用软件提供商的依靠会增强。

4. 支持性服务提供商

其中包括金融及支付服务商等，对资金链具有控制作用。在移动电子商务活动中各大银行、银联与支付宝在内的金融服务机构和第三方支付机构扮演着这样的角色。

5. 移动电子商务提供商

主要指传统电子商务企业。传统电子商务提供商在 PC 端电子商务方面积累了成熟的运营经验。目前淘宝网、当当网、亚马逊中国已经向移动电子商务领域布局，未来更多的电子商务企业将走进这个领域。

6. 终端平台和应用程序提供商

移动电子商务的硬件接口，这对提高用户体验起到积极作用。移动电子商务的用户体验在很大程度上取决于终端产品的硬件配置和处理能力。

7. 最终用户

我国移动用户近年来日益增多。移动电子商务因其随时、随地、远程操作的特点，极大程度上满足了用户购物、查询等方面的需求。

（三）移动电子商务的模式

移动电子商务的商业模式按产业链主导者的不同可以分为以下几类。

1. 以电子商务企业为核心模式

这种模式主要指传统电子商务企业向移动化进军，如用户使用手机上网形式登录淘宝、凡客诚品、当当网等网站并进行订单处理等，移动运营商收取无线接入费用。

2. 移动运营商模式

移动运营商同众多商业服务商发生联系，在此模式下，移动运营商直接与用户联系，不需要银行参与。

3. 以平台集成商为核心模式

由平台集成商自主发展商业服务商，建设与维护业务平台，同时向多个运营商提供业务接入服务。

4. 银行模式

银行开发业务平台，用户通过短信等模式与银行直接发生联系，该模式主要适用于手机银行业务。银行借助移动运营商的通信网络，独立提供电子支付服务。

5. 运营商与银行合作模式

这种模式就是银行和移动运营商发挥各自的优势，在移动支付技术安全和信用管理领域联手，也就是双方形成一种战略联盟关系，对整个产业链进行合作控制。

二　我国移动电子商务发展现状

随着信息技术革命不断发展和加深，移动电子商务正前所未有地改变着社会生产、交换、分配和消费方式，成为转变经济发展方式的重要推动力量和建设创新型国家的战略性产业。特别是近两三年移动用户不断增加，以及移动通信技术在信息化领域的应用向纵深发展，移动电子商务快速走近人们的生活。

（一） 中国移动电子商务用户规模

我国拥有庞大的用户群，这为移动电子商务发展奠定了基础。随着时代与技术的进步，人们对移动性和信息的需求急速上升，移动互联网已经渗透到人们生活、工作的各个领域。随着3G时代的到来，移动电子商务成为各个产业链竞相争抢的"大蛋糕"。它因可以为用户随时随地提供所需的服务、应用、信息和娱乐，同时满足用户及商家从众、安全、社交及自我实现的需求，深受用户的欢迎。

据中国电子商务研究中心监测数据显示：移动电子商务用户规模逐年递增（见图1）。2009年我国移动电子商务用户规模达3600万人，2010年这一数字攀升到7700万人。在过去的2011年移动电子商务用户规模达到1.5亿人，同比增长94.8%。中国电子商务研究中心预计，随着智能手机的进一步普及，移动电子商务用户将节节高升，到2012年有望达到2.5亿人。

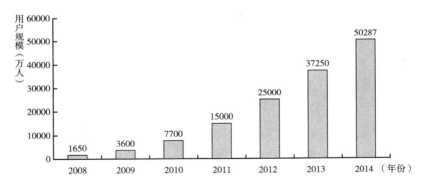

图1　2008～2014年中国移动电子商务用户规模

资料来源：中国电子商务研究中心。

（二） 中国移动电子商务交易规模

中国移动电子商务交易规模包括实物交易规模和虚拟物品交易规模，实物交易规模包括家电、日用品、服饰等实体物品的交易总额；虚拟物品交易规模包括彩票、充值、游戏点卡等虚拟物品的交易总额。实物交易规模是移动电子商务交易规模的重要组成部分。

据中国电子商务研究中心监测数据显示，截止到 2011 年 12 月，中国移动电子商务实物交易规模达到 135 亿元（见图 2），依然保持快速增长的趋势，到 2013 年这一数字将达到 703 亿元。

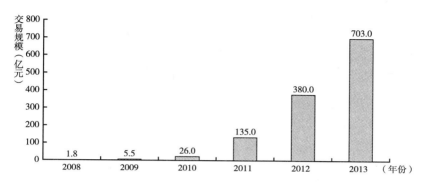

图 2 2008～2013 年中国移动电子商务实物交易规模

资料来源：中国电子商务研究中心。

中国电子商务研究中心分析师莫岱青认为移动电子商务保持如此快速增长的原因有以下几点。

（1）国内手机用户数量和用手机上网用户数量不断攀升，从而促进移动电子商务的用户规模不断增加。另一方面，智能手机及平板电脑的普及成为移动电子商务的推动力，使得移动电子商务的应用环境不断完善，服务体系也不断提高。特别是智能手机也为购物注入了新的特征，如线上线下的融合、购物社交化等。

（2）电子商务与移动互联网进一步融为一体。传统电子商务的发展为移动电子商务的发展奠定了基础。不少电商企业看中移动电子商务的潜力，对其跃跃欲试。手机上网、手机支付、二维码的身份识别、手机扫码等这些都是传统电子商务向移动商务延伸的结果。如凡客诚品于 2011 年 2 月底进入移动电商领域，推出手机凡客网和移动客户端。

（三）中国移动电子商务的发展阶段

虽然目前移动电子商务市场还处于培育阶段，在用户消费习惯、3G 上网资费、移动支付的安全性、商家诚信等多方面还存在着客观条件的限制。但是正如传统电子商务的发展一样，移动电子商务将作为传统电子商务的有效补充开拓出

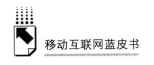

自己的一片天空。

我国移动电子商务的技术发展经历了三个阶段。首先是以短信为基础的技术；其次是采用了 WAP 技术；再次是 3G 技术的运用。

（四）移动支付是移动电子商务发展的基石

移动支付是移动电子商务发展的基石。移动支付主要包括近端支付和远端支付。近端支付主要由运营商和金融机构主导，远端支付领域，互联网企业有较强的竞争力。无论是近端支付还是远端支付，创新能力和用户体验都是关键所在。特别是在第三方支付牌照颁发之后，行业走向规范、健康、安全。未来第三方支付企业的发展空间将会加速提升。

（五）无线基础设施建设迅速发展

无线基础设施的迅速建设也推动我国移动电子商务的发展。近年来政府加大对电信基础建设的力度。中国移动、中国电信与中国联通在 2009 年 8 月完成了 3G 网络的阶段性部署工作。此后中国电信的 CDMA2000 和中国联通的 WCDMA 发展迅速。可以说 3G 网络的建立加速了我国移动商务的飞速发展。

（六）移动电子商务带动相关产业

移动电子商务的快速发展将至少带动三大产业发展，一是软件开发行业，因为移动支付的发展，涉及很多的平台软件开发；二是信息服务业，移动支付将来的支付是基础、商务是应用，这将必然带动电子商务信息服务业的发展；三是终端服务业，手机的发展趋势非常明显，智能化的趋势是全世界的潮流。

尽管移动电子商务的应用前景广阔，但移动电子商务的发展正处在初级阶段，该领域的诚信建设还很薄弱，需要加强舆论环境、监督环境、法制环境等大环境的建设。

（七）移动电子商务特征

目前我国的移动电子商务呈现良好的发展势头，移动电子商务的发展已经成为潮流与未来趋势，作为移动信息服务和电子商务融合的产物具有以下特征。

第一，商务广泛性。移动电子商务的一个最大优势是用户可以随时随地进行商务活动，不受时间、空间的限制。

第二，用户规模大。中国互联网信息中心发布报告称，2011 年中国手机网民规模达 3.56 亿人，同比增长 17.5%。

第三，服务个性化。用户根据自己的需要和喜好来定制移动电子商务的子类服务和信息。

第四，移动支付方便快捷。移动支付是移动电子商务的一个重要目标，用户可以随时随地完成必要的电子支付业务。移动支付的分类方式有多种，其中比较典型的分类包括：按照支付的数额可以分为微支付、小额支付、宏支付等，按照交易对象所处的位置可以分为远程支付、面对面支付、家庭支付等，按照支付发生的时间可以分为预支付、在线即时支付、离线信用支付等。在未来移动支付的安全性尚需提高。

第五，信用机制好。手机号码具有唯一性，手机卡上存储的用户信息可以确定一个用户的真实身份，便于"实名制"的实施与普及。

第六，精准化服务。移动电子商务的生产者能够充分发挥主动性，为不同的用户提供精准化服务。商家营销可以通过精准化的短信服务活动进行针对性的宣传，从而更好地满足客户需求。

第七，定位性。定位性是移动电子商务的特有价值，移动电子商务可以提供与位置相关的交易服务。

移动电子商务具有传统电子商务不具备的特征，移动电子商务的应用领域越来越广泛，覆盖了从购物等个人消费领域到行业应用领域等各个领域，它在未来的发展将更有潜力。

三　移动电子商务的发展环境

（一）移动电子商务的政策环境

移动电子商务被列入 2006 年 3 月颁布的《国民经济和社会发展信息化"十一五"规划》。2007 年 6 月，发改委与原国务院信息办专门出台了《电子商务发展"十一五"规划》，其中移动电子商务试点工程作为六大重点引导工程之一。规划中明确指出"鼓励基础电信运营商、电信增值业务服务商、内容服务提供商和金融服务机构相互协作，建设移动电子商务服务平台"。2011 年是国家开启"十二五"规划的第一年，"十二五"期间，电子商务被列入到战略性新兴产业的重要组成部分，移动电子商务作为电子商务的最新形态，将是中小企业移动电子商务信息化的重心。从国家近年来的政策中我们看到了移动电子商务巨大的效益和潜力。

从中央到各个地方政府都把移动电子商务提升到战略高度，可以说移动电子商务在我国已经发展成为具有成长性、知识性的新兴产业，并且得到了中央与地方政府的大力支持，它的发展进一步得到了保障。

（二）移动电子商务的消费环境

据中国电子商务研究中心发布的《2011 年度中国电子商务市场数据监测报告》显示：2011 年上半年，网络零售市场交易规模为 3492 亿元，而截止到当年 12 月，网络零售市场交易规模突破 8000 亿元大关达到 8019 亿元，同比增长 56%。中国电子商务研究中心预测，到 2012 年中国网络零售市场交易规模将达 10215 亿元（见图 3）。网购市场呈现高速发展态势，在线购物已开始成为许多人的消费习惯。

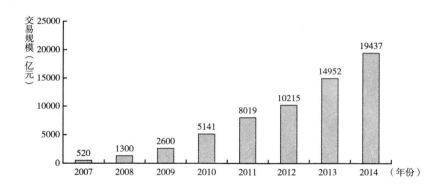

图 3　2007～2014 年中国网络零售市场交易规模

资料来源：中国电子商务研究中心。

网络市场的高速发展与移动互联网的日趋成熟推动着移动电子商务的发展。随着 3G 时代的到来，PC 端的购物网民向移动互联网转化，这进一步推动移动电商的高速发展。

（三）移动电子商务的市场环境

2011 年移动电子商务呈爆发式发展，它从生活、工作等各方面改变人们的习惯，巨大的商机使得这个新兴市场竞争异常激烈，在这激烈竞争的背后依旧以最大限度保证支付安全、满足用户需求、提供便利为目标。

目前移动电子商务在多方的推动下，深入到生活的各个领域。2011 年 4 月 28 日中国银联、中国电信、中国移动、中国联通共同发布的《关于加快发展移动电子商务的共同行动纲领》，将移动电子商务的发展推向了一个新的台阶。

移动电子商务现在已是传统电商企业争夺的一块"大蛋糕"。淘宝网、乐淘网、麦考林、凡客诚品、当当网、亚马逊中国等均相继推出各种类型操作系统的手机客户端产品。未来有更多的传统电商企业将进入这个领域，由此可见它们在这个新领域的较量又将展开。

2011 年是移动支付全面爆发的元年，这使得处于支付链上的移动运营商、支付服务商、第三方支付平台等获得了商机。

早在 2010 年 5 月，中国银联联合中国电信、中国联通、各商业银行和众多社会第三方机构成立了移动支付产业联盟；同年 9 月银联又推出集合多类手机远程支付服务功能的"银联在线"移动电子商务门户；该年 10 月，支付宝也有了大动作，联合手机芯片商、系统方案商、手机硬件商、手机应用商等 60 多家厂商成立"安全支付产业联盟"，由此可以看出各方之间的一场较量在所难免。

2011 年，中国联通宣布对外成立单独的支付公司，联通的沃易付网络技术有限公司、电信的天翼电子商务有限公司、移动的中国移动电子商务有限公司相继出现，并且在 2011 年末获得了移动支付牌照。而中国电信在手机支付上除了采集业务开展所需的硬件外，还率先与银行合作在国内城市进行试点，将手机支付应用范围从校园卡、公交卡等小领域扩大到金融流通领域。中国银联也在不断完善其手机支付服务商圈，推动在信用卡还款、票务订购、电影票、彩票、公共事业缴费等方面的应用。

当电子商务进入移动支付时代时，安全问题自然成了人们最关注的问题。目前在没有统一的支付安全标准的情况下，移动支付方式面临着无法可依、支付安

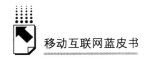

全得不到保障的困境。多种支付方式的竞争在未来会更激烈，究竟哪方可以胜出还取决于消费者的选择。

四　移动电子商务发展机遇与挑战

（一）移动电子商务发展机遇

1. 平板电脑的影响

在 2011 年，平板电脑使用者成为电商消费的主力军。Adobe 公司调查了 150 家电子商务网站的销售数据，来自平板电脑的平均订单为 123 美元，而来自台式电脑的平均订单为 102 美元。该调查还指出，平板电脑的用户年龄大致分布在 18～34 岁年龄段内，其中 29% 的用户年收入超 75000 美元，这为零售商带来了滚滚财源。

2. 消费者购买欲

有研究表明，消费者在使用 Android 和 iPhone 进行网页搜索时所提供的关键词长度，是使用桌面搜索时的两倍。这主要是因为和桌面搜索相比，移动设备的搜索体验不佳。用户在使用手机时思维更加专注，进而可以获得更为准确的信息。另一方面，用户使用移动设备进行购物时的心情更为迫切，在得到搜索结果之后，高达 88% 的用户在 24 小时之内都会下订单。

3. 夜间带来商机

网民在上下班时间通常是忙于收发电子邮件或使用社交网络，而夜间就是最适合移动购物的时间点。谷歌移动广告指出，来自平板电脑和智能手机的搜索请求，于晚上九点同时迎来高峰。

（二）移动电子商务发展面临的挑战

1. 交易成本过高

相对传统电子商务，由于无线宽带不足和物流配送系统不成熟等，导致交易成本高。利用移动设备进行网络购物等交易行为时都会发生一系列费用，目前手机上网较高的费用，在一定程度上制约了移动电子商务的发展。

因此，发展移动电子商务就要设法降低各种成本费用：一是努力降低生产成本；二是不断降低交易成本；三是力争关键技术革新；四是强化企业服务模式。

2. 产业链资源仍待整合

移动电子商务目前主要有两条主导产业链：一条是以运营商为主导的，例如移动商务平台，另一条是以传统互联网电子商务厂商为主导的，例如淘宝。整个产业链条较长，涉及运营商、网络设备商、服务商、终端厂商等各个方面，而目前产业资源整合力度不够，导致移动电子商务发展受阻，两者应加强资源整合。

3. 安全性问题

移动电子商务依赖于安全性较差的无线通信网络，目前，用户身份认证、安全及隐私保护这些敏感问题并没有完全标准化、法律化。移动设备特有的威胁就是容易丢失和被窃，而丢失意味着别人将会看到电话、数字证书等重要数据，拿到无线设备的人就可以进行移动支付、访问内部网络和文件系统。

如何保证电子交易过程的安全，成了顾客最为关心的问题。需要完善有关安全性的标准和相应法律法规，采取有效的技术手段来保证移动电子商务的相关服务和数据安全。

4. 支付缺陷问题

国内移动电子商务的支付手段主要有两种：物流公司代收货款和充值点卡代收。前者基本为货到付款，物流企业代收。这种模式的风险在于，目前中国物流行业鱼龙混杂，物流企业与商家的结算风险较大，而且结算周期相对较长。而充值点卡代收方式相对比较保险，但也仅限于小额支付，一般在 30 元内，消费产品以虚拟产品为主，如彩票、道具等。因此两者都不尽如人意。就移动支付产业链而言，其核心成员包括金融机构、电信运营商、第三方支付平台。三种角色之间有竞争也有合作。如果建立了共赢的商业模式，对于商户、服务提供商和消费者而言都具有非常重要的价值。

5. 商业模式不明朗

传统电子商务经过多年的发展已经基本找到其适合的商业模式，并趋于成熟。新兴的移动电子商务是延续传统电商的发展之路，还是开辟全新的移动电商的独特模式，以何种方式进入移动电商领域，如何有效整合产业链推广、销售等各个环节的资源，为移动电商服务和用户之间搭建可沟通的数据和信息桥梁等一系列问题仍处于探索阶段。

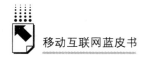

五 移动电子商务未来发展趋势

1. 中国移动电子商务继续保持稳步、快速发展

当前，我国移动电子商务市场发展健康、具有良好的成长性。在对未来两年的预测中，用户规模和市场规模都将保持高速增长，中国移动电子商务市场已经步入快速的发展时期。

在市场运行上，传统电子商务服务商、电信运营商、新兴的移动电子商务提供商和软件商等移动电子商务主导者已经展开了在移动电子商务相关服务领域的布局，市场进入者数量增多，服务形式呈现多样性发展趋势，市场热点不断涌现，行业结构正在进行良性的调整，中国移动电子商务已经具备了实现新跨越的基础条件。

2. "普通"用户开始通过手机购买产品和服务

移动电子商务发展的大背景是终端用户使用行为的变迁，随着智能手机的使用越来越普及，移动电子商务必将成为电子商务的主战场。另外，智能手机也将给购物带来一些新的特征，如线上线下的融合、购物社交化等。人们用手机购买产品已成为一种趋势。

据市场研究组织 Zaarly 的研究显示，今年以来有 25% 的在线购买者通过手机进行了购买活动。随着越来越多的企业加入到移动电子商务的行列中，这一数字会进一步上升。这种消费理念引导人们在手机上支付真实生活的产品或是服务，消费者可以直接通过手机进行购买体验。2012 年，对于许多新的移动购物者来说，移动电子商务仍是新鲜事，但我们会看到有许多用户会由移动购物新手转为固定的移动购物者。

3. 传统电子商务服务商将引领其快速发展

传统电子商务服务商通过多年的发展与积累，已经在广大网民中树立了良好的品牌形象。凭借其在 PC 端用户资源的良好基础、优秀的电子商务管理和运营能力，以及商品渠道、物流仓储的实力储备，传统电子商务服务商将引领我国的移动电子商务快速发展。

4. LBS、综合信息服务等运营与服务模式的创新将成为趋势

手机端电子商务用户与 PC 端用户在用户属性、网络访问行为和商品消费行为等方面存在明显差异，这是移动电子商务区别于传统电子商务最为重要的特点。这一特点决定了在 PC 端，电子商务运行成熟的运营和服务模式并不能直接复制在移动电子商务的服务中，移动电子商务企业成功的关键在于根据用户特点及产业发展形势，不断进行模式的创新。

5. 手机搜索业务将成为下一个掘金点

手机搜索可以帮助用户随时随地获取有效信息，日常生活中人们对它的依赖程度越来越高，比如购物时比较价格，出行时获取目的地信息，碰到各种疑难问题迅速上网寻找答案等等，手机搜索业务将成为移动电子商务的下一个掘金点。

6. 企业应用将成为移动电子商务领域的热点

移动电子商务的快速发展，必须是基于企业应用的成熟。企业应用的稳定性强、消费力大，这些特点个人用户无法与之比拟。而移动电子商务的业务范畴中，有许多业务类型可以让企业用户在收入和提高工作效率上得到很大的帮助，企业应用的快速发展，将会成为推动移动电子商务的最主要力量之一。

7. 移动电子商务个性化的发展趋势

个性化服务将是移动电子商务发展中竞争的一大优势。移动网页用于通知和报告重要的信息内容，如体育新闻、个性化的财经报道、有奖品派送的游戏以及移动贺卡等。所有的内容提供商必须确保他们提供的服务是对移动渠道的最优化，真正达到质量及可用性的最高层次。

8. 围绕手机支付和创新服务的产业链整合将深入

未来中国移动电子商务的发展过程中，移动电子商务产业链整合将不断深入。产业整合的目的，在于移动电子商务服务模式的创新，产业链整合的根本动力在于服务资源的合理配置与组合。

针对移动电子商务当前发展的状况和特点，围绕手机支付和创新服务的产业链整合将继续深入。手机支付方面，金融服务商、电信运营商、第三方机构将进行更多密切的合作。综合信息服务方面，移动电子商务提供商和传统互联网 CP、SP 将进行更为密切的协作，服务形式将更加多样。

B.14

2011 年中国移动支付发展状况分析

宋　明*

摘　要：话音业务在电信运营商收入中所占比重逐渐降低，而移动支付业务则不断增长，移动运营商纷纷将移动支付作为新的业务重点。本文就移动支付的发展状况、业务分类等进行了分析。

关键词：移动支付　业务模式　第三方支付

随着话音业务在电信运营商的收入中所占比重逐渐降低，世界各大运营商都在不断寻求新的业务增长点，如何在满足消费者生活娱乐中发掘出新的业务模式成为了运营商所关注的焦点。与此同时，电子商务的快速普及与发展，尤其是移动支付业务的发展对电子商务产业产生了重大的影响，移动支付业务在日韩的成功商用案例以及业内专家对移动电子商务未来发展趋势的看好，使得手机支付业务成为现阶段与电信业融合的最受关注的应用产品。中国移动经过最近几年"手机支付"、"手机钱包"等业务的推出和普及，使用户对移动支付业务具备了一些初级的了解。通俗地说，移动支付是以手机、PDA 等移动设备为工具，通过移动通信网络，实现交易的一种手段，可以为用户带来很大的便利，得到了许多消费者的喜爱，蕴藏着极大的商机。如今，这项业务正吸引着电信运营商、金融企业以及零售商的极大关注。

需要指出的是大部分电信运营商的移动支付业务尚未真正从市场中获得价值回报，成熟的运营模式仍需实践探索。

---

* 宋明，中国移动通信研究院产业市场研究所市场咨询师，研究方向：通信产业市场研究、移动支付研究。

一　移动支付的定义及分类

（一）移动支付业务的定义

按习惯的分法，移动支付是使用移动设备（如移动电话、平板电脑、PDA 等智能终端），利用无线网络和其他通信网络技术来实现支付的一种交易性服务。移动支付提供的服务内容多样化，如购买数字产品（铃声、新闻、音乐、游戏等）和实物产品、公共交通（公共汽车、地铁、出租车等）、票务（电影、演出、展览等）、公共事业缴费（水、电、煤气、有线电视等）、现场消费（便利店、超市等）以及银行基础金融服务等。移动支付可以在移动设备、自动售货机、票务及 POS 机等多种移动与固定终端上实现。移动终端的发起方式有很多种，如 IVR、SMS、USSD、STK、WAP、J2ME、BREW 等，移动网络可以包括本地无线射频网络和电信网络，如 NFC、蓝牙、红外、GSM、互联网等。

（二）移动支付业务的分类

1. 按照支付地点的远近区别

（1）远距离支付：是通过 SMS、WAP、STK 等方式完成支付。运营商或从用户事先在运营商开设的虚拟账户中扣除金额，或通知银行在和手机号码绑定的银行账户上扣除金额。

（2）近距离支付：是指用非接触方式完成支付。相关技术有红外线、RFID、JAVA、BREW 等。近距离支付实现了只要有移动 GPRS 网络就能刷卡支付的行为。

2. 按照支付金额的大小区分

（1）微支付：交易额一般少于 10 美元，主要应用于游戏、视频内容的下载等，因此使用移动网络本身的 SIM 卡鉴权机制已经足够。

（2）宏支付：交易金额较大的支付行为。对于宏支付来说，通过金融机构进行交易鉴权是非常必要的，适用于在线交易或近端交易。

3. 按照与商户的交互方式区分

（1）手机—手机方式：付款方收款方均为手机银行客户，付款方通过手机

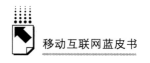

银行付款，收款方通过手机银行收款。

（2）手机—移动 POS 机：收款方与金融机构联网，付款方通过手机银行支付费用，收款方通过移动 POS 机收款。

（3）手机—专用设备：收款方装有备用红外线、蓝牙、USSD 等专用设备。

4. 按照清算时间的不同区分

（1）预支付：消费者事先支付一定数量的现金，来购买储值卡或电子钱包。

（2）在线即时支付：在消费前消费者必须先指定特定的银行扣款账户，消费时金融服务提供者需要确认有足够余额付款。

（3）离线信用支付：消费者消费后金额可以纳入当月手机、信用卡或银行账单中，不需交易完毕马上支付。

二 移动支付的实现形式

1. 移动支付主要有两种实现方式

第一种是通过互联网进行远程的支付，主要有短信方式、WAP 方式等。

第二种是直接在手机 SIM 卡上集成 RFID（Radio Frequency Identification，射频识别）的芯片，实现近场支付。移动支付业务的实现方式如图 1 所示。

	远程支付		近场支付	
商家对个人 （B2P）	公共事业费的支付	电信增值服务	交通车票	购物
	移动停车（开放区域）	自动售货机	活动门票	餐厅
	话费充值	在线购买	会员卡	移动停车（封闭区域）
个人对个人 （P2P）	汇款			账单分担
	充值信用转让			

图 1 移动支付业务实现方式

其中利用 RFID 开展的近场移动支付业务已经成为移动生活的发展热点。根据行业协会 Eurosmart 和市场研究公司 Strategy Analytics 的数据，2011 年全球消费者用手机支付金额达 220 亿美元。

2. 移动支付实现技术的优劣势分析

表 1   移动支付实现技术的优劣势分析

分 类	技术实现方式	优 势	劣 势
远距离移动支付	SMS	业务实现简单	安全性差，操作烦琐，交互性差，响应时间不确定
	IVR	稳定性极高，实时性较好，系统实现相对简单，对用户的移动终端无要求，服务提供商可以很方便地对系统进行升级并不断提供新的服务	服务操作复杂，耗时较长，通信费用相对较高，不适用于大额支付
	WAP	面向连接的浏览器方式，交互性强	响应速度慢，需要终端支持，终端设置较为复杂，支付成本高，不适合频繁小额支付
	K-java、Brew	可移植性强，网络资源消耗与服务器负载较低，界面友好，保密性高	需要 WAP 推动网管，需要终端支持，需为不同终端编译不同的版本支持
	USSD	可视操作界面，实时连接，交互速度较快，安全性较高，交易成本低	需要终端支持，移动运营商的支持有地域差异
近距离移动支付	红外	成本较低，终端普及率高，不易被干扰	传输距离有限，信号具有方向性
	NFC	安全性高，速度快，存储量大	成本高，基础设施投入大，需要终端支持

从表 1 中可以看出，在移动支付技术的选择上，要综合考虑技术实现的难易、推广成本的高低、终端支持的成熟度等各个方面因素，以适合各个运营主体自身的特点并能满足消费者的需求。

三 全球移动支付总体概况

（一） 全球移动互联网和移动支付用户规模增长迅速

全球移动互联网用户数快速增长，预计未来五年移动互联网用户数将超过传统互联网，为发展移动支付业务奠定了良好基础。目前移动支付相对于

PC 支付、卡支付等还微不足道,但随着移动互联网的发展,移动支付市场将会越来越广阔(见图2)。

2010 年全球移动支付用户达到 1. 021 亿户,较 2009 年的 7020 万户增长了 45.4%(见图 3)。2010 年全球移动支付用户数在全球移动用户总数中占比达到 21%。市场研究网站(Market Research. com)2011 年年底预测,2015 年全球移动支付用户将达到 8. 39 亿户,交易额达到 9450 亿美元。

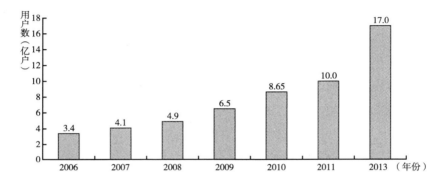

图 2　全球移动互联网用户数

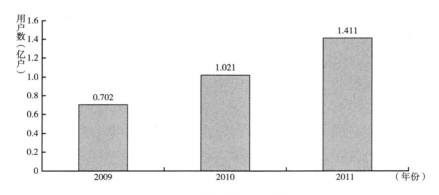

图 3　全球移动支付用户数

根据 Juniper Research 的研究,移动支付市场将从 2011 年的 2400 亿美元增长至 2015 年的 6700 亿美元。

从图 4、图 5 可以看出,在未来几年,移动支付业务在全球范围会持续增长,尤其是在亚太地区,市场份额占全球比例会非常重要,对于移动支付产业的影响力也逐渐变大。

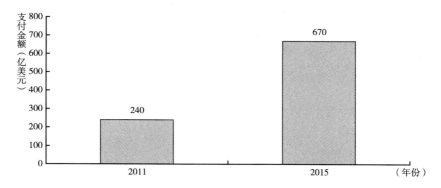

图 4　Juniper 对全球移动支付市场预测

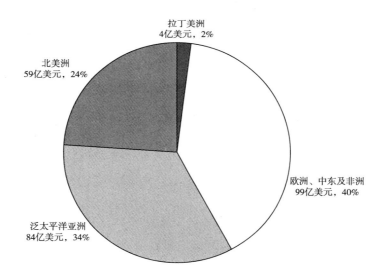

图 5　Yankee Group 对全球移动支付市场预测

（二）移动支付技术发展现状以及使用趋势展望

1. 移动支付技术现状

（1）短信依然是使用量最大的技术：普及性和便利性使其成为首选（短信支付是手机支付的最早应用，将用户手机 SIM 卡与用户本人的银行卡账号建立一种一一对应的关系，用户通过发送短信的方式在系统短信指令的引导下完成交易支付请求）。

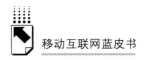

（2）近场通信（NFC）份额预计将增大：2014 年将占交易量的 30% 左右（但仅占交易额的 5%，因为大多数近场通信交易将都是小额支付）①，NFC 技术的变种可能导致技术分化，商户处要求有销售点基础设施。

（3）由于移动互联网的发展，中低端智能手机的普及率将更高，WAP/网络的使用在发达市场更为常见：已经形成的上网行为很容易延伸到移动领域，iPhone 应用商店的推出增加了消费者和零售商的认知和使用。

2. 移动支付使用趋势

（1）预付费充值和转账有望继续成为移动交易的主体，尤其是在银行服务欠缺的发展中国家。

（2）购物支付交易有望出现快速增长：发达国家将有较大的增长潜力；全球虚拟商品市场收入在 2010 年达 73 亿美元，虚拟商品市场将是移动支付的巨大市场。

四 中国移动支付概况

1. 中国移动支付应用具备良好基础

驱动移动支付的第一个因素是电子支付的发展，目前在网络购物以及旅游预订、付费预订等领域，电子支付得到了广泛的认可。其次，手机的高度普及和移动互联网的发展，促进了移动支付进一步发展，越来越多的业务在移动终端上实现了与互联网一样的支付，所以电子支付正在从 PC 端走向手机端。中国已经拥有了近 10 亿的手机用户，手机上网用户接近 4 亿户，中国正大踏步地进入移动互联网时代。我国的移动支付市场已经具备了高速增长的客观条件。

2011 年中国移动支付市场发展迅速，全年交易额规模达到 742 亿元。移动支付用户数达到 1.87 亿户，与 2010 年相比增长 26.4%。未来 3 年移动支付市场将持续保持快速发展，预计到 2014 年移动支付市场交易规模将达 3850 亿元，用户规模也将达到 3.87 亿户（见图 6、图 7）。②

---

① 交易量指移动支付的交易频次，交易额指移动支付的交易金额数量。
② 数据来源于易观智库、CNNIC、艾瑞咨询，中国移动研究院产业市场所整理。

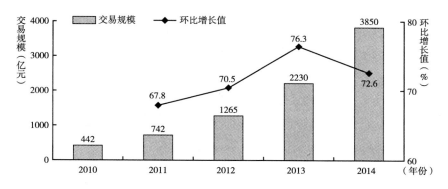

图 6 中国移动支付市场交易规模

资料来源：易观智库。

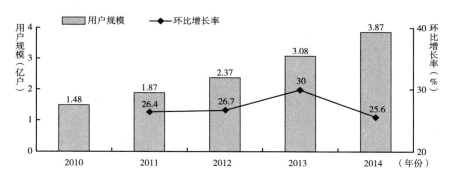

图 7 中国移动支付市场用户规模

资料来源：易观智库。

智能终端和移动互联网发展迅速，为移动支付发展提供了终端和网络基础。2011 年中国智能终端销量达到 8066 万台，比 2010 年增长 150%，截至 2011 年年底智能终端保有量达到 17904 万台。截至 2011 年底，移动互联网的用户数达到4.3 亿户，预计 2012 年移动互联网的用户规模将超过互联网的用户规模。① 智能终端和移动互联网的快速发展对移动应用和移动支付具有较大的促进作用。移动应用数量的迅速增长为移动支付提供了较好的应用环境。

2011 年基于智能手机的移动应用发展迅速，特别是购物、理财、生活服务等交易类应用的发展，丰富了移动支付的市场应用。

---

① 数据来源于易观智库、CNNIC、艾瑞咨询，中国移动研究院产业市场所整理。

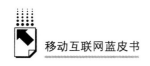
2. 中国电信运营商移动支付的发展状况（见表2）

表2　中国电信运营商支付探路历程

年　份	事　件
2005	中国移动在福建厦门、重庆等地进行近场移动支付试点
2007	中国联通在北京、上海、广州、重庆等地进行移动支付试验
2009	中国移动与浦发银行合作推出手机银行
2010	中国移动入股浦发银行,持有浦发银行20%的股份,成为浦发银行第二大股东 中国电信推出"翼支付" 中国联通推出"沃账户"
2011	中国电信将支付业务从号码百事通剥离,成立天翼电子商务有限公司 中国移动依托位于湖南的电子商务基地,成立中国移动电子商务有限公司 中国联通组建沃易付网络技术有限公司 三家运营商均获支付牌照

　　中国移动从2008年开始关注第三方支付,并尝试建立第三方支付平台,于2011年6月正式成立了中国移动电子商务有限公司。目前,中国移动的手机支付业务分为两大类:第一类为手机支付,可以实现手机上的远程支付;第二类是手机钱包。开通中国移动的手机支付业务的用户可通过该支付客户端在手机上使用综合性移动支付服务,如缴话费、收付款、生活缴费、订单支付等。中国移动在手机支付钱包推出以后,又推出了很多应用。2011年,该业务已经覆盖了40多个城市,上半年交易额接近了1亿元,月交易额达到了4000万元以上,用户规模也已达到了4000万户。

　　中国电信于2011年3月成立天翼电子商务有限公司,业务涵盖移动支付、固网支付及积分支付。其中"翼支付"是目前中国电信主推的手机支付业务,从2011年5月开始,在部分城市,中国电信用户可通过一张特殊的射频手机UIM卡,将中国电信的3G移动通信功能和市政交通一卡通刷卡功能有机融合在这张手机卡上,只需携带手机就可以实现刷卡乘坐公交、地铁,商家刷卡消费,网点电子钱包充值,手机空中电子钱包充值等服务。

　　中国联通的手机支付业务在2010年年底已在北京、上海、广州、重庆四个城市正式商用。2011年4月,中国联通支付公司获得营业执照,2011年12月,获得了国内第三方支付牌照,业务涵盖互联网支付、移动支付和银行卡收单等支付业务。

　　2011年12月31日,中国人民银行发放第三批支付牌照。央行公布的信息显示,包括中国移动旗下中移电子商务有限公司、中国电信旗下天翼电子商务有限公司、中国联通旗下联通沃易付网络技术有限公司等 61 家企业获得了非金融支付业务许可证，累计共已发放了 101 张第三方支付牌照。

在近场支付的应用中，三家运营商目前应用规模都还不大，都是在部分城市进行试点，如深圳、上海、广州以及南京等地方，手机支付近场应用整合了手机 SIM 卡通信功能与城市公交卡等的电子支付功能，可以在通信、公交、购物等消费领域使用，用户需要更换一张 SIM 卡。但是由于公交、地铁等行业壁垒较高，进入难度较大，而商户小额交易的 POS 刷卡机布点成本也较高，目前近场移动支付仍然处于试点探索阶段。

3. 第三方支付公司的移动支付应用蓬勃发展

第三方支付是指一些和国内外各大银行签约，并具备一定实力和信誉保障的第三方独立机构提供的交易支持平台。它通过与银行的商业合作，以银行的支付结算功能为基础，向政府、企业、事业单位提供中立的、公正的面向其用户的个性化支付结算与增值服务。伴随着我国电子商务的快速发展，第三方支付市场增长很快，2011 年中国第三方支付市场交易额连续四个季度保持快速增长。全年交易额规模达到 21610 亿元人民币，较 2010 年增长 99%[1]（见图 8）。

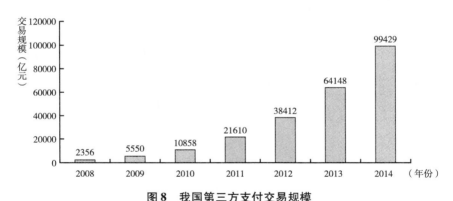

图 8 我国第三方支付交易规模

资料来源：易观智库。

2011 年央行分三批发放了 101 张第三方支付牌照，并颁发了一系列支付业务管理办法的征求意见稿。支付牌照发放一方面增加了获牌支付企业的发展信心，增加专业人才储备、研发和平台建设等各项投入，加大市场拓展力度，另一方面也提

---

[1] 易观智库：《2011 年中国第三方支付市场季度监测》。

升了各细分市场特别是传统企业对于获牌第三方支付企业的认可度和信任程度。所以，在支付获牌的积极刺激下，依托传统企业互联网化大趋势，以及第三方支付企业在众多行业细分市场的拓展，互联网支付市场依然保持翻番的高速发展。

中国互联网络信息中心发布数据显示，截至 2011 年 12 月底，我国使用网上支付的用户规模达到 1.67 亿户，使用率提升至 32.5%。在移动支付领域，第三方支付公司正积极进行探索。

支付企业在手机支付的全面布局，也带动了手机在线支付用户的增长。移动互联网的不断普及应用也催生了新兴的移动支付应用，在国外有 Square 和 Google Wallet 等应用，在国内支付宝、财富通等第三方支付应用也纷纷开发了基于手机客户端以及 WAP 等方式的移动支付手段。支付宝成立了无线支付领域联盟，标志着支付宝在无线支付领域完成纵横布局，意味着支付宝移动互联网支付开放战略正式启动。快钱公司已经制定了移动支付业务的规划。但是手机支付普及仍需要几年时间，需要汇集各方优势资源形成强大合力，才能加速在终端各领域的渗透。2011 年中国第三方网上支付核心企业互联网支付业务交易规模市场份额如图 9 所示。

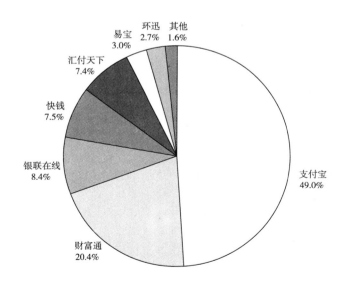

图9　2011 年中国第三方网上支付核心企业互联网
支付业务交易规模市场份额

资料来源：艾瑞咨询。

五 移动支付业务发展小结

1. 政府的政策导向影响移动支付发展

移动支付是一个涉及金融、零售、交通、通信等多个产业的业务，政府在产业间合作的政策导向对移动支付的影响重大。

政府对于电信运营商与金融企业合作较为宽松的管制政策，有利于产业各方投入更多资源，快速推动产业发展，将产业规模做大，减少移动支付的应用成本。

2. 技术标准统一便于规模推广

电信运营商在移动支付推广中要联合相关产业参与者，统一移动应用标准，以便于规模推广，降低成本。

在日本，使用的是 Sony 开发的 FeliCa 芯片，而且 NTT DoCoMo 与日本铁路公司共同发起成立合资公司共同开发技术标准、读写设备、建设网络与数据中心以及管理平台。

3. 和移动支付业务提供商保持紧密的合作促进业务发展

移动支付业务在全球开展不是很成功的原因之一就是移动运营商没有处理好和价值链上内容提供商、零售商以及支付业务提供商的关系，导致内容提供商、零售商和支付业务提供商开展移动支付业务的积极性不高。再加上用户消费习惯和对安全性的担忧，使得移动支付业务全球开展不顺。

在移动支付开展成功的国家，都是运营商通过投资的方式，保持与相关合作者的紧密联系，加大对移动支付业务的掌控力度，从而有利于手机支付业务的开展和推广。

在移动支付业务发展初期，还没有形成规模效应，积极联合价值链各方的合作推广，能够调动支付业务提供商的积极性，对初期发展非常有利。这一阶段对于开展移动支付业务的运营商来说是不可以逾越的，中国的电信运营商应该根据我国的实际情况，建立有效的价值链合作模式，调动价值链上各环节尤其是支付业务提供商的积极性。

4. 移动支付发展趋势预测

（1）移动支付应用规模将会持续快速增长。随着电子商务尤其是移动电子商务的蓬勃发展，人们对于移动支付应用场景的需求会越来越多。智能终端的普

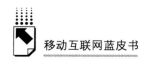

及与3G通信网络的不断完善，有助于改善用户对于移动支付远程应用的体验。包括银行、公共交通、商户等相关行业的需求对于信息基础设施的持续建设改进、移动支付近场应用会起到良好的促进作用。

（2）移动支付的多种技术实现形式并存。基于13.56MHz标准的NFC技术、红外技术、短信的移动支付以及Square等新兴的移动支付形式，会随各地经济社会发展水平的不同而存在。移动支付技术实现形式的选择涉及成本考量、产业的成熟度等方面，而多种移动支付形式的存在，既是竞争，也是互补。

B.15
移动游戏将迎来快速发展期

—— 中国移动游戏产业 2011 年发展概况

王鸿冀　韩旭刚*

摘　要：随着云计算概念的提出和平板电脑的面市，手机进入了移动互联的阶段，互联网也从网络驱动进入了内容驱动的时代。移动游戏作为应用文化的重要内容，其发展前景被普遍看好。一方面有政策扶持和鼓励，行业规范也不断建立，另一方面，开发者和用户数量增长迅速，移动游戏将迎来一个快速发展的高峰时期。

关键词：移动游戏　产业链　用户

一　背景和概念

1. 移动游戏的界定

移动游戏指在移动终端上运行的游戏。运行游戏的移动终端主要包括智能手机和平板电脑。智能手机相对于传统手机而言，它不仅具有通信的功能，而且具备软件下载的功能①。平板电脑则是智能手机的进一步演进。

当前，国内外的智能手机品牌约有几十个，每个品牌又有几十款乃至上百款品种，现市场上大约有 2000 余种智能手机。著名的有苹果、诺基亚、摩托罗拉、索尼爱立信、HTC、LG、联想、小米、天语、黑莓等。平板电脑主要是苹果和三

---

* 王鸿冀，北京创新研究院研究员，中国出版协会游戏工委副理事长，中国移动通信联合会新媒体工委执行理事长，国家 863 计划游戏技术发展战略组成员。韩旭刚，北京当乐网高级商务经理。参加本研究报告的还有王霞、张斌、杨蕾、张欣、梁爽，以及兄弟合作单位多人。

① 业界对智能手机有详尽的论述和界定，此处仅简略的将软件下载功能作为智能手机的最主要特征。

星两大系列，国产平板电脑也有几家上市，如乐 Pad、爱国者等，但所占市场份额很少。

移动游戏为电子游戏，都以程序语言写成。手机游戏的操作系统主要是 Java 和 Symbian，平板电脑游戏的操作系统主要是苹果的 iOS 和三星的 Android，微软与诺基亚合作的 Windows Phone 7 正在兴起。

智能手机游戏是在单机版游戏、PC 网络客户端游戏和网页游戏之后，于 2006 年兴起的。随后，平板电脑游戏在 2009 年兴起。手机游戏特别是平板电脑游戏的兴起，带来了新的用户群，也分流了相当数额的 PC 网络游戏用户群，导致 PC 网络游戏走过了鼎盛期。移动游戏将是游戏发展的下一个高峰。这可以说是业界的共识。

2. 移动游戏与 PC 网游的区别

移动游戏与 PC 网游相比较，它们共同的特征是大众化的电子娱乐产品，具有隐喻性的教化作用。其不同之处在于，移动游戏大多利用碎片化时间进行，移动终端为点状分布，且是极不均匀的碎片化时间和极不均匀的点状分布。而 PC 网游则是线状分布，多在整段时间进行。

一般而言，研发制作一款 PC 客户端游戏大约需要 3000 万 ~4000 万元的投资，耗时 2 ~3 年。研制一款 PC 网页游戏约需 300 万 ~400 万元的投资，耗时 1 ~2年。而研制一款单机或一集网络移动游戏，大约需 30 万 ~40 万元的投资，耗时 3 ~4 个月；大型移动网络游戏的研制投资，因集数之多少而不同，通常要 100 万 ~200 万元以上。一款单机或一集网络移动游戏的活跃期，大都在 3 ~4 月左右。

二　移动游戏发展现状

（一）移动游戏产业链分析

移动游戏产业链由研发制作、出品运营、渠道销售三个环节构成，为典型的创意产业①。

---

① 鉴于移动游戏是横跨几个产业部门的新兴行业，有关数据的统计较缺乏。此处给出的一些宏观数据都几经核实，其数量级大致准确。

1. 制作商

包括一直从事移动游戏研发制作及从单机和 PC 网络游戏转过来的移动游戏制作商。近两三年，移动游戏的研发制作商发展很快，估计全国约有数百家，大多数为小企业，具有一定规模也有数款产品的厂商约百余家，主要集中于北京、上海、广州、成都。国产的各种类型的移动游戏，包括益智、角色扮演、运动等；单机版和网络版的（网络版以集统计），2011 年大约在 3 万款左右。

2. 运营商

包括独立运营商和联合运营商，以及专门从事移动游戏运营和专门从事移动应用内容运营同时进行移动游戏运营的厂商。如当乐、腾讯、中国移动、中国电信等数十家。

3. 渠道商

除终端内置推广外，包括运营商推广模式、WAP/WEB 推广模式、应用商店推广模式。

在移动游戏产业链上的某个环节从事主要经营业务的企业，称为移动游戏企业。2011 年中国移动游戏企业的数量为 1000 余家，其中主要是研发制作商。国外的移动游戏企业，不会少于 2000 家，而有产品和业务进入中国市场的约为 350 家。2011 年的全球移动互联网用户约为 10 亿户，其中赏玩移动游戏者为 2.1 亿户，占移动互联网网民的 1/5 左右。

2011 年，在中国移动互联网上活跃的热门游戏，主要有国外版的愤怒的小鸟和植物大战僵尸，国产的捕鱼达人（触控科技）、二战风云（数字顽石）、宠物王国（华娱无线）、满江红（仙掌科技）、丧尸危机 – 全城爆发（井中月）、浩天奇缘（哆可梦）、世界 OL（广州谷得）、蜀无双（天津象形）、帝王三国（厦门盒子）、君王 OL（上海美峰）。产业链上产生的销售额，包括游戏下载收费、与游戏有关的广告收费、渠道流量的收费，总之是与移动游戏有关的所有收费，称为移动游戏销售额，综合各方的有关资料，共计为 40.23 亿元。按 2010 年易观发布的 26 亿元计，增长 54.7%。手机游戏销售额从 2009 年的 10 亿左右，增至 2010 年的 20 多亿元，而在 2011 年达到 40 多亿元，表明移动游戏发展迅速。

（二）移动游戏用户特征及行为分析

1. 移动游戏用户学历分布

移动游戏用户中，高中（含中专、职高）部分的比例为 48.6%，较 2010 年下降 6.9%，其余各学历阶段的用户比例均出现不同程度的增长（见图 1）。

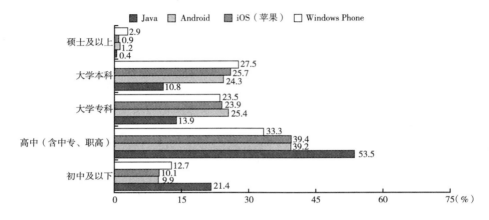

图 1 移动游戏用户学历分布

注：在文化部市场司、新闻出版总署科技和数字出版司、工业和信息化部软件服务司的指导下，由中国移动通信联合会新媒体产业工作委员会发起牵头，在当乐网历年工作的基础上，今年又增加了调查范围和内容，联合业内数家单位共同编写完成《中国 2011 年移动游戏产业报告》。本报告所引数据，除标注明外，都根据此报告。2011 年的移动游戏产业报告所依据的调查，回收问卷 4.5 万份，排除无效者，最终分析样本数为 32289 个。

这种情况出现的原因是 2011 年智能终端用户占移动游戏用户的比例明显提升；并且按平台看，大学以上文化程度的用户在智能终端平台中的占比要远远高于 Java 平台用户，在智能终端平台的游戏开发中，应当与传统的 Java 游戏区分对待，针对不同层次的用户需求进行细分，提供差异化产品。

2. 移动游戏用户收入分布

移动游戏用户收入增长趋势明显，月收入 3000 元以上的用户由 2010 年的 11% 增长至 23.1%。

从分平台的数据看，iOS 用户收入水平明显高于其他平台用户，其中 3000 元以上月收入的用户达到 39.5%，其次在 3000 元以下用户群中，Windows Phone 用户收入水平高于其余平台（详见图 2）。

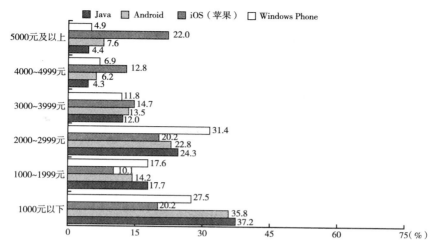

图2 移动游戏用户收入分布

此外,用户整体收入水平的增长,一部分原因是智能终端平台用户群体的增加,尤其是 Android 与 Windows Phone 用户等高收入用户群体的参与;另外则是由于传统 Java 用户群体随着工作经验的积累,收入水平不断增加,以及学生用户逐步走入社会,转化为白领、蓝领用户,收入出现明显上升。

3. 移动游戏用户职业分布

移动游戏用户职业分布情况中,学生用户占比为36.2%,仍是游戏用户最大的用户群体,其次是公司职员(白领)用户,占到了19.5%,成为移动游戏第二大用户群体,自由职业者的占比为15.3%,位列第三(见图3)。

从各平台数据看,运用 Java 与 Android 平台的价格相对低廉的手机仍是学生最主要的选择,企管人员的消费层次相对较高,因此在 iOS 与 Windows Phone 平台中所占比重较高,对于国内开发者而言,应对这部分的群体予以适当关注。

报告数据统计表明,移动游戏领域有多个重要变化。如用户从青少年为主向中老年均衡延伸,用户收入从 1000~2000 元向 3000~5000 元延伸,学历从以高中和中专为主向大学本科和硕士延伸等。

我们对 2011 年移动用户的行为所进行的调研,还包括用户性别比例、年龄分布、地区分布等用户属性,以及运营商选择、智能手机选择、更换手机意愿、平板电脑持有情况、流量使用、对品牌关注程度、对游戏类型喜爱偏好、游戏时间和地点等十余项内容。

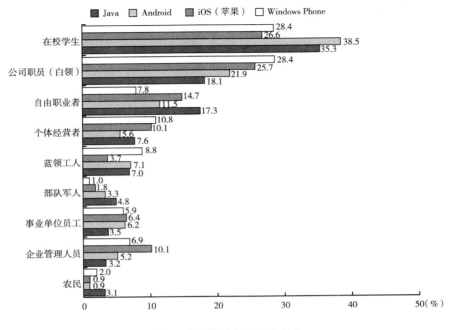

图3　移动游戏用户职业分布

三　移动游戏发展的问题与前景

1. 移动游戏需要扶持也需要规范

2011年10月，中共中央十七届六中全会做出关于深化文化体制改革推动社会主义文化大发展大繁荣若干问题的决定，提出发展健康向上的网络文化，积极发展新的艺术式样。毫无疑问，移动游戏的发展符合中央提出的这个方向。移动游戏在移动互联网的发展中兴起，作为一个新兴的蓬勃发展的行业，需要一个较为宽松的市场环境，也需要在发展中不断规范。

政府对产业发展起着重要作用。移动游戏作为蓬勃兴起的行业，且是以中小企业为主的创意产业，企业之间急需加强交流合作，非常需要有关方面的指导和帮助，希望进行技术交流、策略合作、瓶颈突破。通过这些促进产业的发展。对一些重点领域，如面向少年儿童的游戏产品，也需要政府引导扶持。此外，目前政府出台了一系列相应的规定，但这些规定需要落实，也需要完善和宣传。

2. 移动游戏前景广阔

伴随着手机智能终端的演进和平板电脑的面市，手机仅仅作为通信工具的时代结束了，如今已经开启了移动互联网的时代。业界认为，移动互联网的市场规模将是 PC 互联网的 15 倍。但发展有个时间过程。在今后的 3 ~ 5 年内，移动互联网的市场规模将 10 倍于 PC 互联网的市场规模也许是可信的。

移动互联网的应用内容，可分为三个板块：一是移动娱乐，包括音乐、动漫、游戏。二是移动阅读，包括微博、手机报、杂志、图书等。三是移动教育。移动阅读和移动娱乐目前都有相当大的发展，从今后的发展看，移动娱乐的发展将大于移动阅读。虽然两者都是利用碎片时间上网，但碎片化时间的利用，主要是娱乐。就移动终端的利用而言，游戏将大于动漫，而在某种程度上游戏比音乐还有更大的吸引力。整体看来，游戏在移动终端的文化内容方面将是最有发展前景的。

3. 提高品质，打造精品

移动游戏产业目前存在的最显著问题，就是移动游戏产品的质量不够高，或同质化现象严重，移动游戏的品质亟待提高。内容是手机游戏真正的生命力，并成为最终吸引用户的关键所在。随着娱乐方式的多样化，移动游戏用户对游戏画面、题材等反映游戏品质的需求越来越高，这就要求移动游戏的内容要注重品质，突出精品。目前存在大批的小作坊式研发团队，靠抄袭、模仿别人的创意和设计，经过简单包装就作为新产品进行推广，导致目前市面上存在着大量相互模仿的游戏，产品趋同性严重，影响用户的黏性，不利于移动游戏的长期发展。移动游戏的内容缺乏移动特色，也影响其发展速度。

游戏用户群体已经发生变化，受众群体对游戏品质的要求也在发生变化。原有的手机游戏玩家，他们对游戏品质的要求是不断提高的，不停地玩一种或一款游戏是会玩腻的。最近拥有了智能手机和平板电脑的玩家，由于他们的年龄、学历、收入较高，他们对游戏也会有与原来玩家不同的需求。所有这些都表明，游戏的研发制作，不能停留在原有的水平上，要不断地提高游戏的品质。

平板电脑游戏的制作，由按键改为触摸，也给玩家带来一些新的感受。如屏幕上的一个小猫，用手触摸拍拍它时，它会动一动，这与按键点击它给你的感觉是不一样的。EA 制作的篮球平板电脑游戏，由手指滑动方向进行传球和投篮，给玩家带来的是更为实际的感受。这也提示我们要利用智能手机和平板电脑的特

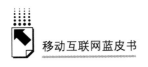
点来制作精品。不能跟着别人跑，跟着别人跑是没有出路的。

移动游戏今后的发展是呼唤精品，未来是需要精品的时代。精品是故事情节、美工形象、音响效果等各方面都具有特色的艺术品，人们尤其需要有适应移动终端特点的艺术品。

4. 跨平台发展

移动游戏是用不同的计算机语言写成、通过不同的操作系统、在各类终端上展现的电子娱乐活动。通过哪种操作系统，在哪类终端上展现，常常成为移动游戏制作研发的两难抉择。

目前的终端可分为两大类，平板电脑和智能手机。智能手机的操作系统目前主流的是两大类，即 iOS、Android，而 Windows Phone 7 正在兴起。

从制作的技术层面看，今后制作的移动游戏产品一定是跨平台的，即一款游戏，既可在 iOS 上运行，也可在 Android 上运行。因为只在一个平台上运行，就表明你限定了市场范围，也就限定了市场份额，不可能有较大的发展空间。

扩展一点说，面对三网融合的前景，一款游戏除在移动终端上运行外，还可在 PC 终端乃至电视和影院运行，这就是目前许多厂商追求的"多屏合一"。

5. 完善商业模式

移动游戏产品的成功，从根本上讲依赖于创新制作精品。而企业的成功则依赖于商业模式，精品则是商业模式的灵魂。移动游戏产业的整体快速发展，还有待移动游戏产业链商业模式的完善和创新。

目前看，移动游戏产业的赢利模式还较为单一，基本上没有脱离 PC 游戏的收费模式。从一定程度上说，移动游戏的发展速度取决于商业模式的赢利能力，甚至包括流量资费下降后的赢利能力。所有这些有待业界各方面的探索和努力。

B.16
音乐随享
——移动音乐业务研究

宋　明*

摘　要： 随着无线网络与移动播放设备的普及，移动音乐的应用更加便捷，移动音乐业务将对传统音乐与互联网在线音乐形成互补甚至替代关系，将有越来越多的用户选择用移动下载替代传统互联网音乐下载，移动音乐业务已成为移动运营商重要的增值服务。

关键词： 移动音乐　无线音乐　业务模式①

随着 3G 网络建设的不断完善以及支持音乐播放的移动终端的不断普及，未来数字音乐的传播渠道将发生重大转变，移动互联网有可能成为未来数字音乐发行的重要渠道之一，将会对移动音乐业务发展产生重要影响。与此同时，随着《信息网络传播权保护条例》、《关于加强和改进网络音乐内容审查工作的通知》、《关于办理侵犯知识产权刑事案件适用法律若干问题的意见》等一系列政策的出台，数字音乐内容的监管力度将不断增强，这将对互联网企业与移动运营商开展移动音乐业务产生深远影响。

一　移动音乐与数字音乐

（一）移动音乐是数字音乐的重要应用形式

数字音乐根据承载网络的不同分为移动音乐与互联网音乐，移动音乐也称无

---

* 宋明，中国移动通信研究院产业市场研究所市场咨询师，研究方向：通信产业市场研究、移动音乐研究。

① 在本文中移动音乐与无线音乐指同一业务，是用户利用手机等移动通信终端，以 SMS、MMS、WAP、IVR、WWW 等接入方式获取以音乐为主题内容的相关业务的总称，本文中沿用所引用出处的名称。

线音乐，是指通过移动通信网络下载音乐并在移动终端上播放的业务。目前业务形式主要有：彩铃、振铃、全曲、在线试听。移动音乐是数字音乐的重要应用形式，在数字音乐中占有重要的位置，尤其在今天无线通信网络与智能应用终端越来越普及的环境下，移动音乐的应用更加流行（见表1）。

表1　数字音乐的分类

	移动音乐（Mobile）	互联网音乐（Internet）	
		在线（Online）	下载（Download）
定义	指通过移动通信网络下载音乐并在手机上播放的业务（目前业务形式主要有：彩铃、振铃、全曲、在线试听）	指通过互联网，使用PC实时在线收听音乐的形式	指通过互联网，使用PC将音乐内容下载到本机上进行收听的业务
播放设备	手机	PC	PC
赢利模式	前向收费	后向收费为主	后向收费为主
特点	以彩铃业务为主，是电信运营商的主要增值业务之一，目前逐渐饱和增长乏力	主要通过广告业务收费，赢利模式单一，市场竞争激烈	主要通过广告业务收费，版权问题较为突出，市场竞争激烈

（二）移动音乐是音乐业务发展的重要阶段

音乐是人类的一种精神寄托的方式，在人类还没有产生语言时，就已经知道利用声音的高低、强弱等来表达自己的思想和感情。随着人类劳动的发展，逐渐产生了统一劳动节奏的号子和相互间传递信息的呼喊，这便是最原始的音乐雏形。

音乐从原始部落祭神时开始兴起，到后来的剧场，再发展到唱片，广播电视、MV和演唱会，传播途径越来越向大众普及化发展（见图1）。用户从只关注音乐，到出现追星族、关注音乐相关的内容，音乐业务从单一服务形式，发展

祭祀音乐　　　剧场音乐　　　唱片音乐　　　广播音乐　　　MV视频音乐

图1　音乐业务的演变发展过程

到多种服务形式，音乐业务在形式、内容以及传播场所方面都不断发生变化。

随着技术的不断进步，音乐播放载体从唱片、卡带、收音机、CD 以及 MP3 播放器到现在的手机，不断发生变化，移动音乐的应用也随之产生流行。

（三）移动音乐与互联网音乐的发展趋势是个性化与多样化

回顾互联网音乐的发展，最初的音乐网站只提供音乐内容，供用户在线收听、下载音乐，到后来提供歌词显示、电子版封面、歌手写真等，现在又有了推荐分享音乐模式。网站系统会分析用户行为，智能化地为用户推荐所喜欢类型的歌曲，并有 Web 2.0 模式提供音乐分享和交友功能等。未来的趋势将是对音乐用户行为进行精确识别，并智能化、个性化地分类提供音乐资讯。

随着无线通信网络与手机终端的不断演进，移动音乐的传播内容也将日趋丰富。顺应音乐承载网络的变化，移动音乐业务的发展也将随之做出调整，以满足用户需求，寻求新的增长点。移动音乐的发展形势如图 2 所示。

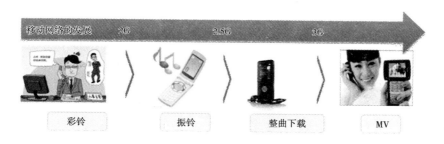

图 2　移动音乐的发展形势

二　移动音乐业务的发展状况

（一）全球数字音乐业务不断增长

据国际唱片业协会 International Federation of the PhonographicIndustry 统计的数据显示，全球数字音乐业务收入不断增长，2011 年数字音乐业务收入达到 52 亿美元，音乐和游戏产业是数字环境下创意产业的领跑者，数字音乐市场的总额超过图书、电影和报纸产业在线收入的四倍（见图 3）。

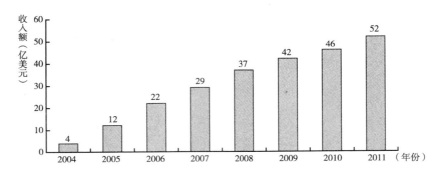

图 3　全球数字音乐收入

资料来源：国际唱片业协会。

根据 ABI 的一份研究报告称，2011～2016 年，移动音乐用户将呈几何级数增长，用户群达到 1.6 亿户（见图 4）。

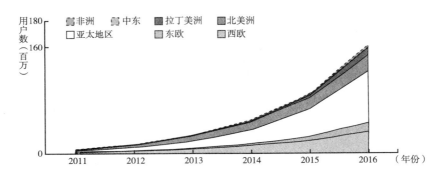

图 4　ABI Research＊移动音乐预测

注：＊ABI Research 是一家专门从事全球互联和新技术研究的市场情报公司，1990 年在纽约成立。

从上述数据可以看出，数字音乐尤其是移动音乐业务的用户规模急剧增长，产值巨大，对于电信运营商的重要性也变得越来越大。

（二）重点地区移动音乐业务持续增长

1. 美国移动音乐发展不断增长

美国是全球最大的数字音乐市场。美国 Nielsen 市场研究公司和 Billbord 杂志数字显示，2011 年美国数字音乐销量占美国音乐市场的 50.3%，首次超过实体音乐销量。

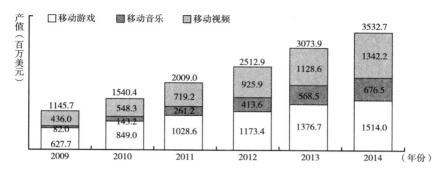

图 5 2009～2014 年美国移动内容产业规模发展趋势

资料来源：emarketer，2010 年 7 月。

如图 5 所示，eMarketer 预测 2014 年美国移动音乐产业规模将达到 6.76 亿美元，复合增长率达到 52.5%，远远超过移动游戏和移动视频复合增长率。

eMarketer 预测 2014 年美国移动音乐用户规模将达到 5200 万户。美国数字音乐业务用户接受度较高，用户规模逐年增长，产业规模持续增长。

2. 日本数字音乐业务——移动音乐一枝独秀

根据日本唱片业协会 2012 年发布的产业数据报告：2011 年数字音乐产业规模达到 719.61 亿日元，2010 年为 859.9 亿日元，整体市场规模逐渐下滑（见图 6）。但是在数字音乐整体销售份额中，移动音乐是一枝独秀，占据了最重要的位置，是日本数字音乐的主要销售形式（见图 7）。

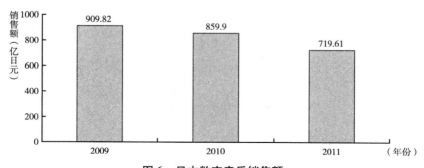

图 6 日本数字音乐销售额

资料来源：日本唱片业协会。

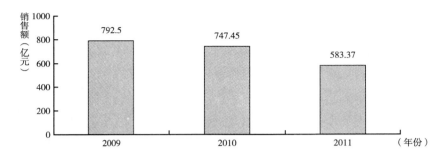

图7　日本移动音乐销售额

资料来源：日本唱片业协会。

三　中国移动音乐发展概况

（一）中国移动音乐市场持续增长

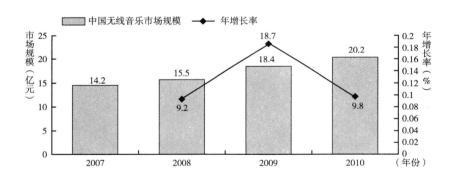

图8　2007～2010年中国无线音乐收入变化

资料来源：文化部发布的《2010年中国网络音乐市场年度发展报告》。

市场规模方面，2010年，我国网络音乐总体市场规模达到23亿元（以服务提供商总收入计），比2009年增长约14.4%，其中在线音乐市场收入平稳上升，我国在线音乐市场收入规模为2.8亿元，比2009年增长64%。无线音乐的市场规模达到20.2亿元（以服务提供商总收入计），较2009年增长9.8%，在网络音乐总体规模中所占的比例超过了87.8%，是支撑和推动网络音乐市场发展的中坚力量（见图9）。2010年电信运营商通过无线音乐获得了279亿元的收入，同比增长3.5%。

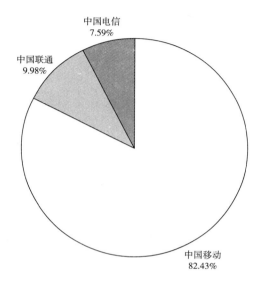

中国电信
7.59%

中国联通
9.98%

中国移动
82.43%

图9　2011年第一季度中国三大运营商无线音乐用户占比

资料来源：易观智库。

在用户规模上，网络音乐用户数也呈现出了快速增长的态势。我国在线音乐总体用户（指无线音乐对应用户）规模已达到3.6亿户，使用率达到79.2%，增长率为12.9%。同时，互联网用户对音乐服务的使用率也一直保持在较高水平。①

2011年中国无线音乐用户（包括彩铃）达到7.1亿户②，目前，无线音乐产品以其独特的"低耗能、高附加值"、"传播途径便捷"等特性，正改变传统的音乐传播模式、分享模式和消费模式，构建起一个由运营商、内容提供商、手机终端厂商组成的全新的无线音乐产业价值链，推动无线音乐的快速发展。

近年来，国内数字音乐市场几乎完全被移动运营商的音乐增值业务尤其是彩

---

① 数据来源：文化部发布的《2010年中国网络音乐市场年度发展报告》。
② 艾媒咨询：《2011年度中国无线音乐发展状况研究报告》。

铃产品所主导，移动音乐消费从 2003 年的数千万元增长到如今的上百亿元规模，毫无疑问已经成为最主要的数字音乐应用。但是目前彩铃业务增长放缓，而随着三大电信运营商 3G 网络建设的不断完善以及智能播放终端的不断普及，包括全曲下载等移动音乐市场前景变得越发看好。

2011 年第一季度中国移动的无线音乐用户为 5.44 亿户，用户数增速放缓明显，其中彩铃用户数出现负增长是整体用户数放缓的主要原因，占整体无线音乐市场的 82.43%，略有萎缩。中国电信第一季度无线音乐用户规模达 5007 万户，占比 7.59%，而中国联通无线音乐用户达 6584 万户，占比 9.98%（见图 9）。①

（二）电信运营商是中国移动音乐市场主体

1. 中国移动

中国移动 2003 年 4 月正式启动彩铃业务，选取了四个省市先行试点。2005 年 5 月推出移动梦网音乐频道，开通无线音乐门户网站 12530，设立中央音乐平台，由四川移动运营。2006 年 7 月成立无线音乐俱乐部，和五大唱片公司宣布直接合作，逐步增加与音乐产业价值链的合作深度。2008 年开始全面推进音乐全曲下载业务，提供"音乐随身听"客户端与 WAP 的应用方式，扩展移动用户应用场景和范围。

中国移动的移动音乐业务是依托于无线音乐基地模式来运营的。2005 年开始，中国移动进行了业务集中化运营的探索，这一年无线音乐基地在四川成都建立。2006 年，音乐基地带动全网收入超 50 亿元，2007 年突破 100 亿元，到 2011 年接近 300 亿元。音乐基地从音乐产业链的整合，到一体化运营体系的建设，为中国移动业务集中化运营进行了积极的探索。音乐基地实现内容统一集中、面向用户的门户集中、合作伙伴集中管理。中国移动音乐基地的建立，全面整合了内容、技术、渠道以及服务等产业关键环节，成为了移动音乐产业的领导者，有效地提升了资源使用的效率，成功挖掘了市场潜力。

中国移动音乐基地与百代、环球、索尼、华纳等 490 家国内外唱片公司结为利益联盟，发展了合作销售渠道，构建了一个由运营商、唱片公司、销售渠道、

① 数据来源：易观智库。

手机终端商组成的无线音乐产业链。版权库拥有了超过 200 万首正版歌曲，每个月上线 20 万首歌曲，成为中国最大的正版音乐内容发布平台和最大的音乐内容销售平台。现在，国内绝大部分的新歌发布选择音乐基地作为首发平台，单曲的最高销量达到千万次。与此同时，音乐基地建立了国内影响力最大的互动音乐门户，实现了手机与互联网的互动。随着音乐基地对产业链资源整合的逐步推进，业务从最初的单一彩铃业务发展到多业务综合运营，建立了从单曲、专辑销售到社区会员互动等全方位音乐服务。每日的歌曲销售数量超过 350 万次，月歌曲销售数量超过 1 亿次，社区付费会员达到 8900 万户，月收入超过 5.5 亿元。

中国移动无线音乐从推出到今天不到十年的时间，业务已经超过百亿元，在中国移动增值业务中的重要性日益凸显。与此同时，中国移动也面临移动音乐业务发展饱和、增长乏力甚至退步的压力。

2. 中国电信

2007 年 11 月 8 日，中国电信宣布与华纳、百代、环球、SONY&BMG、滚石唱片、华友世纪、太合麦田、大国文化八家唱片公司，联合发布全新数字音乐服务"爱音乐"，正式进入数字音乐市场。"爱音乐"的服务功能包括：七彩铃音、电话振铃、网络试听、网络下载、音乐资讯、在线搜索、会员服务等。"爱音乐"产品基地，由中国电信广东数字音乐运营中心具体运营，是中国电信全国统一的数字音乐基地。2009 年 8 月 25 日，中国电信与华为、诺基亚、三星、LG、摩托罗拉等手机厂商联合发布五款天翼音乐手机。中国电信希望通过深度终端定制，建立并推广统一的音乐服务品牌"爱音乐（iMUSIC）"，为用户提供融合新技术、海量、正版、高价值音乐资源的综合音乐服务。爱音乐手机客户端，为天翼手机用户提供正版高品质的全曲、彩铃、振铃音乐内容，具备搜索、试听、下载和订购管理等功能。

截至 2011 年 7 月，中国电信"爱音乐"用户数已达 1.7 亿户，其中音乐下载注册用户数达到 2753 万户，"爱音乐"业务累计订购量完成 2.2 亿次。手机客户端适配 413 款终端，使用用户数达到 1229 万户。"爱音乐"已与 400 家国内外唱片公司合作，后台曲库超过 100 万首（其中彩铃 40 万首、振铃 38 万首、全曲 26 万首）。2011 年，"爱音乐"排行榜业务量持续增长。通过聚焦春晚歌曲、影视热歌、网络红歌、门户联动营销，榜单业务量累计订购 87 万次，较 2010 年同

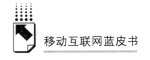

期增长 74%。

中国电信是移动音乐业务运营的后来者，发展更多的移动音乐用户是首要任务。"爱音乐"作为 3G 重点业务，首要的是为用户服务，业务体验最重要。把数字音乐打造成突出 3G 移动互联网特色的差异化竞争武器，才是中国电信数字音乐业务发展的根本出发点。

3. 中国联通

早在 2003 年，中国联通就与 20 多家唱片公司签订合约，在全国推出"炫曲"手机音乐整曲下载业务，并建立了在线音乐下载平台"10155 音乐门户"。2009 年 1 月，中国联通在国内电信运营商中成立了第一家独立运营的音乐公司——中国联通音乐公司。2010 年，中国联通确定将中央音乐平台基地设在广东，并将机房建设在广东联通位于广州科学城的国际通信中心。经过一年多的运营，音乐运营中心组建了全国的音乐业务团队，中国联通数字音乐业务收入大幅提升，并已初步实现一体化运营。2011 年，该中心的线上线下营销模式取得新突破，其中，微博营销活动覆盖超过 5000 万用户。在核心曲库建设方面，2011 年上线正版歌曲 26.6 万首，中文歌曲数量占总曲库的 31%，并成功与三大唱片公司签约，合作伙伴已达到 384 家，一线歌手全部引入，新歌、热歌覆盖率已达到 90% 以上。同时，在数字音乐平台建设方面，中心也已经实现全面支撑，实现一点接入，服务全网，提升了用户体验，丰富了产品形态。2011 年中国联通音乐用户数达 1250 万户，累计下载总量近亿次，比上年提升 6 倍以上[①]。

4. 第三方无线音乐应用

中国市场是无线音乐的新兴势力，PC 音乐客户端的品牌知名度并无较大优势。随着智能手机音乐播放客户端的应用不断普及，移动互联网不再是老牌音乐厂商的天下。移动互联网用户在选择音乐播放器时，会考虑音质、自主内容、用户界面等多种因素，良好的软件体验往往成为左右用户决定的关键，而强大的技术以及优质的内容则是培养用户忠诚度的核心法宝。2011 年中国无线音乐手机用户音乐软件应用状况如图 10 所示。

无线网络建设不断完善，智能手机不断普及，尤其是基于 Android 以及 iOS

① 以上数据根据三家运营商公开发布的数据整理。

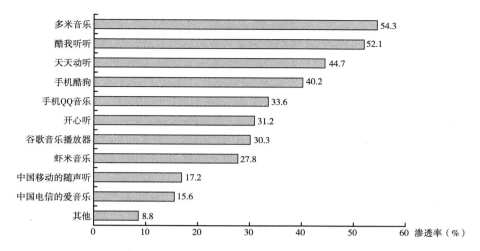

图10 2011 年中国无线音乐手机用户音乐软件应用状况

资料来源：艾媒咨询：《2011 年中国无线音乐发展状况研究报告》。

操作系统的应用不断丰富，开发者及用户基础也不断增强，将来作为用户接触界面的移动音乐客户端，对用户的影响会变得越来越大。

四　移动音乐业务面临的挑战

全球范围内传统唱片业务不断萎缩，移动网络不断发展，无线音乐业务的发展将变得更加重要。中国无线音乐市场规模不断扩大，但由于以彩铃业务为主的数字音乐业务逐渐成熟，导致无线音乐整体市场增速趋缓，寻求新的无线音乐业务类型与业务模式变得更加迫切。无线音乐面临的挑战还有数字版权管理（DRM）的标准化、用户对版权保护的漠视、商业模式的建立、与音乐行业对定价存在争议等，这些都可能阻碍移动音乐下载业务的发展。

1. 数字版权管理问题

保证数字版权管理的通用性（即可以在多种移动终端和设备上欣赏具有DRM 保护的音乐）对移动音乐下载业务来说非常重要。目前影响 DRM 推广的最关键问题就是 DRM 的标准化问题。市场早期进入者建立的市场壁垒（如 iPod 与 iTunes 音乐商店的捆绑）、专利费用等问题都将阻碍 DRM 标准化的应用。

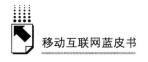

2. 用户消费需求

根据用户对音乐的使用习惯，可以将音乐潜在消费者分成两类。一类是追求质量的潜在消费者，他们对音乐的音质和音响效果要求非常高，通常需要高质量的音响设备才能满足，但这类人占少数。另一类是追求娱乐和便捷的潜在消费者，他们对音质和音效的要求不高，但要求最流行的音乐内容和最便捷的获取途径，并希望可以随时获得音乐享受以及与他人共享，这类消费者占大多数。这就要求移动运营商必须制定出能够吸引大众用户的资费策略和营销战略。

3. 来自在线音乐的竞争

移动音乐下载业务的竞争者不仅是盗版，还有在线音乐下载业务。尽管目前国内在线音乐下载的商业模式还没有建立起来，但在欧美，iTunes 音乐商店已经取得了巨大成功。而且，无论是网络速度还是价格，无线网络的音乐下载业务都无法与固定互联网相比。

4. 能否构建成功的商业模式

由于移动音乐形式的多样化，个性化回铃音、无线整首音乐下载等业务都将涉及版权问题，唱片公司在价值链上的控制力将大大增强。与此同时，移动运营商的态度对移动音乐的商业模式形成非常关键。尤其是对移动音乐增值业务提供商而言，移动运营商的发展策略直接影响着他们在市场上的地位。唱片公司提供音乐内容，移动音乐增值业务提供商提供产品形式，移动运营商面对客户提供服务，如何在三者之间建立合理的利益分配机制与商业模式，将会对移动音乐的发展起到至关重要的作用。

B.17
移动视频市场现状和发展趋势

朱　超*

摘　要： 2011 年的移动视频市场已逐渐进入高速发展通道，正蓄势待发。随着技术、商业模式、终端等前期条件的成熟，用户对移动视频的接受程度也逐渐提高，传统的互联网视频企业、电信运营商、广电企业等都纷纷在该行业进行布局，各自依托自身的优势资源和能力向产业链上下游进行延伸拓展。因此，未来的移动视频产业将会表现出更强的融合趋势，内容提供将更加优质化和多样化，用户需求和体验方面将趋于多元化，商业模式上也会出现新的尝试。总之，未来的移动视频行业必将是一个更加繁荣、多方合作的景象。

关键词： 移动视频　竞争格局　商业模式　发展趋势

一　国内移动视频市场发展概况

（一）行业发展现状

本文所述的移动视频是指利用广播网络或者移动通信网络向用户提供各类音视频内容直播、点播、下载服务的手机电视和手机视频两类业务的统称。手机电视是基于广播网络提供音视频多媒体内容的下行传输，利用中国移动通信网的鉴权管理系统和广电运营商的客户管理系统完成对客户认证、授权和管理，同时利用移动网的双向通道实现相关互动功能的业务。手机视频是指基于移动通信网络

---

* 朱超，北京邮电大学管理科学与工程专业硕士。中国移动通信研究院产业市场所市场咨询师，主要研究方向为行业研究及市场分析等。

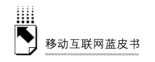

（GPRS、EDGE、3G、WiFi 等网络）实现的，对音视频内容在线收看或者下载后收看，是使用流媒体及音视频下载方式，实现由手机视频业务平台到客户端的点到点形式的音视频媒体在线播放和下载后播放业务。

相对于网络视频，移动视频是一个相对年轻的产业。近年来由于智能手机、3G 网络的发展，为移动视频的兴起提供了土壤。从其整体发展历程来看，目前国内的移动视频产业正处于行业发展的快速上升期。根据埃弗雷特·罗杰斯的创新扩散理论在互联网的发展历程中的实证研究：当采用创新事物的人占到总人口的 10% ~ 20% 这个临界比例后，创新扩散过程将明显加速；超过 20% ~ 30% 就进入了黄金发展时期。2011 年，我国移动视频市场的用户在手机用户中的覆盖率（渗透率）已经超过了 11%，① 达到了创新扩散理论中的临界比例，在未来 2 ~ 3 年内，移动视频在技术、需求和商业模式不断成熟的条件下，极有可能迎来第一个高速增长期，这将是一个商业价值不断提升的市场。

从具体业务来看，手机视频（相对手机电视业务）在全国起步较早，借助 3G 的技术推动和各运营商的宣传推广，近几年得到了迅猛的发展；截止到 2010 年底，我国的手机视频用户数已经超过了 9000 万；② 相比 2009 年，几乎增长了两倍。如此快速的增长离不开大量市场参与者的努力，当前手机视频市场的参与者包括电信运营商、互联网视频企业、媒体机构、其他内容生产者及终端厂商等；这些企业（或个人）在产业链中扮演了不同的角色，覆盖了内容、平台、产品设计、终端、计费等各个环节。

手机电视业务起步较晚，目前是中国移动与中广传播签订排他协议开展运营，2010 年 3 月开始正式商用，2011 年上半年，手机电视订购用户数已经超过 105 万，支持手机电视的 TD 终端数已经超过 250 万部，③ 发展十分迅速，但是相对中国移动庞大的用户基数，其发展空间仍是巨大的。手机电视与手机视频的参与企业构成比较相似，具体将在下文中进行介绍。

（二）我国的移动视频监管政策

我国对移动视频的监管政策较为复杂，主要包括以下几个方面：三网融合、

---

① 中国移动研究院产业市场所分析整理。
② 中国移动研究院产业市场所分析整理。
③ 中国移动研究院产业市场所分析整理。

牌照政策、行业政策及其他相关政策。

（1）三网融合政策为移动视频的发展指明了方向。三网融合是指电信网、广播电视网、互联网在向宽带通信网、数字电视网、下一代互联网演进过程中，通过技术改造，其技术功能趋于一致，业务范围趋于相同，网络互联互通、资源共享，能为用户提供语音、数据和广播电视等多种服务。三网融合政策的关键点在于：非对称双向进入、集成播控平台、网络建设与网络融合。从目前政策来看，双向进入是非对称的，广电仍牢牢掌控内容资源，通过搭建集成播控平台加强对产业链的控制；在播控平台方面，三网融合的试点方案明确广电负责集成播控平台，进一步强化了广电系在产业链中的优势地位；在网络融合方面，国家鼓励网络的升级融合，随着广电 NGB 网络的改造完成，掌控内容的广电系将更有竞争优势。

（2）牌照政策限定移动视频市场参与者。如果说三网融合政策为移动视频的发展奠定了基调，那么牌照政策则真正从资质许可的角度框定了谁有资格成为市场的参与者，只有获得相应牌照的企业才能经营相对应的业务，没有获得牌照的企业只能通过与牌照方进行合作的方式间接进入该领域。

牌照分为两种类型：集成播控平台牌照和内容制作牌照。对手机视频来说，集成播控平台牌照方有央广视讯（中央银河 3G 手机电视）、杭州华数（华夏手机电视）和上海广播电视台，取得内容制作牌照的企业包括中央电视台、上海文广等八家[①]企业，除此之外，北京电视台、南方广电取得了地方性内容牌照。对手机电视而言，中广传播是广电总局指定的集成播控机构，是唯一具备该资质的企业，而央视和地方电视台则拥有内容制作牌照。

（3）广电内部"制播分离"的政策对于手机电视的发展也具有极大的意义，2009 年国务院、广电总局先后发布了《文化产业振兴规划》、《关于认真做好广播电视制播分离改革的意见》、《广电总局关于推进广播电视制播分离改革（修改稿）》等多项政策，有效地解决了内容制作主体市场准入的问题，促进了内容产业化并且有利于内容交易市场的形成，刺激和释放市场对于电视（包括手机电视）内容的迫切需求。

除上述三个方面的政策以外，由于移动视频在内容、技术等方面的特殊性，

---

① 其余六家为：人民日报社、新华社、中国国际广播电台、央广视讯、视讯中国、华夏视联。

还有一些其他的政策会影响其发展：一是手机电视的标准之争，国标（TMMB）和行标（CMMB）的不一致在一定程度上造成了市场的混乱，终端厂商的观望制约了手机电视终端的发展；二是手机入网许可，截至目前，工信部仅给 TD + CMMB 模块的手机入网许可，是否会给其他制式加载 CMMB 模块的手机入网许可，将对手机电视影响重大。

二 国内移动视频市场竞争格局

（一）移动视频产业链相关情况

前面提到过手机视频和手机电视的参与方比较相似，其根本原因在于这两者具有相似的产业链，归结起来它们都包含内容制作、内容整合、集成播控、传输、计费、终端适配、服务营销等环节，只是在各个环节上的参与者及其所承担的工作稍有不同。

手机电视产业链上最主要的参与方是中广传播与中国移动，这两者掌握着整个产业链的核心环节：中广传播在产业链中承担了内容审核、节目监制、平台维护及版权管理的工作，同时还负责进行网络传输。换言之，中广传播控制了产业链中集成播控和传输的环节，所有的内容都需要经过其集成播控平台进行审核和管理才能进行传输和播放；中国移动则在产业链中负责业务订购、计费结算、与终端厂商合作完成适配工作、客户服务、业务推广等工作，涵盖了计费、终端适配、服务营销等三个环节。

除这两家企业之外，手机电视产业链上还需要中央电视台及各地方台进行内容的制作与整合；终端厂商进行终端的适配工作；各类技术提供商在集成播控到终端适配的四个环节中提供相应的技术支持，如协议指令和新源编码等的解决方案和设备提供、信道设备和测试设备提供、核心芯片生产和提供等。

手机视频产业链上最主要的参与方包括互联网企业、广电企业、电信运营商。其中互联网企业尤其是土豆网、优酷网等视频网站为手机视频提供了十分丰富的内容，在内容制作与整合两个环节中起到了举足轻重的作用；广电企业自身具备制作内容及整合内容的能力与资源，且在新闻、电视节目等的制作方面存在绝对优势，此外广电企业还承担着内容审核、节目监管、平台维护、版权管理等工作；电信运营商在整个产业链中参与环节较多，内容端需要进行频道规划和界面设计等工作，还需要进行传输、计费、终端适配、客户服务等工作。

除上述三类企业，内容制造商、终端厂商也为整个产业链的完整运作贡献了力量，对内容的丰富、终端的体验等提供了良好的支撑。内容制造商主要包括华纳、Discovery 以及各大电视台、电影电视节目工作室等，它们向互联网视频企业等出售作品版权或者与运营商合作收取分成，向产业链提供优质内容，除此之外，越来越多的互联网视频企业出于对高版权费用的担心也开始投资自制剧，扩大内容范围并提高自身品牌的差异化竞争优势。终端厂商数量繁多，相比而言，运营商推出的手机视频服务的终端适配普及率要高于互联网视频企业自行研发推广的视频应用，以中国移动为例，目前，支持 WAP 方式手机视频业务的终端有将近 500 款，支持手机视频客户端的已超过 200 款；[①] 互联网视频企业自身的客户端在进行适配时则主要覆盖主流系统和主流机型。尽管从整个产业链来讲终端厂商并非主要参与者，但从提高用户体验和提高业务普及率等角度来看，其贡献仍是不可忽视的。

（二）产业链各方的竞争策略

根据前文的阐述，不难发现，移动视频产业链上最重要的参与者要数互联网企业、广电企业和电信运营商。由于其市场地位和在产业链中的角色的不同，他们在市场环境中所实施的战略也各不相同。

1. 互联网企业

目前在手机视频领域布局的互联网企业主要分为两个阵营：以土豆网、优酷网等为代表的互联网视频企业，它们为改变赢利困境，纷纷开始与终端厂商、运营商等合作发力无线视频领域；另一阵营是以 3G 门户、空中网为代表的无线门户，在意识到移动视频将是一块广阔的市场后开始推出视频、直播等增值服务。

由于视频版权价格飞涨，互联网企业普遍采取"外部挂靠 + 抱团取暖 + 暗修内功"的策略。"外部挂靠"是指上述两个阵营的互联网企业不断与产业链上的其他参与者（如手机视频牌照方、运营商、终端厂商等）展开合作，其主要

---

① 中国移动研究院产业市场所分析整理。

原因在于广电总局对于视频类内容的监管政策以及移动视频产业链本身的特点。内容生产者或者内容提供者不可能同时具备内容审核、传输、计费等资源和能力，需要与企业进行合作，共同推进产业的发展。"抱团取暖"主要表现在视频版权价格的飞涨增大了视频企业的经营压力，在此环境下开始出现"网络视频联播模式"：几家视频网站在版权发展方面达成战略合作，资源共享。"暗修内功"表现在土豆网等传统视频企业在投资拍摄自制剧等方面的尝试，这些举措主要源于两个方面，视频版权的价格提高是其一，其二是由于目前视频网站之间内容的同质性较高，为了凸显差异化，树立自身的品牌而制作独特的内容。

2. 广电系企业

广电系企业的优势在于拥有3G手机视听牌照，无论是互联网企业还是电信运营商都无法绕开它们单独进行经营，这极大地增强了广电企业在产业链上的地位；在移动视频的市场竞争中，广电企业的战略往往是利用自己的牌照优势，加大播控平台的建设力度，不断提高市场地位。下面以华数集团和（SMG）为例介绍广电系企业的发展策略。

华数集团是由杭州文化广播电视集团、浙江广播电视集团等投资的全国性广电新传媒、新网络运营企业。2010年4月，华数3G手机电视集成播控平台和视听节目内容服务平台正式验收并获通过，获得我国首张3G手机电视牌照。华数集成播控平台负责内容审核入库、搜索以及监播等工作；平台的上游是八大持牌内容提供商，下游是三家电信运营商。目前华数的经营模式为：依靠自身的平台集成内容商的内容，整合内容，然后分别与三家电信运营商进行合作，向用户提供内容获取相应的分成收入。华数在移动视频方向的主要战略在于借助集成播控平台，积累丰富的内容，提高自身内容整合、包装和推广的能力，构建自己的核心竞争力的同时逐渐将运营商手中的内容整合主导权争夺到自己手中。

上海文广新闻传媒集团是2001年8月成立的，是中国最大的广电传媒集团之一。SMG以传媒产业为核心业务，集广播电视节目制作、报刊发行、网络媒体以及娱乐相关业务于一体，其内部具有丰富的电视节目资源（旗下拥有13套模拟电视频道、11套模拟广播频率），所有SMG的频率、频道都是其内容来源；除自营内容外，SMG还与许多大型电影制片公司、唱片公司等合作，通过版权购买获取内容。2011年，SMG的主要发展策略在于，通过"自建内容＋集成播控＋成立合资公司"等方式打造核心竞争力，获得产业链的主动权；SMG借助自己的内容制作优势整合了大量的内容资源，目前已经具备超过2万小时的节目内容；2010年其旗下的百视通公司就已经获准在全国开展3G手机电视集成播控、运营与内容服务业务，为其整合资源铺平了道路；此外，SMG还以成立合资公司等形式（百视通与联想成立合资公司），与业界参与者长期合作，充分发挥双方各自的优势，通过内置业务的方式提高其市场竞争力。

3. 电信运营商

与前两者相比，运营商具备网络资源和用户优势，在产业链中是最接近用户的一端；国内三家运营商在2011年都在移动视频领域进行了部署。由于电信运营商在产业链中的位置最靠近用户，且基本处于主导地位，因此推动产业发展和发展用户也就自然而然地成了其发展移动视频的重点目标，只不过由于每家运营商的热点各不相同，其在具体的发展策略方面也就略有不同。

中国移动是最早开展移动视频业务的运营商，也是三家中用户数最多的一家，在推进产业发展方面，中国移动从2010年开始与土豆、优酷等视频网站合作开展"G客G拍"活动，开创了新的商业模式，将原本单一的内容来源进行了丰富，带动了更多的内容制造者上传原创视频，促进了产业的发展；在发展用户方面，中国移动也积极引进优质的内容，不断提升用户体验。

中国联通的推广策略可谓稳扎稳打，不断通过多种形式的促销活动提高业务的用户渗透率，具体的促销形式包括订购业务参与抽奖、累计观看流量达到一定数量参与抽奖、观看固定频道前30名送话费、规定期限内观看固定频道免流量费和信息费等等。在产品运营方面，联通借助自身的沃门户将包含手机电视（流媒体形式）在内的众多业务整合在一起，为用户形成了完整一体化的体验；在内容方面，中国联通也同样做足了功课，截止到2011年与联通开展合作的企业包括CCTV、百事通、央广等广电系企业，拥有直播频道127套，点播节目20多万分钟。

中国电信推出移动视频业务时间最晚，但同时也是固网用户最多、IPTV用户最多，并且拥有单一移动3G网络的综合性运营商，这是其区别于另外两家运营商的独特之处，因此电信尝试通过三屏合一（PC+手机+电视）的方式打造其视频类产品——天翼视讯；可见，中国电信是要借助自身的固网用户及IPTV用户优势，通过打造统一的观看体验，提升用户的感知，进而提高业务的用户渗透率。

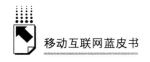
（三） 商业模式

目前移动视频行业的商业模式以前向收费为主，后向广告收入为辅。2011年总营收规模达到21.6亿元。①

艾瑞咨询公司 2010 年的一项调查显示，移动视频行业用户收费模式贡献了行业收入的 70%，广告收费模式贡献了 20%；这与在线视频的情况刚好相反，2010 年，中国在线视频广告收入占总收入的比例达 68.5%。可见，移动视频领域的收入模式与传统视频仍然存在着很大的不同。

电信运营商是产业链中最靠近用户的一侧，向用户提供服务并收取费用是其主要任务之一；由于整个产业链中视频集成播控平台、内容提供方等都贡献了自身的力量，因此电信运营商需要再将这笔收入在这两家之间进行分成，具体的分成比例各个运营商制定的具体标准有所差异，中国电信和中国联通通常采用五五分成的方式，中国移动相对强势，分成比例为 6∶4，但从整体的模式来说，三家运营商是基本相似的。

除上述基本的分成模式外，中国移动还积极尝试了新的商业模式，也即从2010 年开始举办的"G 客 G 拍"活动。中国移动联手土豆网等视频网站发起该活动，号召广大的拍客（包括个人和小型的工作室等）提供内容，内容上传到相应的网站，在活动主页予以展示；手机视频用户可以在线观看并下载，最后活动会根据视频的点击量和下载量向内容的创作上传人支付一定的分成。该种模式能够极大地刺激普通用户的参与热情，也能够提供更多的精彩内容。

（四） 市场竞争格局及参与者现状

手机视频与手机电视在竞争格局方面存在些许不同，以下分别进行介绍。

手机电视目前为垄断市场，中广传播基本垄断了产业链的关键环节，内容提供商、芯片制造商、终端厂商等向中广传播提供相应的内容、技术、芯片、终端等资源，中广传播与渠道经销商合作拓展推广渠道；中国移动与其签署了排他性协议，负责手机电视业务的计费和宣传推广工作。由于市场进入门槛高，加上政策扶持，目前没有其他对手与之竞争。在内容方面，由于频率等限制，目前手机

---

① 艾媒咨询公司：《2011 年度中国手机视频服务发展状况研究报告》。

电视仅有 6 套中央台及两套地方台直播节目，其丰富程度还需要提高。

相比之下，手机视频领域的竞争环境则激烈得多：目前已形成了以运营商为主，互联网视频企业（大多通过购买版权整合内容）、内容制造商（以广电企业为代表的有能力自主生产影视剧内容的企业）积极参与的市场格局。前文已提到，目前三大运营商都已经开展了手机视频业务，其对应的产品分别是"手机视频（中国移动）"、"手机电视（中国联通）"、"天翼视讯（中国电信）"。

中国移动早在 2004 年就开始尝试手机视频业务，目前所占市场份额最大，三家运营商都采用与内容提供商合作获取内容、与牌照方合作获得资质、与终端厂商合作拓展渠道的思路进行手机视频业务的推广。在内容方面，手机视频的内容数量和资源的丰富程度都要远远高于手机电视：三大运营商在产品设计上都包含了直播和点播两类内容，直播节目主要由 CCTV 等电视台提供；点播节目内容源更为丰富，一般包含新闻资讯、影视、搞笑、综艺、体育等多种类型；其中中国移动由于联合土豆网等举办了"G 客 G 拍"活动，其内容源中又包含了大量的原创内容。

除电信运营商提供相应服务外，互联网视频网站以及部分电视台也通过手机客户端或者应用的方式提供类似服务，如凤凰卫视、芒果 TV 等。互联网视频企业及电视台提供手机视频服务一般为免费服务，因此赢利能力一般，但是对于用户来说具有更强的吸引力，未来如果广告模式逐渐走通甚至被内容提供商作为主要模式，将会对电信运营商形成一定的冲击。

三　移动视频未来发展趋势

（一）　当前移动视频发展所面临的机遇和挑战

移动视频的发展与网络、终端等因素都是分不开的，以下从几个方面对其目前所面临的机遇予以介绍。

（1）网络：3G 普及、4G 的兴起为移动视频的实现和用户体验提供了保障和支持。

（2）终端：2011 年是智能手机爆发的一年，终端多样化为包括移动视频在内的数据业务提供了可能，也为之提供了良好的用户基础。

（3）资费：我国电信行业 2011 年全年综合资费同比下降 5.5%①，在这样的大环境下，各大运营商为了促进移动视频业务发展也纷纷推出优惠活动，如免除流量费等，极大地刺激了用户的购买行为。

（4）内容：由于互联网企业、广电企业，甚至广大"拍客"的加入，使得移动视频行业具备了丰富的优质的内容资源，这些内容资源为移动视频的发展打下了良好的基础。

（5）用户接受：随着数据业务的快速发展以及以苹果应用商店为首的模式兴起，逐渐培养起了用户为内容付费的习惯和意识，用户对该类产品的接受为整个产业注入了发展的原动力。

（6）商业模式：除上述直接向用户收费的模式外，近年来无线营销快速发展，使得基于手机视频的广告收入成为可能，这也为移动视频的发展提供了机遇。

尽管存在上述机遇，但不可否认在移动视频的发展过程中也同样存在着以下一些问题和挑战。

（1）用户体验：前面提到，3G 普及、4G 的兴起为行业发展提供了网络支撑，但是不可否认的是网络发展现状各地良莠不齐，各个运营商之间也存在差异，用户的体验还有待改善。

（2）标准规范：无线营销发展时间尚短，缺乏营销效果监测的标准和规范。

（3）版权成本：视频内容版权成本偏高导致移动视频运营成本偏高。

（二）移动视频未来发展趋势

基于前面介绍的移动视频现状以及行业面临的机遇与挑战，可以对移动视频未来的发展趋势做出以下初步的判断。

（1）在行业生态环境方面：三网融合将极大改变通信领域生态环境，尤其为视频行业发展提供了新的机遇；视频产业上的视频内容、视频服务、网络、终端都将不断融合，用户通过任何网络、任何终端都可以享受到一致的视频内容和视频服务；三个视频领域的融合又会导致不同领域的参与者都获得对整合视频行业更多的参与机会，进而导致整个行业面临的情形更加复杂，竞争环境

---

① 2011 年 12 月 26 日，工业和信息化部部长苗圩在接受新华网记者采访时提及。

更加激烈。

（2）在用户需求和体验方面：对视频内容的需求结构将趋于多元化，视频内容的丰富程度和个性化程度将成为行业竞争的重点；同时用户对视频的体验要求更高，希望多种服务与设备间可以实现平滑切换，从而可以在不同终端获得一致的视频体验；因此未来的移动视频服务无论从内容还是体验方面都将更加精细化。

（3）在商业模式方面：目前的商业模式还主要以用户前向收费再进行分成的方式，未来随着无线营销的逐步完善及移动商务的发展，还将拓展出广告收费甚至更加多样新颖的商业模式。

（4）在运营成本方面：版权内容成本和网站运营成本的快速上涨对视频行业的赢利能力提出了严峻的挑战，为了增加收入，内容提供商将更有可能拓展以广告为主的收入模式，同时更多的视频业务增值服务可能出现；而为了减少成本，更多的内容提供商可能会尝试自制内容及鼓励 UGC 来降低内容的平均成本。

综上所述，2011 年的移动视频行业可以说是经过一定时期的摸索逐渐达到蓄势待发的阶段，产业链各方都已经认识到这一领域未来的商业前景，并且从网络、技术、内容等方面都已经做好了准备，未来随着运营商、内容提供商等的努力推进，相信移动视频很快就会进入高速增长的轨道。

B.18
中国移动搜索发展现状分析

空 乔*

摘 要： 移动搜索业务作为互联网搜索技术的延伸，依托移动网络既有的特性，发挥出传统互联网搜索所不具备的优势，为手机用户提供了随时随地随身的信息服务，使手机终端成为用户随身的百科全书和贴身秘书，让用户在任何时刻、任何地点都能感受到信息时代的方便快捷和无穷乐趣。截至2011年年底，移动搜索的流量占比已达到 PC 搜索的 1/4，并可能以每年150%的速度飞速增长。

关键词： 移动搜索 搜索需求 搜索商

一 移动搜索概述

（一）移动搜索定义

移动搜索是基于移动网络的搜索技术的总称，用户可以通过 SMS、WAP、IVR 等多种接人方式进行搜索，获取互联网信息、移动增值服务及本地信息等信息服务内容，用户还可以通过选择搜索结果并定制相关移动增值服务。

由于基于 SMS 文字智能分辨技术和基于 SMS 与 WAP 的数据库导航技术的出现，移动搜索市场具有广阔前景。移动搜索的出现，真正打破了地域、网络和硬件的局限性，满足了用户随时随地搜索的服务需求。同时，移动增值服务业务的快速成长为移动搜索行业的发展提供了机遇。

基于手机的移动搜索服务通过自然语句搜索用户关注的信息与服务，这在一

---

* 空乔，人民网研究院特聘研究员。

定程度上扩大了搜索用户的规模。庞大的手机用户成为移动搜索的潜在用户，该类用户区别于互联网用户的特征对搜索技术的功能实现提出了更高要求，而且移动搜索基于移动网络的特点使得该服务拥有了可实现易操作的收费体系（见表1）。

表1　移动搜索与互联网搜索的差异

	移动搜索	互联网搜索
搜索方式	关键词搜索、语音搜索、图像搜索	关键词搜索为主
搜索需求	准确性、便捷性、个性化	准确性、海量性、快速性
搜索内容	WAP站点及内容、PC站点及内容	PC站点及内容为主
搜索终端	手机、移动终端设备	计算机
特有需求	LBS	无
搜索费用	免费	免费

移动搜索目前处于快速发展阶段，潜在市场规模及潜在用户巨大。2004年以来，多家移动搜索商开始在国内推出自己的产品，并且逐渐在部分省份进行试点。截至2011年年底已经形成比较成熟的运营方式和赢利模式。

（二）移动搜索类别介绍

1. 移动网页搜索

如传统互联网搜索引擎一样，手机用户可以输入关键词进行搜索，搜索引擎根据这些关键词寻找用户所需资源的站点，然后根据一定的规则反馈给用户包含此关键词信息的所有站点和指向这些站点的链接。以Google、百度为主要代表的搜索引擎公司已经推出了这样的服务，通过WAP平台进行网页搜索。

这种站点搜索在行业内被认为是一种由互联网搜索引擎直接延伸到手机平台的移动搜索模式，技术上比较成熟，但与此同时，由于和传统互联网搜索没有本质区别，用户的使用热情可能会受到影响。

2. 移动垂直搜索

垂直搜索是指用户通过多种接入方式提出搜索请求搜索特定类型的内容或服务，例如音乐搜索、图片搜索、本地搜索等。这种搜索模式能够使用户更加快速地找到自己需要的内容或服务，提高搜索效率，同时也使搜索系统能够更好地理解用户的搜索请求。

垂直搜索是由消费者出于对易用、简单和效率的需求而产生的搜索模式，最

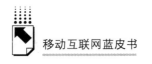

初被互联网搜索商所应用，被看做是互联网搜索的一种新的重大机遇，高度专业化的垂直搜索企业将对大型综合搜索企业造成一定程度的挑战。

（三）移动搜索的检索形式

当使用移动设备的时候，不论是平板电脑还是智能手机，最大的缺点之一就是没有一个足够大的尺寸的键盘来帮助用户像在 PC 设备上那样输入文字。使用小型的 QWERTY 键盘或者使用屏幕手写输入的方式相比于用台式机输入会更加困难。所以移动搜索必须增加不同的检索形式来处理手机上输入的局限，下面描述一下当前移动搜索常用的三种检索形式。

1. 文本检索

文本检索的基本任务是对于任意一个用户查询，在给定的文档集合中找到一个与用户查询相关的文档子集。在文本搜索中最重要的一步是通过检索模型匹配查询表达式和索引对象。检索模型基本上可以分为两大类：基于语义的检索方法和基于统计的检索方法。目前信息检索中占统治地位的是基于统计的检索方法。

2. 图像检索

图像检索最初也是基于文本的图像检索（Test-Based Image Retrieval，TBIR），即通过描述图像的元信息来检索图像。直至 20 世纪 90 年代才出现基于内容的图像检索（Content-Based Image Retrieval，CBIR），CBIR 技术主要应用图像的视觉特征进行检索。此外近些年还出现了基于语义的图像检索（Semantic-Based Image Retrieval，SBIR），但因为其是基于语义网，因此在可行性方面有一定的局限性。

根据具体的内容特征和分析方法，图像内容特征分析和标引有多种侧重领域和方法，例如纹理分析、轮廓跟踪、颜色分析、区域分割、图像识别等。

3. 语音检索（非语音识别）

语音检索的基本过程是，对于输入的文本形式的查询请求，快速地反馈给用户符合该请求的所有语音文件。

其中语音识别是关键环节。近年来语音识别领域取得了不少成果。随着声学模型、语言模型、搜索算法的不断改进，识别系统的性能得到了极大的提高。一个语音文件对应的检索模型包含两个主要信息，一是文件中出现的关键词，二是文件表述的主题。其中关键词表征了语音本身的内容，而主题不仅提供了新一层的检索信息，也为检索结果基于相关性的排序提供了计算依据。

（四）移动搜索的内容形式

1. 手机资源（WAP 页面）

WAP 站点是使用 WML 和 XHTML 语言制作，站点主要是针对移动终端设计的网站，各平台的手机浏览器均可正常使用。

2. PC 资源（WEB 页面）

WEB 网页即传统意义的 PC 站点，在非智能手机上不可直接查看，需通过转码处理，将 HTML 语言转换成 XHTML 或 WML 语言后供手机用户浏览。

3. 数据应用资源

作为搜索引擎和数据资源提供方合作的产品形式，广大站长①和开发者可以直接提交结构化的数据到搜索引擎中，实现更强大、更丰富的应用，使用户获得更好的搜索体验，并获得更多有价值的流量。例如搜索"北京天气"后，可直接在搜索结果页查看当地城市的天气数据。

二 移动搜索特征分析

（一）移动搜索需求分析

1. PC 搜索与移动搜索需求分布差异

比较 PC 搜索与移动搜索的需求，还是存在一定的差异。通过对比看出文学艺术、生活服务两大类需求在移动搜索的占比明显高于 PC 搜索。文学艺术的差异主要集中在文学书籍这一细分类中，基本是对小说的需求，不属于特色化需求。

服务大类的差异主要集中在酒店住宿、旅游景点、交通票务、娱乐消费场所，除交通票务外其他基本不属于特色化需求。但从对比情况来看，移动搜索生活服务需求高出 PC 搜索很多。

2. 第三方报告中的相关移动特色需求

艾瑞咨询发布的《中国手机搜索用户行为研究报告简版 2010～2011 年》显示：

---

① 站长（Web master）指拥有独立域名网站，通过互联网和网站平台向网民提供资讯、渠道、中介等网络服务的个人。

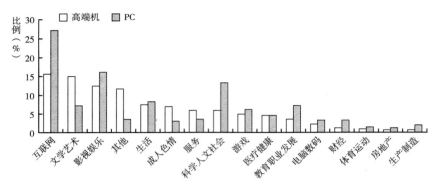

图1　搜索引擎智能机和PC搜索需求对比

资料来源：根据搜索引擎运营公司相关监测数据整理，图中高端机即为智能机。

（1）搜索图片、音乐、游戏、地图等内容用户占比呈下降趋势；（2）搜索网页、软件、小说等内容用户占比呈上升趋势；（3）手机搜索用户不但注重手机的娱乐价值，同时看中手机上网实用价值；网页、软件、小说、主题、公交、视频搜索占比提升。

易观国际发布的《ExactTarget：智能手机功能用户研究》显示：（1）34%的智能机用户用手机至少查过一次银行账户，迄今为止最流行的14项活动中，手机银行排第一；（2）15%的智能机用户使用过手机优惠券；（3）20%的智能机用户会在逛商场时使用手机查价格，以做到货比三家；（4）24%的智能机用户会通过条形码扫描和识别，来获取一些产品、企业和活动信息；（5）其他智能机用户常做的事情还包括：付款、通过邮件分享文章、读书、看视频、查航班、为活动购票、给餐厅打分。

DCCI发布的《2011中国移动互联网用户调查报告》显示：（1）86.1%的用户上网是为了看新闻实事；（2）46.3%的用户有下载手机应用、软件、资料的需求；（3）14.9%的用户使用手机银行和其他金融服务；（4）10.5%的用户在线看视频、电视。

3. 移动搜索特有需求行为

对以上需求进行综合分析，可得到以下几个较为突出的移动搜索特有的需求行为。

（1）手机优惠券：输入商户名就能找到对应商户的优惠券，在到店之后只要把手机给收银员看看就能优惠。

（2）扫描条形码：扫描一下条形码给出该条形码的所有相关信息，其中包括条形码本身含有的信息和与此相关的网络信息。

（3）在线看视频：搜索一个视频，然后不用费很大劲就能点开播放，对于可能需要断点续看的视频还要求下次能更快找到。

（4）下软件游戏：不管是准确查找还是模糊查找，都能找到目标软件游戏，并且可以直接下载，此需求可被 APP 搜索满足。

（5）搜网站网页：寻址永远都在搜索需求中占有一席之地，对于手机而言，不光要能找到，还要求找到的网站适合浏览。

（6）为活动购票：能用手机购买门票，完成从搜索到付款的全程操作，最好还是电子票，在手机上就能用。

（7）用手机银行：跟搜索关系不大，但是在用户不知道怎么用的时候可以提供帮助，比如定位到相关网页或者相关 APP。

（8）查航班公交：尽可能地获得更全面的信息，比如能够自动规划最合理的线路，此需求可被地图满足。

（二）移动搜索使用人群特征分析

由于移动搜索使用方便、接入快捷、终端便宜，其用户分布与传统互联网具有一定不同，主要以学生、互联网行业用户和低收入的蓝领为主。移动搜索的用户主要构成和需求详见图 2。

学生用户

1. IT数码
2. 学习考试
3. 人物
4. 影视/歌曲相关
5. 知识/学术
6. 小说
7. 站点名称
8. 生活经验
9. 游戏
10. 产品信息

互联网行业用户

1. IT数码
2. 人物
3. 电话
4. 产品信息
5. 小说
6. 站点名称
7. 影视/歌曲相关
8. 生活经验
9. 网址
10. 号码

传统行业用户

1. IT数码
2. 产品信息
3. 人物
4. 站点名称
5. 生活经验
6. 知识/学术
7. 色情
8. 网址
9. 小说
10. 健康相关

图 2　移动搜索用户主要构成和需求

注：根据搜索引擎运营公司相关监测数据整理。

移动搜索用户的男性比例占到 80% 以上，且集中在 16～35 岁的年轻人群，从运营商的角度而言中国移动占据移动搜索 90% 以上的份额，中国联通 3G 业务的迅速开展使其流量比例稳步小幅上升。用户网速方面，当前主流用户仍然通过低速网络接入。具体情况如图 3 所示。

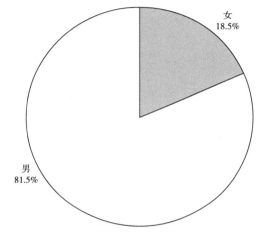

手机搜索用户性别分布

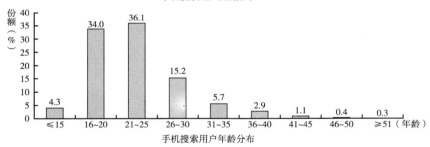

手机搜索用户年龄分布

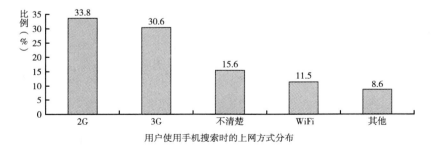

用户使用手机搜索时的上网方式分布

图 3　移动搜索用户属性分布

注：根据搜索引擎运营公司相关监测数据整理。

（三）移动搜索终端设备分析

诺基亚、山寨机、三星、索爱四个品牌是当前移动搜索用户例用手机的主体，在手机搜索用户中占比为 75.5%。占据 34.6% 的诺基亚在第四季度份额不减反增。iPhone 在本季度流量和用户数接近翻番，与 Android 一起保持强劲的增长势头。相反山寨机用户量、用户占比均呈现下降趋势。单机型分析看，诺基亚5230、iPhone 等屏宽大于240PX 的触屏手机成为上网用户最为青睐的机型。

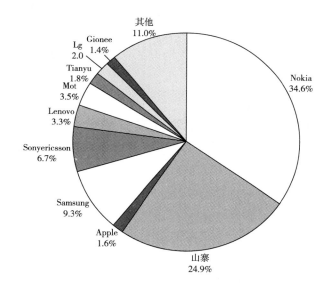

图4　移动搜索终端品牌用户占比

注：根据搜索引擎运营公司相关监测数据整理。

三　中国移动搜索产业链构成

中国移动搜索产业的产业链结构从单一逐渐走向多元化。产业发展初期，移动运营商是移动搜索最核心的合作伙伴，市场推广成为产业链中最关键的环节。

随着用户的不断增加，用户规模已经突破2000万，移动搜索服务也从核心的搜索业务向涵盖企业营销职能、方便用户获得信息、使用信息服务功能等延

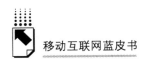

伸，在提供优质服务的理念下，由于职能的分工和精细化，移动搜索产业链也在不断裂变、扩展。

移动搜索产业链核心是由内容提供商、移动搜索引擎商、移动运营商构成的实现移动搜索功能的系统平台；主流移动搜索产业链条结构上，除了传统的移动运营商外，包括手机终端商、用户、内容提供商、广告主、移动广告代理商、电子商务运营、产品和服务提供商、WAP、有线互联网等都已经成为核心产业链条中关键的东西。

移动搜索产业的上游为依托移动搜索引擎实现产品和服务营销目标的广告商、在搜索引擎商和广告主之间进行沟通和业务推广的广告代理商、产品和服务提供商以及为其实现在移动搜索引擎上的电子商务的运营商；下游则主要为手机终端厂商、WAP合作伙伴以及用户。

四 四大移动搜索引擎分析

据易观智库最近发布的《2011年第四季度中国无线搜索市场季度监测》显示，2011年第四季度中国日均移动搜索量达到8.35亿次。百度仍以35.0%的市场份额占据中国移动搜索站点搜索量第一的位置；上个季度处于行业第三的搜搜保持了高速增长的强劲势头，本季度市场占有率提升到23.0%；宜搜从第二滑落至第三，市场占有率为22.1%；Google排名第四，市场占有率为10.2%。这四大移动搜索厂商的累计市场份额高达90.3%。以下对四大搜索引擎进行简要介绍。

（一）百度

百度作为中国最大的搜索引擎厂商，依托PC端上的雄厚实力，帮助手机用户更快找到所需，打造快捷手机新搜索，让人们最平等、最便捷地获取信息。百度不仅提供了网页、贴吧、图片、地图等常规搜索服务，还专门为手机用户提供天气、股票、列车航班查询服务。同时，百度还对在计算机上浏览的HTML网页进行提取和转换，供用户方便地用手机查看。除了WAP搜索的方式，百度移动搜索还提供语音搜索和搜索客户端两种方式满足各类用户的使用需求。随着高端机时代的到来，百度于2011年上线移动应用搜索，于2012年1月上线iPhone版创新首页；从 2011 年 11 月起，百度对搜索结果提供强大 Web APP 化云浏览能力，大幅提升搜索结果浏览体验。

与其他移动搜索引擎相比，百度的优势在于搜索的专业性以及在搜索市场的知名度。加之百度拥有互动搜索社区产品贴吧、知道以及百度身边、百科等内容的补充，使搜索结果更加饱满，用户需求满足更加立体。但是与 Google 相比，百度在 LBS、图像搜索等专业技术方面还存在较大差距，对移动搜索用户的"移动"需求满足不佳。

（二）搜搜

搜搜依托腾讯一站式在线生活平台优势，拥有流量、用户、入口等多种天然优势，通过不断地产品创新、挖掘用户需求、改善用户体验，整合腾讯无线业务的各项资源，努力为用户提供便捷、全面的一站式的无线生活。搜搜提供网页、图片、新闻、MP3、视频、铃声、主题、游戏、软件、小说、手机问问、生活搜索 12 种服务。随着搜搜在社交搜索、门户搜索的持续发力，目前已与手机腾讯网、3G 门户网、凤凰网、乐讯等主流手机门户网站都进行了搜索框预置在展现引导方面，搜搜的动作略显迟缓，直至 2012 年才发布搜搜触屏版；在浏览体验方面，搜搜主推转码页面，但转码能力较百度而言稍逊一筹。在个性化需求满足方面，搜搜抓住移动用户对优惠券的特殊需求，于 2011 年第四季度发布优惠券搜索，这也体现出搜搜努力为用户提供一站式无限生活的产品思路。

搜搜拥有入口、流量、用户等天然优势，且更贴近用户生活，用户群以在校学生、年轻人为主。但是在搜索结果页中，广告位占据前两条搜索结果，自然结果在屏幕中下部展现，较大程度上影响搜索体验。

（三）宜搜

宜搜是于 2005 年 7 月上线的自主研发的移动搜索引擎产品，为用户提供的搜索服务是多方位的，在手机短信（SMS）、无线上网（WAP）以及互联网方面为用户提供了全方位、统一的本地搜索服务。随着产品的不断演进发展，宜搜还提供小说、图片、铃声、游戏、MP3、地图、公交、天气、航班等多样化的搜索服务，让用户随时随地体验信息时代的资讯互动，为企业提供全方位的整合营销推广服务。宜搜与百度、Google、搜搜不同，它更专注于无线，专注于搜索，因在版权方面风险较小，宜搜小说、MP3等一干垂直搜索产品发展迅速，其中小说更是为宜搜提供了半数以上的用户，进而为网页搜索导量。宜搜在高端机方面的表现受限于人力以及技术能力等因素，目前只提供 iPhone 版搜索首页，未提供Android版，Android版适配至触屏版，不支持搜索框提示功能。在搜索结果页中，内容布局不合理，"下一页"链接不适合触屏用户点触。搜索结果中 WAP结果与非 WAP 结果无特殊标识，非 WAP 结果标题指向宜搜转码页，无 PC 原页面入口，且宜搜转码页效果较差，远不及百度、搜搜转码。

宜搜与其他三家搜索引擎相比，名气实力均无优势，但在垂搜方面表现突出，小说产品用户黏性极强，使宜搜牢牢占据市场前三名。但是，宜搜技术方面较薄弱，在高端机用户需求满足方面较为不足，且版权问题始终是隐患。

（四）谷歌

Google 无线于 2007 年年初开始进入中国，利用自身在全球移动搜索上的领先优势，从技术角度切入，提供无线端的网页、图片、周边、新闻、视频、购物、财经、手机软件、图书、博客等搜索服务。谷歌移动搜索创新的重点是移动，语音搜索、图像搜索、本地搜索方面均走在世界最前端，技术方面远远领先包括百度在内的其他竞品。但随着 Google 退出中国市场，Google 无线在中国地区的市场份额持续缩水，不断被百度、宜搜、搜搜等竞争对手蚕食。在高端机方面，Google 表现较出色，高端机版搜索首页体验良好，搜索结果页提供网页快照功能，提升用户获取所需内容的速度。但 Google 无线搜索不提供 WAP 结果及转码能力，使 2G 网络用户望而却步，页面的浏览体验也较差。

总体而言，Google 相比于其他竞品技术优势明显，LBS 本地搜索、图像搜索技术领先，在满足移动搜索用户的"移动"需求方面表现更佳。但对具有中国特色的需求满足方面明显欠缺，缺乏小说等垂直搜索产品支持，搜索结果只提供PC 结果，不包含 WAP 资源。

五 移动搜索发展趋势

据国际电信联盟（ITU）统计报告显示，截至 2011 年年底，全球手机用户总量已达 59 亿，其中移动宽带用户将近 12 亿；移动互联网时代用户数的迅猛增长已是大势所趋。同时手机终端的智能化趋势、3G 和 WiFi 网络的普及也给移动搜索带来了新的机遇和挑战，未来的移动搜索产品将呈现个性化、智能化和平台化的发展趋势。

1. 个性化

搜索的个性化一直是搜索引擎发展的目标。移动搜索未来的发展趋势也不例外，未来的移动搜索将会变得更加的个性化和私密化，移动搜索的搜索结果将会基于不同搜索者的搜索位置、搜索偏好、搜索历史、社交信息等来提供不同的搜索结果。

2. 智能化

过去搜索检索信息的工具特征明显，但随着网民需求的转变，每日数十亿次的检索请求响应中，搜索娱乐、工具、阅读等各种应用产品的比例已经超过 30%，未来的智能化搜索技术有望将各种优质应用聚拢在一起，通过海量计算、语义分析、智能匹配等技术，根据网民检索的关键词匹配对应的应用，这是开放式加智能化搜索的方向。

3. 平台化

随着移动终端用户行为的逐渐成熟，短时间、便捷享受多种服务的整合需求开始成为主流需求。而手机本身在性能、操作上的局限性，使得服务提供商们纷纷聚焦如何提供"尽可能减少操作次数、简化上网流程"的一站式服务。这种希望把用户体验做到极致的"一站式服务"，要求未来搜索产品不再是传统意义上的简单搜索引擎件，更是一个强耦合的信息和应用平台。

B.19
中国移动互联网广告行业分析

丁汉青*

摘　要： 从2010年算起，刚刚起步两年的中国移动互联网广告业受到太多不确定性因素的制约，"前景丰满，现实骨感"仍是当今中国移动互联网广告业的真实写照。移动互联网广告正遭遇"成长的烦恼"，目前已有的移动互联网广告平台具有明显的过渡性，掌握移动互联网渠道优势的运营商、掌握用户/流量优势的互联网服务提供商与掌握内容与广告客户资源的传统媒体有望择机而入，整合现有移动互联网广告平台，成为市场"掠食者"。

关键词： 移动互联网　广告　平台

一　概述：国际视野下的移动互联网广告市场

在移动互联网中，电信运营商提供无线接入，互联网企业提供各种成熟的应用，硬件制造商则将应用捆绑在移动终端中。对于互联网用户来说，移动互联网所带来的最大好处便是实现了从"互联网在哪里，人就在哪里"到"人在哪里，互联网就在哪里"的转变。

移动互联网自诞生以来，就不断地探索在 LBS（Location Based Services，定位服务）、移动 SNS、手机浏览器、手机游戏、无线音乐、移动阅读、移动电子商务等领域内的应用。而2006年美国人奥马尔·哈姆伊（Omar Hamoui）创建的手机广告系统 AdMob 则创造性地"捅破"了移动互联网与广告间的那层"窗

---

* 丁汉青，中国人民大学新闻学院副教授，中国人民大学新闻与社会发展研究中心传媒经济研究所副所长，博士。主要研究方向为传媒经济、广告。

户纸"，让全世界窥到"颠覆传统营销模式和消费模式之路"的新机遇——移动互联网广告，即以移动互联网为依托，以移动终端（主要是智能手机、PSP、平板电脑）为信息呈现界面的广告活动。不管是苹果公司让开发人员把复杂、互动的广告整合到它们为苹果应用软件商店（APP Store）开发的软件中，还是谷歌公司着重在移动网页上提供广告，都将搅动全球广告行业发生巨大变化。

即使从2006年算起，美国的移动互联网广告至今也仅仅走过将近6年的历程。在这6年里，美国的移动互联网广告走过市场导入期，步入成长期。"成长中"仍是当今美国移动互联广告市场的显著特征。马特·默菲（Matt Murphy）与玛丽·米克（Mary Meeker）所编撰的《移动互联网趋势报告（2011）》显示，一方面，成长中的美国移动互联网广告市场规模不断扩大、试水移动互联网广告的品牌越来越多、令人耳目一新的移动互联网广告格式越来越丰富，表现出勃勃生机；另一方面，成长中的美国移动互联网广告市场又遭遇精准投放受限、商业模式仍不十分清晰、移动广告业务尚不能提供持续性营收等"成长的烦恼"。[①]

二 2010——中国移动互联网广告元年

2010年常被视为中国移动互联网广告元年。元年的出现既有内部原因，又有外部原因。

（一）内部原因：移动终端规模激增+手机上网资费下调

1. 手机网民规模激增

CNNIC 2010年1月发布的《第25次中国互联网络发展状况报告》显示，由于3G手机上网概念的吸引、终端对上网的支持程度逐步完善、用户之间的相互影响、运营商的推广举措得力等方面的原因，截至2009年12月底，手机网民（CNNIC定义指过去半年通过手机接入并使用互联网，但不限于仅通过手机接入互联网的网民）规模达2.3344亿，比2008年12月底1.176亿的规模增长了98.5%。

---

① 马特·默菲、玛丽·米克：《移动互联网趋势报告（2011）》，百度文库。

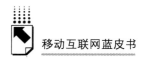

2. 整个"十一五"期间，手机上网资费逐年下调

工信部统计显示，通讯业资费自 2005～2010 年逐年下降，其中 2005 年我国电信业务平均资费水平下降了 11.47%，2006 年下降了 13.6%。尤其是自 2009 年开始，受 3G 牌照发布的影响，手机上网资费普遍下调。从整体来看，包月套餐的平均价格降低了 2/3。①

（二）外部原因：研究机构与业内权威人士对移动互联网广告市场的乐观估计及苹果与谷歌并购移动广告平台的举动

2008 年，谷歌首席执行官埃里克·施密特（Eric Schmidt）在"世界经济论坛年会"上表示，真正的手机互联网时代的到来将催生新一代、基于地理方位的信息搜索服务，从而引发一场"深刻的革命"，这场革命当然也会发生在移动互联网广告领域内。

众多研究机构与业内权威人士先后发布的报告与预言描绘了以下处于革命性变革期的移动互联网广告市场的光明前景。

——尼尔森移动业务研究报告（Nielsen Mobile Report）显示，2009 年全球移动广告量增长 14.3%，全美手机使用者对移动广告记忆率高达 89%，通过移动广告产生的转化率是网站广告的 5.3 倍，可见手机广告市场蕴藏的巨大商机。随着智能型手机数量不断成长，移动广告将成为趋势，未来的移动广告市场会非常大，前景看好。而长时间通过手机上网与进行在线社交活动的族群，会是品牌广告主锁定的广告目标群。

——在 2009 年 6 月举行的戛纳国际广告节（Cannes Lions 2009 Ad. Festival）上，微软广告客户和出版商解决方案副总裁斯科特·豪伊（Scott Howe）预计，未来 5 年内，手机广告将占全球媒体广告开销的 5%～10%。

——欧洲战略研究机构 Ineum Consulting 调查显示，随着越来越多的用户开始接受新兴技术和智能手机，预计手机广告市场将以年均 45% 的增长速度在五年内从 2009 年的 31 亿美元增至 288 亿美元。

——英国伦敦顾问公司 Informa Telecoms & Media 电信和媒体研究报告显示，2010 年移动广告的市场规模大概为 35 亿美元，而到 2015 年，该市场收

---

① 黄启兵：《3G 发牌引发手机上网资费下调》，2009 年 1 月 8 日《羊城晚报》。

入将增长 8 倍，达到 241 亿美元。届时亚太发展中地区将是全球营收份额最高的地区，其市场份额大约为 30.9％，亚太地区增长速度最快的国家是中国和印度。

各研究机构与业内专家的预测虽有差异，但总的预测走向倾向相信移动互联网广告市场将是一个"富矿"区。在这块"画饼"的引诱下，有公司开始"出手了"，其中苹果公司与谷歌公司在移动广告领域的业界拓展具有标志性意义。

2010 年 1 月，苹果公司以 2.75 亿美元的价格收购了移动广告公司 Quattro Wireless，随后利用其平台创建移动广告网络 iAd。同年 5 月，美国监管机构正式批准谷歌收购 AdMob 的交易，在这笔交易中，谷歌以 7.5 亿美元的作价将移动互联网广告平台公司 AdMob 收入囊中，以对抗苹果的 iAd。作为互联网行业的"领风气之先者"，苹果公司与谷歌公司在移动互联网广告领域内的"排兵布阵"无疑具有"标杆"意义，两大公司的举动不仅坚定着业内人士对移动互联网广告的信心与期待，给"拿捏不准者"吃了颗"定心丸"，而且还吸引世界各地包括中国的众多"追随者"涌向移动互联网广告市场。

三　中国移动互联网广告产业链

移动互联网产业链所涉及的对象除同样存在于传统广告产业链中的广告主、广告代理机构与用户外，还包括掌握网络基础的移动运营商、掌握移动终端的厂商、拥有传统互联网广告经营经验与广告客户资源的传统互联网企业及大量基于移动广告技术优势的初创者等。初创者常将移动互联网广告经营作为自己的聚焦业务，而移动运营商、移动终端厂商、传统互联网公司等则将移动互联网广告经营作为一项拓展业务。前者多是借移动互联网广告的东风，破土而出，并伺机"待价而沽"；后者则致力于"跑马占地"，以免稍不留意就错失一个新业务增长点甚至被时代抛弃。

移动互联网广告简单来说就是借助呈现在移动终端的应用、网页、客户端而搭载广告，以触达目标消费者的过程。消费者在使用移动设备（手机、PSP、平板电脑等）访问移动应用或移动网页时，便会暴露在移动广告面前。

在移动互联网广告产业链中，广告主是广告活动的发起者，产业链存在的逻辑基础仍在于广告主有购买触达产品、品牌、服务目标消费者机会的需求。

移动互联网广告产业链参与者（除广告主与广告受众外）都因掌握了满足广告主该需求的某种核心资源而得以跻身其中：广告代理机构拥有媒介购买、消费者洞察、创意、市场调研等方面的专业知识；广告网络公司拥有广告展示平台及用户；移动互联网广告平台拥有绕过运营商，将程序直接呈现在用户移动终端的技术与系统；应用广告优化平台拥有监测、比较、报告移动互联网广告数据的技术；数据监测方可提供第三方广告监测数据；移动媒体则是广告信息与受众间的直接界面。

移动媒体界面与传统媒体界面间的不同是导致移动互联网广告产业链异于传统媒体广告产业链的关键点。站在用户角度看，"移动媒体"实际上由移动终端硬件（智能手机、PSP、平板电脑等）与移动终端内容两部分组成。移动终端硬件的背后是移动终端生产厂；移动终端内容已突破传统媒体内容（新闻、娱乐信息）的内涵，发展为包括移动应用、移动客户端、移动网页等移动终端用户所需要的一切移动互联网服务。

四 移动应用广告平台基本运营模式

移动互联网广告产业链虽然复杂，但以 AdMob 为模板的移动应用广告平台最能体现出移动互联网广告的特征。

目前中国 APP 开发者使用较多的移动广告平台主要有：AdMob、亿动智通、易传媒、架势、哇棒、微云、百分通联、VPON 等。各平台的基础运营模式与 AdMob 并无太大区别，差别可能仅体现在广告内容、收款方式、所支持的移动终端系统等方面。正如 IT 行业资深分析人士温迪所称，"有米广告和 AdMob 的模式是相同的，可以通过开发者在应用中嵌入的广告条，为广告主对目标受众进行筛选。有米的目的就是提前切断 AdMob 进入中国的通道，比如针对 AdMob 以英文广告、Paypal 收款、只支持 iPhone、Android、WebOS 的特征，推出纯中文广告、银行卡网银收款、支持 Android、Symbian、WindowsMobile 和 Java 四个手机系统。"①

移动应用广告平台一般运营模式可简单描述如下，广告主直接或间接地向广

---

① 潘青山：《本土公司圈地移动互联网广告市场热潮涌现》，《数字商业时代》2010 年 7 月 7 日。

告代理机构、移动广告平台、移动广告优化平台、应用开发渠道（如应用商店）支付费用，以获取触达目标用户的机会。广告主的每一次付费，都用于从相关服务提供者那里购买服务。具体来讲，广告主从广告代理机构购买代理服务、从移动广告平台购买精准投放服务、从应用开发者购买广告嵌入服务、从移动广告优化平台购买效果监测与活动报告、从应用发布渠道购买广告发布与管理服务……总的来看，移动广告活动的主干仍是"广告主—中介服务—媒体—用户"，只不过由于媒体形式从报纸、杂志、广播、电视与互联网转变为移动互联终端，因此移动广告活动的中介服务部分新增了移动广告平台、移动广告优化平台、移动应用开发者等一批新角色。在移动应用广告平台一般运营模式中，应用开发者在应用中嵌入广告，移动平台则向应用开发者支付广告收入分成，一般的分成比例为移动平台拿40%，应用开发者拿60%。移动广告优化平台除向广告主提供移动广告活动报告、效果监测数据外，还向移动广告平台与应用开发者提供移动广告管理工具服务。移动广告最终将借助移动媒体到达用户，用户在使用应用的同时，暴露在广告信息面前。

五 成长中——中国移动互联网广告市场的基本特征

自2010年算起，中国移动互联网广告市场仅仅走过一年多的历程，这个市场虽说仍充满了不确定性，但是"成长中"将是其基本特征。成长中的中国移动互联网广告市场既受到积极因素的推动，又会受到一些消极因素的阻碍。

（一） 促进中国移动互联网广告市场成长的因素

1. 移动终端上网用户规模递增，继续提升移动互联网广告活动的价值

CNNIC调查数据显示，2008～2011年，中国手机网民数持续递增，截至2011年12月底，中国手机网民规模达到3.56亿（见表1）。除手机网民数，根据自2010年以来平板电脑的普及情况，可以推断平板电脑网民数近两年也有大规模增加。移动终端上网用户规模的扩大意味着移动互联网广告潜在目标消费者的增加，而潜在目标消费者的增加则会提升移动互联网广告的价值。

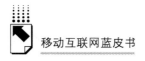

表1　2008～2011年中国手机网民规模与年增长率

单位：万人，%

年份	手机网民数	年增长率	年份	手机网民数	年增长率
2008	11760	133.3	2010	30273	29.7
2009	23344	98.5	2011	35558	17.5

资料来源：CNNIC。

2. 宽带上网提速、资费进一步下降等将继续改善移动互联网广告服务的基础

2012年2月7日，工业和信息化部通信发展司副司长陈家春在国务院新闻办举行的新闻发布会上表示，工信部今年将以建光网、提速度、广普及、促应用、降资费、惠民生为目标，重点实施宽带上网提速工程，推动中国宽带基础水平和应用水平的提升，提高居民使用宽带的性价比。① 工信部在"十二五"期间的政策导向无疑将继续改善移动互联网广告服务的基础。

3. 风投的追捧刺激移动互联网广告市场发展

2011年9月《计算机世界》报道称，记者在采访安沃传媒CEO王旭东时，他正在谈事。"有人想要投资"，王旭东说。"这已经是一个月来见到的第二拨通过各种关系找上门的有兴趣的投资者了"。实际上，感受到风投资金"热忱"的移动互联网广告平台CEO绝不止王旭东一人。因为很早以前，就有业内人士预言："在未来几年，如果谁能将移动终端和互联网结合起来，并能有效应用于市场营销，那么他将成为全球风险投资不计代价疯狂追逐的对象。"

（二）"成长的烦恼"

从目前来看，中国移动互联网广告所遭遇的"成长的烦恼"主要表现在如下几方面。

1. 移动互联网广告终端限制：屏幕尺寸偏小

就目前的技术条件来看，移动互联网广告在获得"移动"优势的同时亦放弃了大屏幕优势，移动终端特别是智能手机屏幕偏小将在相当长时间内局限广告的表达。

① 《工信部今年将实施宽带上网提速工程》，2012年2月8日《科技日报》。

2. 移动互联网广告从业者：对移动互联网技术特性与用户特征的洞察不够，广告形式较单调

移动互联网本身就是新生事物，广告从业者对其核心特性的把握还不到位，虽开发出一些新的广告形式及一些令人耳目一新的实操案例，但是与已成熟的传统媒体广告形式相比，移动互联网广告的形式总体来看还较单调，表现还较稚嫩，与其他广告形式的整合运用还不够默契，这种状况会降低广告主投放移动互联网广告的热情。

3. 移动终端使用群体并非主流消费群体

CNNIC 数据显示，截至 2011 年 12 月，学生仍占全体网民的 30.2%。虽没有直接的移动网民用户职业构成数据，但由于学生勇于尝试新事物，有大量时间上网，追逐时髦，因此，可以推断移动互联网使用群体中，学生可能仍是主体。由于学生购买力相对较低，因此他们并不是大多数广告主眼中的主流消费群体，这将不利于广告主对移动互联网广告的认可。此外，虽然提高网速、下调资费是大势所趋，但从当下来看，网速受限与上网费用偏高仍将在一段时间内制约着移动互联网广告的用户规模的增长。

4. 广告主：试探、观望与等待中

目前，广告主的广告预算直接进入移动互联网领域的还很少，大部分处于尝试阶段。诺基亚公司负责广告业务的副总裁迈克·贝克尔认为，"广告商还在探索和学习移动互联网广告"。奥美世纪（北京）广告有限公司某负责人也表示，广告主普遍认为移动互联网是有价值、有潜力的媒体形式，但是不知道怎么去做，因此只能是等等、看看的态度，"大家现在是一个看新鲜、看热闹的心态"。

互联网发展了 10 年才完全赢得广告商的信赖，移动互联网广告作为广告业下一个"发力点"虽前景光明，但作为"新面孔"仍需要一段时间才能赢得广告主的信赖。

六　移动互联网广告发展前景展望

移动互联网广告虽然与传统广告相比有了很大不同，但仍未脱离"广告"的基本范畴，其存在的前提仍是广告主需要购买触达产品、服务、品牌目标消费者的机会,以获得竞争优势。广告主对传统广告的需求从传统媒体与互联网延展至移动互联网,仅仅是随消费者媒介接触行为而动的结果,并且这种随动场景早已在"报纸—广播—电视—互联网"的媒介形态演变过程中一次次演练过。广告随动媒体形态演变不断"开疆辟土"的趋势不会止于移动互联网广告——就像不曾止于报纸广告、不曾止于广播广告、不曾止于电视广告、不曾止于互联网广告一样。虽然移动互联网广告市场刚刚"破土而出",还有太多不确定因素左右其发展步伐与发展方向,但我们大体可以从以下几方面做出展望。

(一) 移动互联网广告顺应时代发展潮流,优势独特,市场前景好

与传统媒体广告相比,移动互联网广告在到达率、随身性、互动性、专注性等方面均具有显著优势。除此之外,移动互联网广告的点击率(哈伊姆认为用户点击移动广告的频率是 PC 广告的 5～8 倍;美国一家调研机构报告称,位置相关的广告能够有效提高广告点击率,甚至达到 50%)、转化率(尼尔森报告指出通过移动广告产生的转化率是网站广告的 5.3 倍)、投放精准度、效果监测精度等均优于互联网广告。基于以上优势,移动互联网广告有着光明的市场前景。艾瑞市场咨询(iResearch)发布的《2011 年中国移动营销行业发展研究报告》也预测,中国移动营销市场规模将从 2010 年的 12 亿元逐年增至 2015 年的 245 亿元,2011 年与 2012 年的增速均超过 100%(见表 2)。

表 2   2006～2015 年中国移动营销市场规模

单位:亿元,%

年份	移动营销市场规模	同比增长率	年份	移动营销市场规模	同比增长率
2006	0.6	—	2011 预测	24.2	101.7
2007	1.2	100.0	2012 预测	63.2	161.2
2008	5.3	341.7	2013 预测	102.7	62.5
2009	9.0	69.8	2014 预测	161.2	57.0
2010	12.0	33.3	2015 预测	245.0	52.0

资料来源:艾瑞咨询:《2011 年中国移动营销行业发展研究报告》,http://report.iresearch.cn/Reports/Charge/1552.html。

（二）谁将主导中国移动互联网广告产业链？

目前的移动互联网广告平台具有明显的过渡性，掌握移动互联网渠道优势的运营商、掌握用户/流量优势的互联网服务提供商、掌握内容与广告客户资源的传统媒体有望择机而入，整合现有移动互联网广告平台，成为市场"掠食者"。

参照中国团购网站的发展经历，我们不难看出，目前活跃的移动互联网广告平台中的大多数并不具备长成参天大树的资质。甚至可以说，一些移动互联网广告平台也许从一开始就没打算成长为广告领域内一棵参天大树，其出生只是为了率先实践这种运营模式，等到其他大公司看到其成长潜力时，再"待价而沽"（就像 AdMob 纳入 Google 囊中那样）。这些活跃的市场先行者虽有"为他人作嫁衣"的味道，但也会在为早期的市场培育立下汗马功劳之后，给创业者带来不菲的回报。

从美国的经验看，谷歌与苹果已分别控制 AdMob 与 iAd，成为美国移动互联网领域的"执牛耳者"。与单纯的移动互联网广告平台相比，谷歌与苹果的优势除在于规模庞大、资金充裕外，还在于谷歌已从事互联网广告多年，积累了丰富的客户资源与互联网广告运营经验以及巨大的流量，而苹果则拥有由无数"苹果粉"组成的忠诚用户及运营 APP Store 的成功经验。以此为参照，我们可以预见，中国目前涌现的众多移动互联网广告平台将来有可能会被掌握移动互联网渠道优势的运营商、掌握用户与流量优势的互联网服务提供商、掌握内容与广告客户资源的传统媒体择机整合掉。一方面，大型组织或公司因拥有雄厚资金而具有"赢者通吃"的能力；另一方面，大型组织或公司对广告领域内关键资源的掌控使其有能力将移动互联网广告行业迅速推进。

1. 运营商：拥有渠道优势

运营商所拥有的渠道优势体现在以下两个方面。

（1）掌握无线接入并拥有上网资费定价权。

移动互联网由电信运营商提供无线接入，因此，移动互联网广告基础渠道掌握在电信运营商手中。上网资费实际上是用户利用运营商通路所支付的费用，是制约移动互联网普及程度及移动互联网广告商业价值的重要因素之一，基于中国运营商寡头垄断的形势，上网资费的定价权掌握在运营商手中。

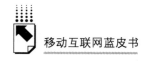
（2）建立起拥有大量且直接的 APP 资源并兼具渠道特征的应用商店。

效仿苹果公司的 APP Store，国内三大运营商目前都已拥有自己的应用商店，分别是中国移动的 Mobile Market （简称 MM，2009 年 8 月正式上线运营），中国电信的天翼空间（2010 年 3 月正式上线运营）和联通的沃商城（2010 年 11 月正式上线运营）。三家应用商店亦仿效苹果 APP Store 的做法，以允许应用开发者在应用中内嵌广告的形式，参与到移动互联网广告活动中。譬如 2010 年 10 月，中国电信天翼空间副总经理吴江对外介绍称，天翼空间正式上线运营的半年时间里，一直以"下载分成"模式为主，但与此同时也针对开发者增加了一些新的赢利渠道，譬如针对应用开发者增加了"内嵌广告分成"的收入渠道。① 即软件开发者将广告内嵌在应用软件中，天翼空间的广告平台在负责出售和运营广告后，将广告收入在开发人员与天翼空间之间进行分成。

以传统产业做比较，如果无线接入类似传统产业的"运输道路"，应用商店则类似沃尔玛之类提供"一站式"购物的商场。在移动互联网时代，同时掌控"运输道路"与"一站式"购物商场的运营商有能力成为移动互联网广告市场的一名"掠食者"。

2. 互联网服务提供商——拥有流量/用户优势

从 1999 年算起，腾讯、百度、新浪、搜狐等互联网服务提供商已有十多年互联网广告经营经验，其间积累起丰富的广告客户资源与广告运营经验，随着移动互联网广告市场的兴起，互联网服务提供商很有可能会将原有的互联网广告业务拓展至移动广告领域。与其他可能的移动互联网广告市场"掠食者"相比，互联网服务提供商更具优势的资源在于利用搜索、社交媒体、影视娱乐、音乐、视频、游戏等聚集起的大量用户与流量。如果说，传统媒体依靠内容凝聚收视率、发行量，并将收视率、发行量转化为广告收入，那么，移动互联网广告则依靠应用服务凝聚流量并将流量转化为广告收入，拥有的用户与流量越多，在移动互联网广告领域内掠食的机会就越大。

3. 传统媒体——拥有信息内容及广告主资源优势

中央电视台等传统媒体在广告领域内"摸爬滚打"的时间更久，既积累

---

① 陈敏：《天翼空间推广告内嵌模式增加收入渠道》，网易科技频道，2010 年 10 月 26 日。

起丰富的广告客户资源与广告运营经验，又直接生产新闻、娱乐等内容信息。并且，在传统媒体广告经营收入仍远远大于移动互联网广告收入的情况下，传统媒体有足够多的时间将传统媒体广告经营延展至新兴的移动互联网广告领域。

（三）争取广告主的认可与信任仍是移动互联网广告业获得突飞猛进发展的关键

1999～2009 年，互联网广告市场规模用了 10 年时间从零发展到 200 亿元。这 10 年既是广告从业者摸索新广告形式、重新学习洞察消费者的 10 年，更是让广告主逐渐认识、认可互联网广告的 10 年。移动互联网广告作为一种新的广告形式，亦需要尽快争取广告主的认可。

1. 开发更多富有亲和力的广告形式

目前，移动互联网广告形式包括：图片、文字、插播广告、html5、重力感应广告等。点击后的表现形式亦多种多样，包括观看视频、发送短信、发送邮件、iTunes Store 购买、播放音乐、查看地图、打开网页、下载程序、拨打电话等。尽管这些形式已较传统互联网广告丰富许多，但是广告主的期待更高。更易用、与目标消费者相关性更高、更有趣、更能吸引用户高度参与的移动互联网广告形式有待开发。

2. 寻找移动互联网广告"生态位"

就像广播广告的出现没有消除报纸广告；电视广告的出现没有消除报纸广告、广播广告；互联网的出现没有消除传统媒体广告一样，顺应新技术潮流而生的移动互联网广告亦不会取代旧有的广告形式，只会丰富已有广告形式。不过，新广告形式对变动中媒介生态环境的适应以确定属于自己独有的"生态位"为前提。"媒介即讯息"，移动互联网对人类感知世界方式及人类关系构建方式的改造才刚刚开始，移动互联网广告从业者尚需花些时间才能逐步参透移动互联网技术的"DNA"，从而找寻到属于移动互联网广告的独特"生态位"，并探索出与其他广告形式配合运用的"最佳方案"。如此，移动互联网广告才能尽快站稳"脚跟"。

3. 用成功的营销案例说话

奥迪 A5 新车发布的移动应用吸引着人们惊喜的目光；汰渍洗衣粉将移动

应用与客户服务结合起来提高品牌的亲和力；奢侈品牌 Coach 推出移动终端上的 Gift Finder 应用很好地解决了人们送礼的烦恼；O. P. I. 作为指甲油的品牌推出的手机互动体验在用户心中建立了品牌好感度，种种成功的营销案例需要业界大力推介，以便尽快提高广告主对移动互联网广告的熟悉度、好感度与信任度。

B.20

2011 年中国移动 APP 服务产业：
开拓期的快速成长

蒋 凡*

摘　要： 2011 年，随着移动互联网的高速发展，移动应用创新非常活跃，应用商店呈现爆发式增长。据工信部数据，2011 年中国移动应用增速居全球第一位，成全球第二大应用市场。无论移动应用下载量、用户使用情况还是开发者的开发热情，都可看出移动应用进入了快速成长期，产业特征逐渐凸显。

关键词： 移动应用服务　产业　应用开发商　用户

2011 年 11 月，在第二届中国移动开发者大会上，创新工场李开复博士曾发表过一篇主题为《蔓延——中国移动互联网的 2011》的文章，精彩阐述了 2011 年度的业界发展主线，认为移动互联网产业链的各个方面——设备、用户、内容、娱乐、消费、创业者都在快速蔓延。

当 2011 年走完，各大机构都在整理数据、分析回顾时，可以看到，作为产业基石的移动应用服务产业"蔓延"的速度和规模最为显著，只能用"第一次腾飞"来形容。

随着国内智能手机市场的扩大成形，移动应用产业天然较低的创业门槛和巨大的前景，诸多因素吸引了众多开发者投入移动创业，以数倍于 PC 互联网的发展速度，中国移动应用服务产业加快成长，其特征体现在如下几个方面。

---

* 蒋凡，友盟移动应用统计及开发者服务平台 CEO 兼创始人。友盟（Umeng）源于创新工场，2010 年 4 月在北京创建，2011 年 7 月获得经纬创投的千万级美元的投资，是中国最专业的移动应用统计分析和开发者服务平台。友盟致力于为中国的开发者提供专业的移动应用统计分析工具、实用组件以及应用联盟等推广服务。

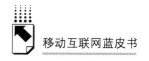

一 应用服务产业环境逐步加强：3G、低价智能手机

1. 3G 网络受用户青睐

网络环境因素对移动互联网的重要性再如何强调也不过分，也影响到很多用户对运营商的选择，友盟 2011 年的数据表明，中国联通和中国电信的市场份额继续上升，分别达到 18.9% 和 14.9%；其中，3G 联网的比例在 2011 年第三季度一度达到 18.0% 的峰值（见图 1）。

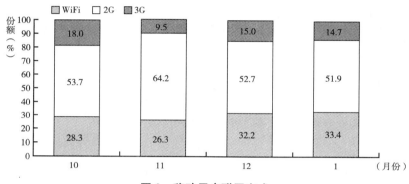

图 1　移动用户联网方式

2. 移动终端设备性能快速升级

在移动互联网的 WAP 时代，用户在手机上浏览的是以简陋的文本文件为主，对移动终端的性能要求不高。智能移动终端快速发展后，以 iPhone 为标杆，移动终端性能大大提升，大尺寸、高分辨率、高 CPU 频率甚至多核、先进丰富的

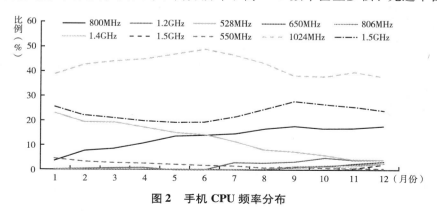

图 2　手机 CPU 频率分布

传感器等，成为移动终端厂商新一轮的竞争焦点。

以 Android 为例，由于 Android 开放式授权，可以让众多厂商基于该平台搭建自有软硬结合方案，在国内涌现出形态各异的 Android 移动设备，从友盟的 2011 年移动应用报告可以看出，Android 设备硬件性能不断提升：CPU 频率大于 1GHz 的设备比例已达到 47.9%，一半以上的手机屏幕使用高分辨率，480×800 成为最流行的手机分辨率。

二　应用开发商形成集群：职业化、规模化

1. 移动应用开发相关从业人员规模急剧扩张，团队配置更加职业化

2009 年、2010 年前已有不少开发者给予苹果公司的 APP Store 和 Android Market 开发应用，但多为袖珍团队试水，由于国内智能移动终端市场很小，多在国际市场拼搏，经营手法基本和国外团队无异。

2011 年，国内市场初步成形，业界对爆发式增长前景普遍看好，越来越多的 PC 互联网公司增设无线部门，也涌现出数量众多的中小应用开发团队进入这个领域淘金。据不完全统计，国内 APP 开发团队超过 3000 支。移动应用的开发流程更加细分和专业，更多的团队设置了专业的设计、开发、运营、市场等职位。

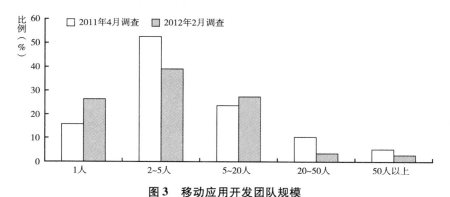

图 3　移动应用开发团队规模

2. Top 应用第一梯队浮现，成为现阶段移动应用优胜者

移动互联网应用服务重要的成熟标志之一就是已有一大批优秀应用脱颖而出，它们在中国市场上迅速把握智能移动发展先机，以用户需求为导向，凭借良好的产品体验，在各自细分领域保持领先的品牌认知和市场份额，其中不乏在全球市场上

表现不俗的优秀应用，也有不少来自传统互联网企业，由于绝大多数获得充足的融资或资金支持，在快速发展的中国移动互联网应用领域，逐渐形成第一军团。

作为国内最大的移动应用开发服务平台，友盟很早就敏锐地发现这个现象，并在 2011 年的数据分析中，设置"Top100 应用"项目，以 Top 应用作为重要样例，可折射中国移动互联网的发展轨迹。相比 2011 年 1 月，友盟"Top 100 应用"在 2011 年 10 月的日活跃用户与日启动次数分别增长了 5 倍和 7 倍。

3. 应用类型更加丰富：从工具娱乐为主拓展到垂直领域

作为用户初级需求，工具类应用在 2011 年发展到顶峰，应用开发商开始积极拓展社交、娱乐、电子商务等垂直领域，场景化设计理念被广泛接受（详见图 4、图 5）。另据友盟数据显示，和 2010 年相比，用户对 APP 的关注从基础工具已经逐步向娱乐休闲和电子商务类应用转变。

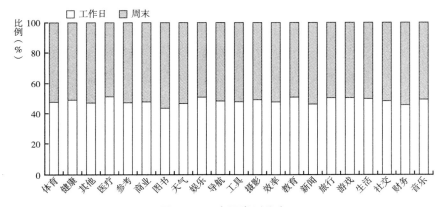

图 4　iOS 应用类型分布

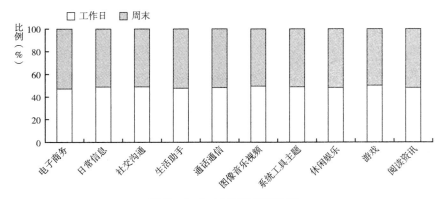

图 5　Android 应用类型分布

4. 赢利和商业模式成为移动开发团队关注的首要问题

目前移动应用开发者的主要赢利模式共有五种：①广告，②下载付费，③应用程序内付费，④一次性的软件开发费用（外包项目）⑤后期的技术支持收入等。友盟的统计调查显示，59.3% 的 Android 应用的盈利模式以广告为主，iOS 平台上这一份额也达到了 35.3%；同时还有 30.8% 的 iOS 应用采用 IAP（In-APP Purchase，应用程序内付费）①，25.0% 的 iOS 应用采用下载付费模式（见图 6）。

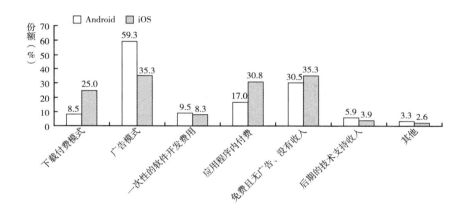

图 6　移动应用赢利模式

目前，就赢利情况来看，市场还很不成熟，据友盟的统计调查显示，无论是 Android 应用还是 iOS 应用都有超过 30% 的应用没有任何收入。另据友盟调查，53% 的开发者年收入增长低于 20%，这种现象和移动发展速度不成比例。

国内移动应用服务刚刚起步，但一些产业乱象开始凸显，如黑卡、同质竞争、非法扣费等现象非常猖獗，影响了产业的良性发展。

三　用户应用消费行为：更多时间投入，帮助决策

2011 年，用户更多地将时间和注意力投入移动互联网，并习惯于用手机应

---

① 一种智能移动终端应用程序付费的模式，可实现根据不同的商业需求，在应用程序内给客户提供附加的服务和内容，来收取费用。如创建一个订阅杂志的程序，让用户按周期付费。

用解决生活中的各种问题。相比 2010 年 12 月，友盟"Top 100 应用"的日启动次数在 2011 年增长了 9 倍（见图 7）。

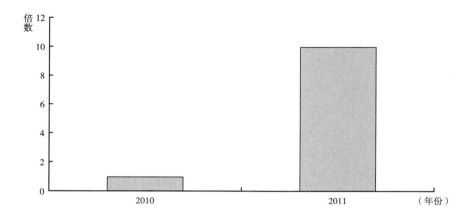

图7　友盟监测应用数据流量增长情况

值得注意的是，不同系统、不同时间下的不同用户对应用的使用行为各异，但分析显示，很多时候会表现出明显的行为特征。例如，友盟的 2011 年应用数据表明，Android 平台上电子商务类应用在 9~12 点出现使用高峰；社交沟通类应用在 0~2 点出现使用高峰（见图 8）。而 iOS 平台上健康类应用在 20~21 点达到高峰；天气类应用在 6~8 点达到高峰；教育类应用在 17~21 点达到高峰（见图 9）。

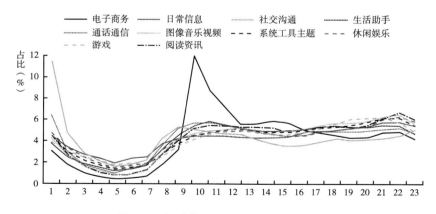

图8　不同时段 Android 应用启动次数

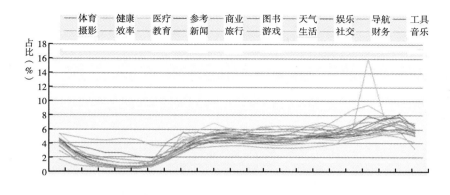

图 9　不同时段 iOS 应用启动次数

四　2012 年中国移动互联网应用发展
关键字：跨平台、运营

1. 跨平台成为必然选项

正当 Moble Native APP 开发如火如荼之时，以 HTML5 标准为核心技术、跨平台为主要诉求、Web APP 为终极形式，业界一股高举"打破围墙，开放统一"的开发浪潮也在全球悄然兴起。

跨平台意味着新的市场和用户，而且不断成熟的 HTML5 技术以及大量跨平台工具使得基数巨大的 Web 开发者也可快速开发出移动应用。

2. 运营成本凸显

根据 148APPs. biz 数据显示，截至 2012 年 2 月 28 日，APP Store 应用总数达 577058 个，其中应用程序 485747 个，游戏程序 91584 个。Google Android Market 上应用也超过 50 万个，而且中国用户在 Android Market 的人均下载量非常低，主要在国内第三方应用平台下载 Android 应用。

如何让自己的应用脱颖而出成为当前移动应用开发团队最关注的问题，在 2012 年，开发者需要高度重视运营策略，投入精力和资源进行推广营销，这也必将导致运营成本的增加。

B.21
新闻媒体借力移动互联网寻求新发展

王 棋*

摘　要： 过去十来年，互联网使媒体生态发生了革命性变化，大众媒体开始向数字化、网络化传播转型。转型远未完成，移动互联网又展示出广阔的前景。庞大的用户群体和技术、应用上的不断创新，使新闻信息传播的移动化成为越来越多人认可的发展趋势。不管是主动借力还是被动应对，许多媒体都已经在移动化道路上起步，本文主要是为媒体的移动化发展现状和趋势作简要描述和分析。

关键词： 移动互联网　手机报　WAP 网站　新闻客户端

曾经，传统的新闻媒体有大众媒体之称，即传送有限的信息给同质的视听大众。但随着新媒体的发展，信息与来源变得多样，受众更具选择权，不少传播学者都提出，新媒体决定了片段化的传播、分化的受众。随着互联网的产生，我们进入了一个新的沟通系统。过去十几年，互联网使信息传播实现了信息及传播参与者越来越多样，受众与媒体实现个人化、互动式沟通，而移动互联网的产生，使这个沟通系统向以真实个人为中心延伸，与位置对应，打破时间、空间和不同媒体介质的局限，形成更为快速、私密、整合的沟通系统，这会改变整个现有的媒体世界。

受众资源的转移是影响媒体做出选择性改变的重要因素，移动媒体发展快速，短时间已具有丰富的受众资源，截至 2011 年年底，我国拥有近 10 亿部手机，每 10 个手机用户中有近 4 人用手机上网，其中六成通过手机看新闻。为使新闻信息得到更广泛的传播，传播渠道也要跟随用户资源而转移，媒体牵手移动互联网似乎已成为必然。

---

* 王棋，人民网研究院研究员，硕士。

一　新闻信息在移动终端上的传播模式

从目前发展来看，传统新闻媒体通过移动互联网传播新闻信息主要有以下三种模式。

1. 彩信模式

随着 2G 手机的普及和多媒体短信的发展，传统新闻媒体基于彩信（MMS，多媒体信息服务）技术，开始尝试通过手机传递新闻信息，被称为彩信手机报，它是中国传统媒体在移动平台上的早期创新尝试，也是目前主要的传播方式之一。这种模式的具体方法是，既有的报纸、新闻网站、广播电视等媒体作为 CP（内容提供商），通过中国移动、中国联通等运营商提供的无线传输网络，向手机短信的终端用户提供信息，手机用户则通过短信定制、短信点播获取信息，而运营商和 SP 按照协议各自获取短信用户缴纳的信息服务费①。

2. 互联网模式

互联网模式是指传统新闻媒体通过建立 WAP② 网站，借此进入移动网络，使读者可以通过手机登录指定的网址（通常域名为 wap. com），来阅读当天发布的新闻信息，形式上类似于互联网上的新闻门户。由于能够浏览 WAP 网页的手机很普及，因而这种方式被广泛使用。许多媒体在推出彩信手机报的同时也推出 WAP 网站，因为与彩信版相比，这种方式在用户体验上更容易被读者所接受。彩信手机报受到容量或功能的限制及传输信号强弱的影响较大，而只要用户手机开通上网功能，即可比较顺畅地浏览 WAP 网站。

随着通信技术、页面技术和移动终端的升级换代，现有的 WAP 网站也面临转型。现有的 WAP 网站采用 WML 技术开发，能实现的功能简单，页面展现形式以文字为主。为达到更好的传播效果和提升用户体验，现在一些媒体开始推出用 XHTML 标准语言开发的 WAP 网站，即 WAP 2.0 网站，业界也有人把它称为

---

① 匡文波：《手机媒体——新媒体中的新革命》，华夏出版社，2010，第 37 页。

② WAP（Wireless Application Protocol）为无线应用协议，是一项全球性的网络通信协议。WAP 使移动 Internet 有了一个通行的标准，其目标是将 Internet 的丰富信息及先进的业务引入移动电话等无线终端之中，把目前 Internet 上 HTML 语言的信息转换成用 WML（Wireless Markup Language）描述的信息，显示在移动电话的显示屏上。

3G 网站，如人民网的 3g. people. com. cn、新浪的 3g. sina. com. cn 等。WAP 2.0 网站在功能和呈现上更加丰富，可承载更多的图片、多媒体、视频等。

随着智能终端的普及，互联网模式的另一种实现形式即用户通过智能终端直接登录媒体的 Web 网站（也有称作 WWW 网站）。随着智能终端的使用增长、3G 和 WiFi 的普及，以及 HTML5 被广泛采用，未来这种模式将成为主流。

3. APP 模式

因苹果公司推出 APP Store（应用程序商店）大获成功，产业链巨头包括 Google、三星、诺基亚、中国移动和中国联通等纷纷跟进推出自己的手机应用商店。一时间，通过下载手机应用商店中的各种应用软件接入网络，迅速成为用户接入移动互联网的一种重要方式。据工信部数据显示，目前全球累计有 160 余家应用商店。市场份额最大的应用商店分别是苹果的 APP Store 和谷歌的 Android Market，其中苹果商店的应用数量超过 50 万，下载量达到 250 亿次。

传统媒体也纷纷在各大应用商店中建设自己的新闻客户端，旨在抢占新的传播渠道。传统新闻媒体通过在应用商店里发布自建的新闻客户端，并进行新闻更新和维护，用户则通过移动网络把新闻客户端下载到智能终端上，可随时打开阅览。但由于应用商店只有在智能终端上才可以使用，因而在普及推广上受到一定限制。

二　手机报发展情况分析

（一）手机报①的定义

中国移动的官方网站上对于手机报的介绍是：手机报是中国移动与国内主流媒体单位合作，通过彩信方式，向用户提供即时资讯服务（含新闻、体育、娱乐、文化、生活等内容）的一项中国移动自有业务。②

而在学术界，对手机报定义比较具有代表性的包括以下几种。

---

① 本文中讲的手机报不包括手机报 WAP 版，在后文中会单独分析 WAP 网站。
② 中国移动北京公司官网，http://www. bj. 10086. cn/index/products/info/63031/。

（1）手机报是指将纸质报纸的新闻内容，通过移动通信技术平台传播，使用户能通过手机阅读到报纸内容的一种信息传播业务。[①]

（2）手机报纸就是具有独特风格的，以手机等移动终端为载体，将电子信息、服务资讯传递给用户的一种媒体，其形式上应适合手机屏幕，手机的操作、阅读习惯，内容上注重个性化，即时互动性，并提供一些特色资讯服务。[②]

通过这些定义，我们可以看出手机报的几个传播要素：手机报的传播内容是众多新闻、资讯等信息的汇集；传播渠道是无线技术平台；传播形式是彩信形式，图文并茂；传播对象是手机用户；传播终端载体是手机。综上所述，手机报可看做是利用现代无线通信技术，通过无线网络为定制用户提供的综合资讯服务，手机为其基本终端载体。对于生产内容的媒体来说，手机报是指把信息内容通过无线技术平台发送到手机终端上，用户通过手机终端阅读的一种信息传播业务；而对于网络运营商来说，手机报是一项增值业务，特指中国移动、中国联通这样的移动通信运营商联手媒体，通过手机为广大用户提供各类资讯的信息服务。

（二）手机报在中国的发展

2004 年 7 月 18 日，《中国妇女报》推出中国第一份手机报——《中国妇女报·彩信版》，揭开了传统媒体与移动平台联姻的序幕。之后传统媒体和移动通信运营商合作不断推出各种手机报。作为报业数字出版的一种新形式，近几年来，全国各地的手机报如雨后春笋般涌现，发展速度十分迅猛。中国移动数据透露，截至 2010 年 5 月，中国移动的手机报用户已经超过了 4500 万，并且仍在增长中。

（三）手机报的赢利模式及营收状况

从目前手机报（彩信版）的实践看，手机报主要通过两种手段实现赢利。一是对彩信定制用户收取包月订阅费；二是延续传统媒体的赢利方式，通过吸引

---

① 匡文波：《手机媒体概论》，中国人民大学出版社，2006，第 54 页。
② 韩梅：《手机报纸的颠覆》，http：//media.people.com.cn/GB/22114/52789/63795/4388035.html，2011 年 2 月 22 日访问。

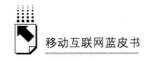

用户来获取广告。但限于彩信容量和相关政策，嵌入式广告非常有限，因而目前各手机报主要采用第一种模式来赢利。

由于几年内手机报数量剧增，内容同质化严重，悄然隐现恶性竞争的苗头，真正赚钱的手机报并不多。据相关经营部门透露，全国性的手机报相对较好，订户数都在1万以上；但地方性的手机报就更艰难，有的订户数不到1万，导致收入水平低同时也不能产生广告价值。

根据易观国际《2011年第四季度中国移动阅读市场监测》的数据显示，2011年第四季度中国手机阅读市场总营收增速放缓，仅增长0.04%，达11.84亿元。其中，手机报收入为5.94亿元，环比出现负增长。同时还指出，从业务构成来看，手机报在手机阅读业务中的比重明显降低。

（四）手机报发展中存在的问题

1. 内容同质化现象严重

我国手机报是在报纸业务的基础上发展起来的，大都沿袭了报纸在内容、定位等方面的传统。手机报所有的业务运作，包括新闻来源、内容分类等都是依附于传统报纸媒体或者互联网。因此，纵观各类手机报的内容，并没有最大程度发挥手机这样一个新媒体的优势，更多的都是传统媒体内容与形式在手机上的一种延续。其他媒体上的内容直接翻版到用户的手机上，在内容方面凸显个性化不足。手机报成了其他媒体的手机版。据相关经营部门统计，当前报纸、新闻网站和手机报每天重复率高达60%。

2. 广告价值尚未体现

从理论上讲，手机是一个精准营销的广告平台，具有很高的广告价值。但是，从目前的情况来看，手机报的广告平台尚未真正建立起来，其原因和整个移动互联网广告平台、形式、收费和监测尚未形成很好的模式有关，也有手机报内在的原因，如广告形式是采用强迫型（即不经用户同意而发送广告）还是选择型（由用户自选或同意发送广告）；在广告平台搭建上运营商和内容信息谁掌握主动权和控制权，如何分利，都是值得较量和博弈一番的，只有双方达成共识，才能建立一个有效的广告平台，突破目前的单靠订阅费维持生计的局面。

3. 依附状态导致经营意识淡薄

目前手机报赢利无论采用包月订阅、计时计费，还是广告模式，都存在着一个根本性问题，即很多手机报依附于报业集团的供养，媒体只把它当做传播及扩大影响的手段，没有成为独立经营的实体，缺乏内在的赢利驱动和外在的竞争压力，导致经营意识淡薄，市场竞争观念差，赢利模式模糊。同时，手机报的依附状态也使自身的独立运营受到限制，难以挖掘自身潜能。在媒介经济高度发达的今天，如不解决利润问题，手机报的发展将举步维艰。

三　新闻媒体 WAP 网站发展分析

（一）新闻媒体 WAP 网站在中国的发展

在 WAP 网站建设方面，2004 年 2 月 24 日，人民网推出国内首家以手机为终端的"两会"无线新闻网，新闻媒体首次实现借助手机报道国家重大政治活动新闻。同年 12 月，人民网、新华网、千龙网联合创办了"掌上天下"手机网站，成为重点新闻网站在移动互联领域的旗帜；同时，重庆联通与重庆各大报纸也开展合作，联合推出了《重庆晨报》、《重庆晚报》和《热报》WAP 网络版。其后，各大传统媒体纷纷发展其移动业务，包括 2005 年，广东移动与新华社广东分社、广州日报报业集团、南方报业传媒集团和羊城晚报报业集团等联合推出"手机报纸"（包括彩信版和 WAP 版），其 WAP 版很像手机上的互联网新闻门户，读者可通过登录"移动梦网"进入"广东风采"阅读当天报业集团提供的新闻信息。目前，中央及地方的许多报业集团和新闻网站都建有自己的 WAP 网站，另外一些专业类报刊也开设有 WAP 网站，如石油手机报、法制手机报。据笔者不完全统计，由报业集团或其新闻网站建的 WAP 网站已超过 100 个。

另外，一些广播、电视台也建有自己的 WAP 网站，如 CCTV 的手机央视网，但由于现有 WAP 网站本身的局限和网络、终端的限制，广播、电视台建的手机网还是以图文传播为主，还不太能体现广播、电视以音视频传播为主的优势。但相信随着 3G 技术、智能终端的普及，以及相关政策、牌照等问题的解决，广播、电视在移动互联网建设方面会有突破性的发展。

（二）赢利成媒体 WAP 网站发展的短板

一些新闻媒体的 WAP 网站对浏览用户实行按时间计费，但事实上目前许多

WAP 网站都是免费浏览的（只收取流量费，由运营商获取）。《广州日报》虽然在国内较早建有 WAP 网站，但仍处于市场开拓阶段，浏览免费。可以说这一部分收入现在基本上还没有形成。与传统媒体相比，虽然有一定的优势，但 WAP 网站就运营状况来看，还存在不少局限和劣势，主要表现在新闻容量小、受众相对较少、赢利前景不明。发展模式是在 2G 环境下建立起来的，价值链以运营商为核心，内容提供商还是要受制于运营商。

（三）WAP 2.0 的尝试和发展

据工信部负责人公布的相关数据，截至 2011 年年底，3G 网络覆盖全国所有地市，用户数达到 1.35 亿。随着 3G 手机和 3G 网络使用的增加，媒体向移动方向发展有了更多可能。早期在这方面展开探索的是《广州日报》。2007 年 5 月，《广州日报》与 3G 门户合作推出手机免费网站"广州日报 3G 门户"，从技术上来说，采用 XHTML，属于 WAP 2.0 网站。该网站 24 小时滚动发布重大新闻，推出了全方位的生活娱乐资讯，包括股市行情、公交、航空线路查询、手机购书和输入车牌号查询违章记录等 20 多种便民服务功能，此外还引入了互动报料和评论平台。据当时的数据显示，开通不到两天时间里，就有超过 12.8 万人登录查看新闻资讯，总点击量超过了 96 万人次。随后，其他媒体也相继推出 WAP 2.0 网站（业内也称 3G 网站），包括人民网、《南方日报》等。3G 时代，在移动端的传播内容上，不只局限于文字和图片，更呈现出多媒体化，容量和功能也更加丰富。

四　新闻客户端发展情况分析

据工信部通信发展司副司长陈家春在"移动互联时代的传播创新"论坛上介绍说，从全球看，应用商店成为当前移动互联网服务的主要载体。截至 2011 年年底，全球共有 160 余家应用商店，最大的应用商店应用数达到 50 万，累计下载量达到 250 亿次。许多互联网、电信、终端制造企业均开设了自营应用商店。因而基于应用商店模式开发新闻客户端，成为新闻媒体新的角逐之地。

（一）新闻客户端在中国的发展

1. 新闻客户端规模

根据苹果公司 2011 年底发布的最新数据，其 APP Store 上的应用软件（客户端）已经超过了 50 万款，游戏在数量和排名上都高于其他类应用。据笔者不完全统计，截至 2011 年 11 月，APP Store 上新闻类应用（客户端）有 11000 款左右；其中，简体中文新闻客户端也接近 300 款。中国传统媒体中，最早在 iPhone 上开发客户端的是《南方周末》，时间是 2009 年 10 月；其后其他媒体纷纷跟进，包括《人民日报》、《解放日报》等，同时新闻门户网站如人民网、新浪网等也都开发建有自己的新闻客户端。

2. 新闻客户端下载排名情况

根据苹果发布的 iTunes APP Store 中国区 2011 年的下载量（销量）统计排名，iPhone 平台上新闻类排名前五位的依次是 ZAKER、网易新闻、Instapaper、Reeder、腾讯爱看；据笔者 2011 年 12 月 10 日进行的实时统计，新闻类客户端排名前五位的依次是财经杂志、网易新闻、百度新闻、地产杂志、掌中新浪。当然，排名情况可能会受一些推广因素的干扰。

3. 新闻客户端运营主体

在国内，新闻客户端运营主体主要分为以下三股力量。

一是传统媒体，包括报纸杂志、广播电视台和通讯社，其中报纸杂志的客户端在数量上占有绝对优势。据笔者 2011 年 11 月统计，中国大陆发行的中文报刊有超过 100 家在 iPad 平台上拥有自己的客户端。

二是网络媒体，主要包括新闻网站、门户网站（包括地方门户）以及其他一些专业信息网站。网络媒体的新闻客户端不仅在数量上占有相当比例，并在新闻类应用下载中都位居前列。

三是新诞生的移动互联网公司，作为随着移动互联网发展诞生的新的新闻信息传播的主体，移动互联网公司目前推出的新闻类客户端虽数量不多，但有一定的特色和用户群。这些新闻客户端多以新闻信息汇总或用户自产信息汇集为主，深受年轻用户的喜爱。

（二）新闻客户端的特点

就目前来看，传统媒体和新闻网站推出的新闻客户端更多的是自身在新传播平台的延展，即内容和形式上都保留了原有特点。如报刊类，大多是印刷版的电子化，版式页面与纸版无异，顺序阅读、翻页浏览；而新闻网站推出的客户端则延续了网站的特点，首页展示标题连接，点击阅读等。当然，新闻客户端也有自身的以下一些新特点。

1. 更新方式上分流式和版式

目前国内的新闻客户端的更新方式有两种模式：一种是流式，像流水一样，随时更新，网站的新闻客户端多采用这种方式，例如《南方周末》，其客户端与数字媒体的后台系统是统一的，负责数字媒体的编辑在更新数字媒体新闻之时，同时更新客户端的内容；另一种是版式，以期为单位更新，杂志多采用该模式，《人民日报》也采用版式，相当于《人民日报》的电子版，每日更新，需下载阅读。另外，也有媒体采取流式和版式相结合，如解放报业，在一个客户端入口中，既有按期更新的报纸电子版，又有即时信息发布。

2. 内容上整合传媒集团下多种资源

除纯为纸质报刊的电子版客户端外，其他客户端中内容资源都较纸质版更为丰富。一部分是"一端多报"，即一个客户端可阅读整个报业集团所有报系资源，如"南周阅读器"、"解放报业"、"21世纪"、"浙江在线"等。另外，多数还整合了报刊的网络新闻资源，如"解放报业"客户端即为集团下四份报纸和解放牛网的整合资源；"深圳传媒"客户端即为深圳报业集团的报刊、杂志、网站的整合资源。

3. 第三方新闻客户端重视微内容聚合，迎合"碎片化"需求

移动智能终端的新闻客户端中，出现越来越多的微内容聚合的客户端，如"每日博客精选"、"草莓派"、"推图秀"等，都是聚合博客、微博等用户自产内容的新闻客户端，内容丰富，且在用户中较受欢迎，下载热度排名都较靠前。其中"每日博客精选"是收费（1.99美元）下载，且用户评价不错。

（三）新闻客户端在探索中不断完善和发展

就目前而言，新闻客户端这种模式已成为传统媒体借力移动互联网的一种重要方式，大有抢滩之势。但笔者认为有几点是传统媒体在建设客户端过程中应重视的。

1. 转变思维，提供"个性化新闻定制"

新闻媒体不能以简单传播者身份跻身客户端市场，而要更多吸收第三方应用开发者的思维特点，结合技术的创新能力，实现资讯内容产品化，愈精准愈有价值。编辑与新闻接受者的互动应该更加紧密，受众可以把自己感兴趣的资讯诉求通过移动终端告知媒体并参与到新闻制作过程中，媒体机构也应跟踪用户行为、了解用户需求，提供更具针对性的"个性化新闻定制"。

2. 提高信息聚合能力，提升交互功能服务

新闻媒体不能把客户端只当做是内容传播渠道的扩充，只把实体刊物的内容简单地复制到客户端上。而应利用新技术手段，扩充信息来源，丰富新闻内容，提高新闻资讯聚合、整理、加工、解读能力，转变传统的采编流程和思维方式，优化资讯服务能力。并结合新媒体特点，从点对面的传播转变为点对点、点对面的传播相结合。

3. 重视客户端的运营推广和用户体验

在运营新闻客户端过程中，不仅要利用原有品牌优势吸引客户，还应重视客户端的运营推广，重视吸引用户下载、安装、使用媒体客户端，培养用户的使用习惯和黏性。同时应重视用户体验，在强竞争环境中，维系已有用户将至关重要。

五 移动新闻信息传播未来趋势预测

1. 现有模式借技术升级

无论是现有的彩信模式的手机报，还是 WAP 网站都是 2G 时代的产物，属于手机媒体的过渡形态，在信息传播上还有很大的局限性，也制约了手机媒体的发展。随着 3G 网络、WiFi 和智能终端的越来越普及，WAP 2.0 已经开始被使用，可推出综合影、音、图、文为一体的全新全媒体移动信息平台。但技术发展远不止步于此，2004 年由 Apple、Opera 和 Mozilla 三家牵头组成的 WHATWG 工作组出现。2008 年，这个工作组进一步扩大，项目内容被命名为 HTML5。2010 年之后随着通信技术的发展，移动设备在终端市场占比日益提高，HTML5 的发展越来越受到重视和开始被采用，并有可能取代 WAP、XHTML 等，这种能使桌面互联网和移动互联网实现统一的技术标准，若被广泛采用，势必又是一次突破。媒体自身应时刻准备并不断寻求如何借力于新技术，突破局限，为用户提供更高层次、更为广阔的内容展示和服务空间。

2. 客户端形式是未来几年的发展重点

从受众角度来说，智能手机使用规模增长趋势明显，其更友好的上网体验吸引了越来越多的用户使用移动互联网；同时，这两年移动应用和应用商店模式的飞速发展，也培养了很多用户通过各应用来进行移动互联网上各种活动的习惯。因而新闻客户端的建设应作为媒体移动发展战略的重点。

另一方面，就传统纸媒来说，新闻客户端可以保留报刊原有版式，保有顺序阅读式的结构，比新闻网站的网状发散式结构更贴近纸媒，但又可以实现传播形式的多样，承传与创新相结合，能使其以独特的不可替代的形象与媒体形态立于传播媒介之中。①

3. 移动媒介的特性和优势将日益显现

随着3G等移动互联网技术的飞速发展，无论以彩信、网页还是客户端形式呈现，移动媒体自身的特点和优势将日益显现：（1）时效性：移动媒体信息传播优势之一即它突破了其他媒体在信息传播中存在的时间、空间限制，可实现最大限度的信息实时传递。因而在新闻的实时推送、突发新闻的快速传播等方面，可以建立起更高效的机制。（2）互动性：移动媒体的互动性体现在受众通过手机等终端可随时随地自由地发布和传播信息。媒体应重视在未来如何更好地利用这点，如通过受众获取一手新闻，通过鼓励受众参与而在更大范围传递信息，这将极大地提升新闻信息的服务能力。（3）精准定位：由于手机号码的实名制以及移动终端能够定位的特性，每一个移动终端都代表了一个明确的受众，其特征、兴趣、使用习惯、价值趋向以及地理位置等也是相对明确的，这为媒体实现个性化、定制化服务提供了基础。把这些特点和优势融入移动媒体建设中，将对新闻信息传播产生深远的影响。

4. 移动媒体的广告价值日益显现

移动媒体的广告价值日益凸显，主要受三方面因素推动：（1）移动网络环境和移动终端的改善，使移动媒体广告可以以全媒体的形式呈现，不再局限于少量的文字链和图片，有很好的广告展示效果，同时也可容纳更多的广告量，为移

---

① 官建文、王棋：《移动客户端：平面媒体转型再造的新机遇》，《新闻战线》2011年第9期。

动媒体广告创新提供有力的支撑。（2）广告主对精准营销和互动营销的需求日益加大，而移动媒体，特别是手机媒体是现阶段唯一能对应到明确个体的媒介，且其伴随性也使其实时互动价值凸显。（3）用户对移动广告的接受程度逐渐提高，特别是对生活娱乐信息等能够为用户带来实际价值的广告。

5. 移动化发展中，媒体需重新定位

移动互联网延伸了互联网对信息传播的革命，新闻媒体不再是把有限的信息传给同质的视听大众的大众媒体，它需要面对分化的、个性的、有选择、重参与的受众，新的传播平台是融合多种传播形态、同步和异步统一的平台，原有的纸媒在这个平台上可能不只传播图文，原有的广播电视可能不只传播音画，它们可以利用这个平台实现跨媒体、全媒体的传播，还能专注于专业化或细分的市场。这是未来媒体不得不面对的问题，需要重新定位和进行战略抉择。

B.22
2011 年中国移动互联网用户报告

李艳程　许雯*

摘　要：2011 年的中国移动互联网用户中，传统手机用户仍然占主流，智能手机和平板电脑用户亦增长迅速。本文分析、介绍中国移动互联网手机用户的属性、规模、使用习惯及喜好等等，同时也比较智能手机、平板电脑与传统手机的用户特征及网络使用情况等，力图勾勒出 2011 年中国移动互联网用户的年度特征。

关键词：移动互联网　用户　移动应用　智能手机　平板电脑

移动互联网在全球卷起的浪潮方兴未艾。2011 年，中国移动互联网用户达到 4.31 亿，[1] 其中使用手机终端的用户占比高达 98%；[2] 其他各类终端[3]的用户尚不成规模，即使是在全球范围包括中国市场里备受瞩目的平板电脑，[4] 2011 年在中国的用户规模也不足中国整体移动互联网用户的 2%[5]。因此，本文主要对移动互联网手机用户进行分析，个别分析涉及平板电脑用户，其他接入移动互联网的终端设备用户暂不涉及。

---

* 李艳程、许雯，均为人民网研究院研究员，硕士。

[1] 易观国际 2012 年 2 月 21 日发布产业数据，截至 2011 年年末，中国移动互联网用户规模已达 4.31 亿，全年市场规模达到 862.2 亿元。

[2] 根据工业和信息化部统计数据，截至 2011 年年底，手机上网用户占移动互联网用户总数的 98%，无线上网卡用户仅占 2%。

[3] 根据摩根斯坦利（Morgan Stanley）2011 年移动互联网全球市场报告：以终端对应用户群，包括了手机（传统手机及智能手机）、阅读器（如 Kindle）、平板电脑（如 iPad）、MP3、PDA、车载 GPS/ABS、移动视频、家庭娱乐设施、游戏机以及无线家电等 10 大用户类别，且在未来，将朝着各终端设备融合的方向发展。

[4] 根据美国市场研究公司 IDC 的统计，2011 年，全球平板电脑出货总量为 7400 万台，其中美国占超过 50%，欧洲地区占 30%，亚洲地区（含中日韩印）仅占 15%（约为 1110 万台），拉美地区占 5%。

[5] 根据赛迪顾问于 2012 年 2 月发布的《2011~2012 中国移动终端市场发展研究报告》，2011 年中国市场平板电脑销量接近 500 万部。

一 用户属性

1. 性别

2011 年我国移动互联网用户（以下简称"移动用户"）中，男性占比大于女性。其中，男性手机网民比例达到 58.1%，女性占比为 41.9%，性别比例的绝对差距为 16.2%。同时，与 2010 年相比，男性手机网民占比略有上升，如图 1 所示。相比之下，我国移动用户中平板电脑用户的性别差异更为明显。男性平板电脑用户占比高达 64.3%，女性用户占比不足四成，性别比例的绝对差距为 28.6%（见图 2）。

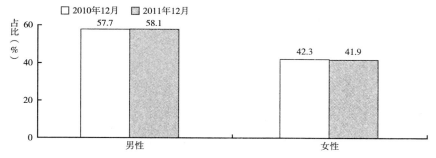

图 1   2010 年 12 月至 2011 年 12 月手机网民用户性别结构

资料来源：CNNIC。

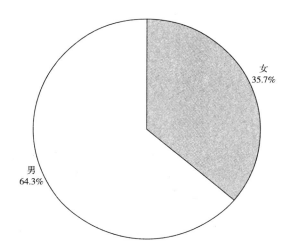

图 2   2011 年中国网民平板电脑用户性别结构

资料来源：艾瑞咨询。

2. 年龄

从用户年龄上看，移动用户更加集中在年轻群体，呈现年轻化特点。手机网民中 20～29 岁的青年用户占主体地位，占比高达 36.0%；其次为 10～19 岁的青少年用户，占比为 29.8%（见图 3）。平板电脑用户年轻化特征更为突出，25～34 岁的用户群体超六成（见图 4）。值得注意的是，与 2010 年相比，手机网民 30～39 岁人群比例在 2011 年上升了 2.9 个百分点，显示出移动用户年龄的成熟化趋势。

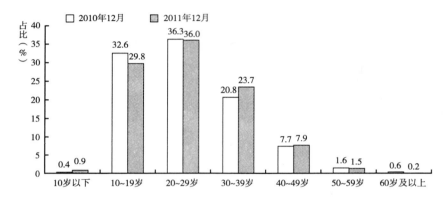

图 3 2010 年 12 月至 2011 年 12 月移动互联网手机用户年龄结构

资料来源：CNNIC。

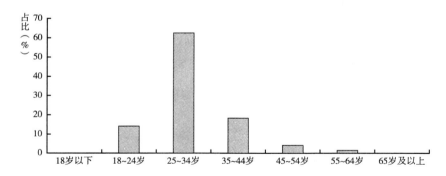

图 4 2011 年中国网民平板电脑用户年龄结构

资料来源：艾瑞咨询。

3. 学历

移动用户整体呈现高学历的特征。与 2010 年相比，手机网民学历结构变化不大。其中，以初中学历和高中学历的人群占多数，23.9% 的人群拥有大学专科及以上学历（见图 5）。平板电脑用户受教育程度相对更高，拥有大学专科及以上学历的用户占比高达 88%（见图 6）。

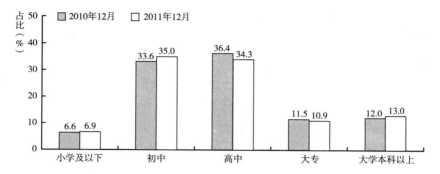

图 5　2010 年 12 月至 2011 年 12 月移动互联网手机用户受教育程度比较

资料来源：CNNIC。

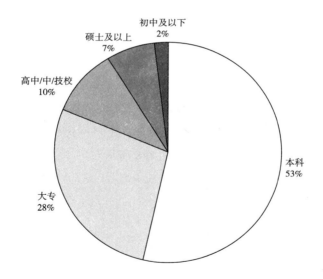

图 6　2011 年平板电脑用户受教育程度结构

资料来源：互联网消费调研中心。

4. 收入

整体来看，移动用户群体收入较为可观。以手机网民收入结构为例，2011年，手机网民中个人月收入在 2000 元以上的群体占比为 41.2%，比 2010 年增长了 8.2 个百分点，如图 7 所示。

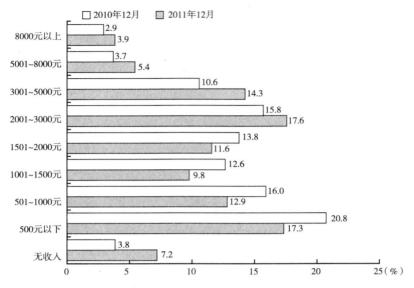

图7 2010年12月至2011年12月移动互联网手机用户个人月收入结构

资料来源：CNNIC。

5. 城乡

2011年，移动用户的城乡分布情况悬殊。其中，城镇手机网民占比超七成，农村手机网民占比不足三成；与2010年相比，手机网民中农村人口占比下降近2个百分点，城乡差距也进一步拉大，如图8所示。

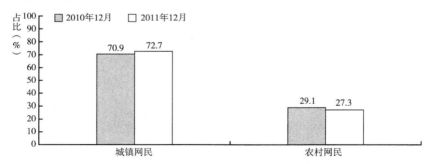

图8 2010年12月至2011年12月移动互联网手机用户城乡分布

资料来源：CNNIC。

6. 与整体互联网用户的比较

根据CNNIC发布的《第29次中国互联网络发展状况统计报告》中的统计数

据,与我国互联网整体网民属性相比,移动用户男性占比更多,更加年轻,受教育水平更高。移动互联网依托移动终端互动、分众、及时、便捷的特性,吸引了对新事物有较强接受能力的年轻群体和高学历人群的关注。

其中,移动互联网网民中手机、平板电脑用户男性占比分别比整体网民中男性所占比例高出 2 个和 8 个百分点;移动用户更加集中在年轻群体,20~29 岁人群占比达到 36.0%,比整体网民中这一年龄段占比高出 6 个百分点;整体网民中 22.4% 的人拥有大学专科及以上学历,而手机用户中的 23.9%、平板电脑用户中的 88% 拥有大学专科及以上学历。

二 用户规模及年度增长情况

(一) 整体用户规模及增长情况

在过去三年里,中国移动互联网取得了爆炸式增长,手机用户是其中首要推力。2008 年,中国移动互联网网民仅为 1.18 亿[①];2011 年,仅 1~11 月,中国手机用户规模就净增 1.19 亿,总规模达 9.75 亿,其中使用移动互联网的手机用户规模已高达 3.56 亿[②]。相比 2008 年,2011 年这一规模增长了 202.4%,同比增长 17.5%。三年间,移动互联网网民规模持续显著扩大。

另外,中国移动互联网手机用户整体规模的增速持续下降,见图 9。

2009 年,无线网络流量资费大幅调低,移动互联网手机用户爆发增长,规模达到 2.33 亿,增速高达 98.5%。到 2010 年,随着价格战带来的推广效应逐步被市场消化,增速降低至 29.7%。2011 年,手机网民增速继续下降。这主要由于 2011 年三大运营商转移市场推广重心,着力开发智能手机终端这一潜力市场,以期通过智能手机良好的用户体验赢得更多用户。然而,现阶段的智能手机成本及使用资费还比较高,导致购买的用户往往是对现有手机硬件有较强更新换代需求且有一定收入支撑的网民,这使其用户来源受到较大的局限,造成2011 年移动互联网整体手机用户规模的同比增长速度(仅为 17.5%)下降的情况。

---

① 数据来源于工信部。
② 数据来源于 CNNIC。

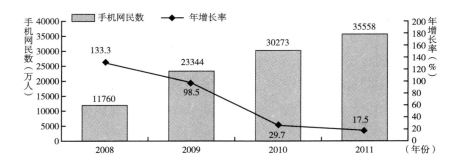

图9 移动互联网手机用户规模

资料来源：CNNIC。

（二）移动应用细分用户概况及增长

未来，推动移动互联网用户规模增长的重要力量之一在于移动应用创新。2011 年，共有即时通信（Instant Message，IM）、社交网站（Social Networking Software，SNS）、微博、邮件、网络新闻、网络音乐、网络文学、网络视频、网络游戏、搜索、在线发帖回帖、在线支付、网上银行、网络购物、旅游预订、团购等 16 类移动互联网应用类别，总体发展状况良好。然而，16 类应用在手机用户中的渗透率表现迥异，渗透率的同比增速也各呈不同态势。

1. 渗透率横向比较

从图 10 可以看出，16 类移动应用的用户使用率由 83.1% 到 2.9% 不等，呈现出较大差异。这主要受市场推广、技术门槛、使用习惯等因素影响。

其中，即时通信是渗透率最高的移动应用，高达 83.1%。这主要得益于两方面：其一，在互联网领域中，中国的即时通讯用户形成了庞大的用户规模，并呈现较高黏性，并将使用平台转移或扩展至移动互联网上。现有的移动即时通讯用户大多来源于此；其二，即时通信已经成为手机终端的标准预置产品，使用门槛较低。

虽然团购曾红极一时，余热未了，但 2011 年的移动团购应用的渗透率面临着和整体团购一致的寒潮，渗透率最低，仅有 2.9%。

在平板电脑中，应用的渗透状况有所不同。

从图 11 可以看出，在移动互联网的平板电脑用户中，使用移动应用的行为活跃。网络新闻的渗透率最高，为 76.9%，高于手机用户的渗透率。其次为娱

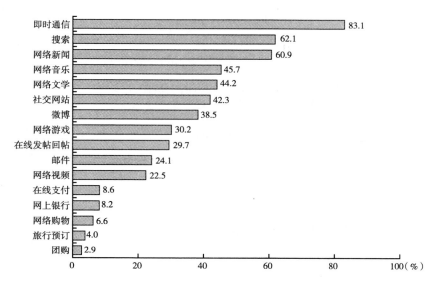

图 10　2011 年 16 类手机移动应用的用户使用率

资料来源：CNNIC。

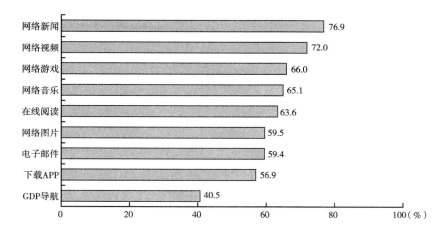

图 11　2011 年平板电脑移动应用的用户使用率

资料来源：艾瑞咨询。

乐应用的代表——"网络视频"，占比 72%，远远高于手机用户渗透率（22.5%），如图 11 所示。这可以从以下三方面分析。

（1）平板电脑用户群的属性：平板电脑用户的主体之一是有一定经济实力

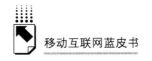

的年轻男性，他们对电子产品的关注高于普遍群体。

（2）以 iPad 为代表的平板电脑自推出伊始就以娱乐导向为产品定位，其硬件配置及无鼠标无键盘的特征决定了其办公的相关功能较差、宽屏幕而轻薄便携的设计则很好地支持了视频、游戏等娱乐功能的使用。

（3）针对平板电脑的娱乐移动应用开发量足、来源丰富。

2. 16 类细分用户渗透率的年度增长速度

以应用的功能属性来区分，2011 年移动应用同比渗透率增速可分为如下两类情况。

（1）沟通类应用领先发展，微博与 IM 当先。

2011 年，移动微博的使用率同比增加了 23 个百分点，在 16 类移动应用中增幅最高。微博具有碎片化、即时性、现场感等特性，而手机这一终端，也具有即时性、随拍随发、信息呈现碎片化、便携等属性。因此，手机与微博的结合，能够最大限度地发挥微博的自媒体优势，两者相得益彰。

移动 IM 的渗透增速保持大幅上升，同比增幅达 15.4 个百分点，超过了即时通信在整体网民中的使用率①。即时通信服务商推动即时通信成为手机终端的标准预置产品，无须下载安装，只需开通无线网络即可即刻使用，意味着门槛的大幅降低，从而有效地提升了用户使用率。

此外，搜索、网络新闻、在线发帖回帖、社交网站、邮件等其他沟通类应用和信息获取类应用也取得了稳步发展，2011 年同比使用率均有小幅度提升（见图 12）。主要市场推动力为用户体验的提升——WAP 版本或客户端的推出，以及手机浏览器产品功能及服务的优化，都有效地推进了用户使用深度。

（2）商务与娱乐类应用发展缓慢，技术成壁垒。

在线支付、网上银行及网络购物等电子商务类应用现仍处于发展初期，消费市场信任度及消费习惯还未充分建立。另外，用户往往需要在手机较小的屏幕上完成比价、咨询的过程，才能完成购买，界面不够友好，体验相对较差，而目前，移动应用开发者也未寻找出优化的解决方案，由此导致移动电商应用的发展滞缓。

作为典型的娱乐类移动应用，移动视频的业务发展也受到技术瓶颈制约——

---

① 截至 2011 年 12 月，整体网民的即时通信使用率为 80.9%。

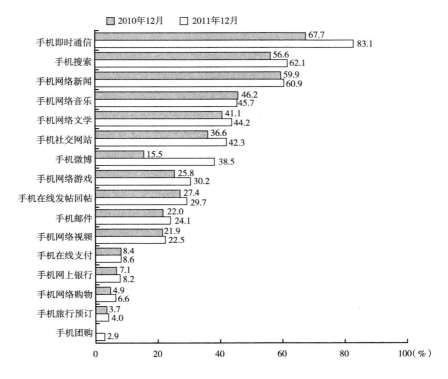

图 12　2010 年 12 月至 2011 年 12 月移动互联网手机应用

资料来源：CNNIC。

视频应用需要消耗大量的无线网络流量，然而，目前无线网络基础设施一般、带宽不稳定，且资费较高；加之优质视频内容生产的缺乏，视频应用远远无法满足用户需求。

3. 其中 8 类典型应用的传统手机与智能手机用户的规模、增速对比

智能手机（Smartphone）是指"像个人电脑一样，具有独立的操作系统，可以由用户自行安装软件、游戏等第三方服务商提供的程序，通过此类程序来不断对手机的功能进行扩充，并可以通过移动通信网络来实现无线网络接入的这样一类手机的总称"①。虽然智能手机目前尚未得到普及，对移动互联网目前的整体规模推动作用并不十分显著，然而，随着各大互联网服务商的竞相布局，智能手机用户规模已为移动互联网应用的爆发提供了良好的基础，并将可能进一步推动

————————————

① 定义取自百度百科。

手机移动互联网用户规模进入下一轮高速增长周期。

智能手机的潜力不言而喻，智能手机网民使用的移动互联网应用更为丰富，主流应用渗透率相对非智能手机网民而言均有不同程度的提升，图13显示了16类移动应用中，8类典型应用在智能手机与传统手机中的增速比较。

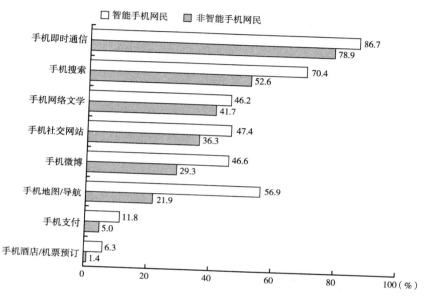

图13 智能手机网民与传统手机网民使用典型应用的情况比较

资料来源：CNNIC。

图13的比较结果可分为以下三类。

（1）地图/导航是渗透率提升最快的移动应用，相对于其在传统手机中21.9%的渗透率，智能手机取得了56.9%的渗透率，提升幅度高达35%。一方面，地图功能已经成为iOS，Android等主流平台智能手机的标准配置，降低了使用门槛，刺激了用户使用率；另一方面，智能手机用户目前集中于中高端消费人群，这部分人群拥有私家车的比例也比较高，相比交通电台收音或路面交通提示，安装于移动终端的地图/导航应用拥有即时、动态、路况全面显示等优势，无疑很好地满足了其驾驶时的需求，因而取得了最高的渗透率提升幅度。

（2）渗透率提升的第二力量为搜索、社交网站和微博，提升幅度在10%~20%。最主要的原因在于大量应用开发者开发了相应的智能手机移动应用程序，为用户节省了无线网络流量消耗。

（3）支付、酒店、机票预订等移动应用在智能手机上开始发挥潜力——这与企业的主动布局密不可分：电信运营商、银联、淘宝等与支付相关的公司在纷纷开始布局移动支付时，瞄准高端用户，以期借其强大的资金实力和市场影响力将移动支付推向普及。

三 用户行为特征分析

（一）用户接触情况

1. 接触习惯

（1）场景或地点。

图 14 显示了 2011 年中国移动互联网手机用户接入移动互联网时的场景。

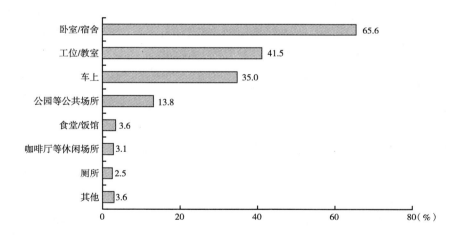

图 14 2011 年移动互联网手机用户接入移动互联网时的场景

资料来源：CNNIC。

图 15 则反映了 2011 年的互联网用户使用场景比例。

图 14 的统计结果显示，移动互联网手机用户最习惯于在卧室或宿舍（用户比例达 65.6%）接入移动互联网，其次是工位或教室（41.5%）；根据图 15 可以看出，同年度中国互联网用户在家里接入互联网的人数比例为 88.8%，在单

285

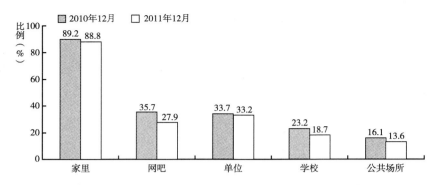

图15　2011年中国互联网用户的使用场景或地点

资料来源：《第29次中国互联网络发展状况统计报告》。

位的用户比例为33.2%，与2010年水平基本持平。

　　结合图14与图15，可以发现一个有趣的现象，移动互联网并不是在人们移动时接入最多，而恰恰是在相对固定的场所。另一方面，虽然卧室/宿舍，或工位/教室往往有PC机配备，但并不影响用户使用手机或iPad等移动终端设备接入移动互联网。这意味着，移动终端与PC机终端并不成为接入互联网的互斥选项，相反，两者之间可能是用户相互补充的上网工具。甚至，能上网的移动终端能够部分替代PC机等固定终端。

　　移动互联网信息提供的碎片化、即时化、场景化、娱乐化很好地填补了大量上班族的通勤时间。无须携带纸质书、报纸、杂志，无需携带MP4、iTouch，只需智能移动终端设备，比如手机，便能使其进行在线阅读、在线观看、在线收听、在线购物、在线聊天、微博沟通等所有过程。因此，交通工具成为移动互联网的专属场景也就不足为怪，用户的这一选择比例高达35%。同时，这也从侧面体现出，在现阶段，移动互联网及其终端对于用户的最大价值在于其跟随性和便携性，无论是在静止状态还是移动状态，许多用户都已离不开"移动互联网"。

　　（2）使用时长。

　　移动互联网手机用户与平板电脑用户的使用时长体现出了较大差异。图16为移动互联网手机用户使用时长。

　　按每时间段的中值（"4小时以上"按4小时计算）加权计算可知：此部分用户总体上平均每天累计使用移动互联网时长约为1.82小时。其中，58%超过1小时，比例最高的两个群体为使用时长1～2小时者与4小时以上者，分别占

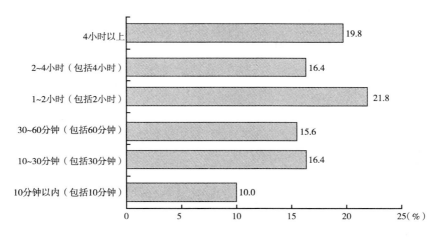

图 16　移动互联网手机用户使用时长

资料来源：CNNIC。

到 21.8% 和 19.8% 。

　　根据图 17 可知，2011 年中国互联网用户平均每日上网时长为 2.67 小时，仅比移动互联网用户使用时长超过 46% 。这与上文提到的移动终端上设备与固定终端并不互斥以及移动互联网自身可充分填补碎片化时间这两个因素不无密切关系。可见，虽然移动互联网在中国发展仅短短数年，且尚未迎来爆发年，但在用户中已经获得了较理想的使用黏性。

　　平板电脑方面，虽然 2011 年在国内市场取得了高度关注，但就用户使用时长而言，表现并不出色。

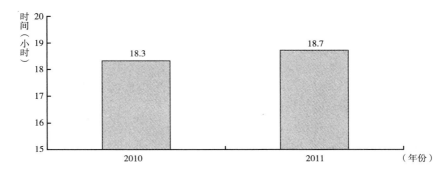

图 17　中国互联网用户平均每周上网时长

资料来源：《第 29 次中国互联网络发展状况统计报告》。

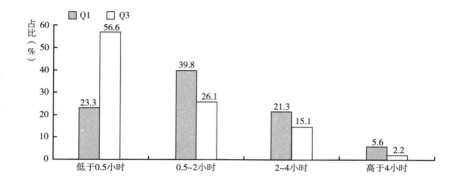

图18   移动互联网平板电脑用户使用时长

资料来源：艾媒咨询（iiMedia Research）关于 2010 ～ 2011 年中国平板电脑用户上网目的调查。

2011 年前三个季度用户花在平板电脑上的时间越来越短，第一季度中，66.7% 的用户日均使用平板电脑超过 0.5 小时，而到了第三季度，这一数字下滑到 43.4%。

这主要是因为，除了拥有宽大屏幕这一优势之外，平板电脑的功能尚不够齐全，现有的功能也可被手机或者 PC 机等终端设备取代，很难找到合适的时间"享用"平板电脑。简言之，平板电脑尚需加强建立其不可替代的核心优势。而随着用户从狂热感和新鲜感中走出，逐渐认识到这一现况，用户市场对平板电脑的消费以及使用也就趋向理性与平静。

（3）使用频率、黏性。

53.6% 的移动用户具有极高的使用黏性，每天使用移动互联网多次；同时，这种使用习惯也体现出不连贯、碎片化的使用特点。

（二）用户使用情况

1. 网络使用情况

（1）无线流量包月使用情况。

根据图 20 的分析计算得知：与美国的同期情况①相比，现阶段，中国移动互联网用户对于无线网络流量的需求不足。主要有以下两点原因。

---

① 尼尔森报告显示，美国 2010 年第一季度智能手机用户平均月消耗流量为 230MB，2011 年第一季度为 435MB，增长了 89%。

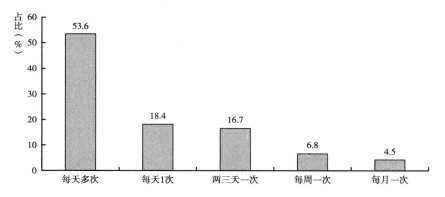

图 19　整体移动用户使用移动互联网频率

资料来源：CNNIC。

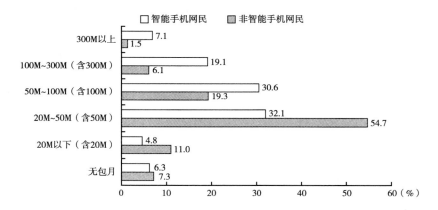

图 20　智能手机与非智能手机网民流量包月分布情况

资料来源：CNNIC。

其一，如前文所述，在线音乐、网络视频等高带宽应用发展滞缓，用户渗透率低导致了用户使用率低，相反，大量用户手机上网只用来挂 QQ，刷微博等，导致了用户整体对高带宽移动互联网应用需求不足的现状。

其二，用户的使用信任尚未完全确立，处于仍然对价格敏感的阶段。大部分省市运营商推出了最低 5 元包 30M 流量的套餐，造成了两个结果：一是选择 20M ~ 50M 流量包月的用户比例最高（尤其是非智能手机网民，达 54.7%）；二是"月末效应"——用户流量在每月 25 日左右会有一个较大幅度的下降，17.7% 的非智能手机网民和 15.1% 的智能手机网民表示在套餐快用完的时候会注意节省流量使用。

相比之下，美国过去一年的无线包月高流量的状况有三个原因：（1）应用程序的操作系统越来越受重视，用户体验不断优化，智能手机用户比例不断攀升，已达37%；（2）其中数据流量使用最多的前10%智能手机用户的数据流量增长达到了109%；（3）另外从整体消费水平的比较而言，美国人均收入高，且移动网络资费低①，去年一年来，美国市场每 MB 数据的成本更是从 14 美分降低到了 8 美分，即大幅下调50%，从而保证了用户提高消费流量时没有后顾之忧。

（2）WiFi 网络使用情况。

目前，仅有 7.6% 的用户在过去半年内经常使用 WiFi 移动上网功能，WiFi 在整体用户中的渗透率仍然偏低。其中，智能手机用户中 WiFi 使用率为14.8%，非智能手机用户仅为 0.6%，如图 21 所示。

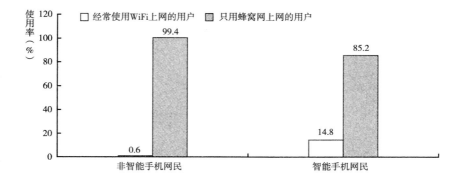

图 21   用户手机网民中 WiFi 使用率比较

资料来源：CNNIC。

尽管如此，对于经常使用 WiFi 网络的用户而言，大部分应用渗透率均有明显提升（见图22），这意味着，WiFi 在整体上仍然具有促进移动互联网渗透率提升的潜力。

其中，值得关注的是地图、导航，提升幅度达47.4 个百分点。这主要是因为很多地图类应用除需要下载应用程序以外，还要有相应的地图数据包的支持，而地图数据包容量一般较大，相比之下，WiFi 比蜂窝网更容易满足用户的大数据流量使用需求。

---

① 中国市场方面，以运营商中国移动的 GPRS 流量收费为例，超过包月数量后 1KB 一分钱，即 1MB 一元人民币，而美国为 1MB8 美分（即 0.5 元人民币）。

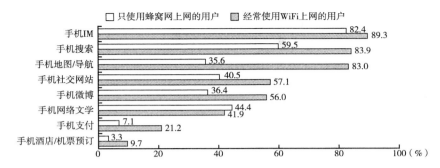

图 22　WiFi 网络对移动应用使用率的影响

资料来源：CNNIC。

2. 细分市场用户①典型行为特征 （使用选择）

（1） 即时通信 （IM）。

后台一直运行移动 IM 的用户达 27.7%， 不定时打开看一下的用户占比达 50.7%， 说明移动 IM 产品具有较强的使用黏性 （见图 23）。

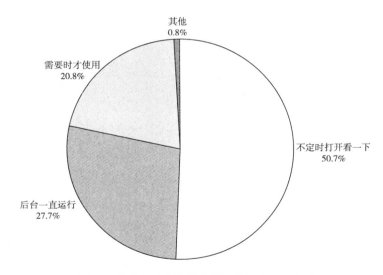

图 23　整体移动 IM 用户使用移动 IM 的方式

资料来源：CNNIC。

---

① 目前智能手机用户群仍然较少、对手机网民整体规模推动并不明显，因此，此部分 CNNIC 调查以传统手机用户为主要对象。

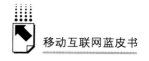
（2）搜索。

用户主要通过移动互联网搜索以下类别信息。

从图24可以看出，目前，用户对移动搜索引擎的需求主要集中在生活类信息、手机软件等，推广空间较大。网站网址等其他信息还有待在移动引擎上挖掘。

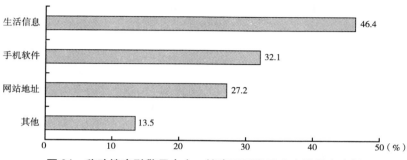

图24　移动搜索引擎用户中，搜索不同类别内容的用户比例

资料来源：CNNIC。

（3）阅读。

目前，移动互联网手机用户采用的主要阅读方式有以下几种，如图25所示。

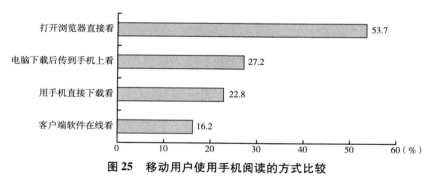

图25　移动用户使用手机阅读的方式比较

资料来源：CNNIC。

通过移动浏览器在线看电子书是最主流的移动阅读方式，使用率达53.7%。主要有三方面原因：其一，移动在线阅读以文本为主，门槛较低；其二，主流浏览器均针对阅读应用进行了功能优化，提升了用户体验；其三，移动在线阅读对无线网络流量消耗需求较低，在线阅读更方便，更互动，已经能够较好地满足用户的使用需求。因此，用户最习惯于选择打开浏览器直接进行移动在线阅读。这也提示阅读内容提供者应更注重提升可直接用移动浏览器在线阅读的内容数量和用户体验。

在平板电脑的移动电子读物市场，就用户选择的内容类型而言，体现出了以下特征，见图26。

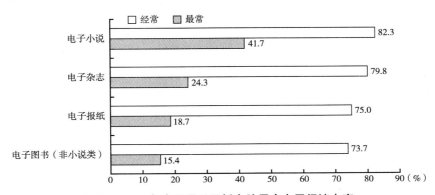

图26　2011 年中国网民平板电脑用户电子阅读内容

资料来源：艾瑞咨询。

图26 显示出用户使用平板电脑进行电子阅读的行为高度活跃：经常阅读电子小说、电子杂志、电子报纸和电子图书的用户比例均在70%以上，尤其是电子小说，经常阅读和最常阅读的用户比例都为横向比较中的最高，分别为82.3%和41.7%。

造成这种活跃度有以下两个原因：①平板电脑的屏幕尺寸较大，提高了用户电子阅读的体验；②就消费习惯而言，用户已培养起使用移动互联网获取资讯和阅读服务的习惯。

活跃的电子阅读行为体现了平板电脑用户对电子图书、电子报纸、电子杂志等电子读物的巨大需求，给传统出版厂商带来了在移动电子设备上出版正版电子读物获取利润的机遇。虽然面对这一机遇，众多电子阅读服务提供商都开始积极布局，但中国国内对版权保护的意识薄弱，盗版书籍非常常见，加之用户还没有养成为内容和服务付费的消费习惯，通过提供付费数字内容服务获得收益还比较难。因此，出版商们想要占领一定市场份额，首先需要准确抓住用户需求，为用户提供有价值的内容，借助平板电脑等终端设备重新培养用户习惯，并探索适应互联网变革的新的运营模式和赢利模式。

（4）微博。

由于传统手机用户在使用客户端方面受到一定限制，因此在使用微博时采用浏览器成为其最主流的使用方式。

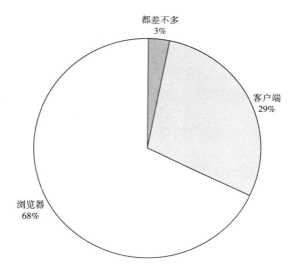

图27　移动微博用户的使用方式选择

资料来源：CNNIC。

（5）支付。

在移动支付这一选择上，智能手机用户与传统手机用户体现出了较大的差异性——后者选择以手机话费付款为主的比例达57.2%，而前者有57.5%的人群选择以第三方支付工具付款为主要付款方式。这主要因为，传统移动用户在安装应用程序时没有太大的自由，相当于半封闭的系统，只能使用运营商代计费方式

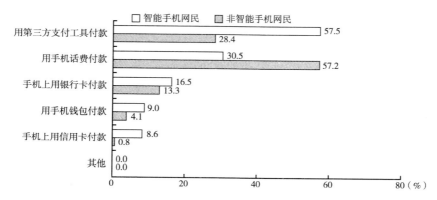

图28　智能手机与非智能手机用户使用手机支付的方式比较

资料来源：CNNIC。

（即手机话费的方式进行付款）；而智能手机用户所处的移动互联网更为开放，大量支付工具的出现，提供了多种支付选择。

四 用户趋势及市场启示

1. 智能手机终端用户增长的前景

CNNIC 数据统计显示，截至 2011 年 12 月，中国智能手机用户达到 1.77 亿，在手机网民中占比已经达到 49.74%。中国移动互联网正在进入智能手机时代。而随着智能手机朝着低价、高配置化发展，用户进入的门槛进一步降低，智能机终端市场更被业界普遍看好。

目前智能手机市场的争夺主要体现为入口之争，从上到下分为应用级入口、软件级入口、操作系统级入口和终端入口。下一层入口往往控制着上一层入口的接入，越下层的入口控制，给企业回报的价值可能就越大。但从当前情况来看，终端市场与操作系统市场集中度较高，根据 CNNIC 统计数据显示，中国智能手机网民中，Symbian、Android 以及 iOS 操作系统使用者占据了 95% 以上的市场份额。因此，未来智能手机的竞争或将逐渐由硬件向软件方面的创新过渡。

与非智能手机网民相比，智能手机网民上网黏性更强，使用的移动互联网应用更为丰富。手机地图/导航、手机搜索、手机社交网站和手机微博等应用，渗透率不断攀升，或将是智能机应用市场的金矿；手机支付、酒店/机票预订等应用后劲十足，发展潜力也值得深挖。深入了解用户习惯是不容忽视的必修课，更好的用户体验将是开启智能机终端应用市场的金钥匙。

2. 移动 IM 应用的前景

在众多移动互联网应用中，即时通信工具的使用率始终保持领先，2011 年移动 IM 应用的使用率更是同比增长 15.4 个百分点。

社交是现阶段互联网发展的主旋律，结合位置元素及碎片化特性的移动社交网络应用将是移动互联网未来非常重要的发展方向。2011 年，在 QQ、飞信、MSN 等传统移动 IM 继续保有大规模忠实用户的基础上，米聊、微信、iMessage、Youni、飞聊、翼聊、沃友等一大批新型移动 IM 应用涌现。根据 CNNIC 的统计数据显示，截至 2011 年 12 月底，在相关产品推出仅一年左右的时间内，新型即时通信工具的用户规模已达到 5900 万，快速发展的市场规模凸显出移动 IM 应用市场的巨大潜力。同时，微信、米聊等为代表的新型移动即时通信工具的出现，更是将网络社交关系拓展到了手机通信录，实现了虚拟社会关系与真实社会关系的结合。移动 IM 应用把大量用户聚集在一起，通过把海量的用户资源与广告、游戏、电子商务、电子支付等捆绑在一起，从而产生巨大的赢利空间。

移动 IM 应用市场对新进入者来说，既是机会，也是挑战。未来还需要服务商在产品研发和市场推动层面更多地发力，从用户需求角度考虑，提升用户体验，才能在同质化竞争中脱颖而出。

专题篇

Special Topics

B.23

移动互联网安全问题分析
与应对策略

单 寅*

摘 要：移动互联网的快速发展，在给人们的日常工作与生活提供便捷的同时，也暴露出严重的安全问题，如恶意吸费、木马病毒、隐私泄露等，给用户的使用、通信网络甚至国家安全带来不良影响。今后，手机病毒将呈现多发的趋势，用户隐私保护问题将更加突出，并且面临云计算等新业务带来的新挑战，迫切需要采取相关的应对策略。本文旨在通过梳理当前移动互联网安全问题现状及发展趋势，对移动互联网存在的安全风险作深入分析，进而提出应对策略与建议。

关键词：移动互联网　安全　监管　手机病毒　用户隐私

---

* 单寅，工业和信息化部电信研究院助理工程师，主要研究领域为互联网国际治理、增值业务、互联网与通信法律及电信监管。

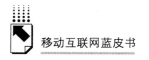

一 移动互联网安全概述

近年来，互联网的各类安全问题日益突出，并且受到了社会各界的关注。病毒扩散、网络欺诈、黑客攻击等行为给互联网安全和用户隐私带来了极大的隐患。随着 2011 年底程序员社区网站 CSDN 数据泄露的曝光，网络安全问题再次拉响了警报。

根据市场咨询公司 Gartner 发布的报告，2011 年全球手机出货量为 18.2 亿部，而中国国内的手机用户数也已逼近 10 亿大关。移动互联网引发了信息通信产业发展模式的变革，在改变人们日常生活的同时，也带来了新的安全隐患，如移动智能终端漏洞日益增多、恶意代码快速蔓延，个人隐私信息失窃、恶意订购各类增值业务及发送大量垃圾短信等（见表1）。

表 1 移动互联网与传统互联网安全问题对比

	传统互联网安全	移动互联网安全
安全漏洞	传统计算机操作系统、应用程序都存在漏洞、网络设备也如此	移动互联网的网络设备和智能手机面临同样困境，如 IKEE.B 是利用 iPhone 越狱后的 sshd 弱口令传播的蠕虫
恶意代码	大量的蠕虫、病毒、木马、僵尸网络程序泛滥	针对各种智能手机的病毒已经突破 2000 多种，并呈现激增趋势
DDOS 攻击	传统互联网僵尸网络发动的 DDOS 攻击防不胜防	移动互联网也出现相应的手机僵尸肉鸡，如 BotSMS.A 利用控制手机肉鸡发送大量的垃圾短信
钓鱼欺诈	钓鱼网站 + 网络木马轮番上阵，窃取网银、网游账号牟利	通过短信/彩信欺骗用户安装软件来实现恶意订购，如 21CNread.A 诱导用户下载欺诈软件从而订购 21 世纪手机报
垃圾信息	垃圾邮件常年泛滥，已经成为互联网的生态现象	垃圾短信方兴未艾，感染病毒的手机成为批量发送垃圾短信、彩信的新平台
信息窃取	大量木马在从事窃取个人隐私、敏感数据甚至国家秘密的工作	手机病毒不仅可以让手机成为窃听器，还可将通话记录、短信内容、记事本内容全部盗走
恶意扣费	尚难以直接从终端电脑上扣费	手机同计费捆绑，传播会被扣费，上网也被扣费，恶意订购也被扣费，因此备受"地下经济"关注

资料来源：国家计算机网络应急技术处理协调中心（CNCERT）。

二　移动互联网存在的安全风险分析

1. 终端层面

终端层面的安全问题主要体现在以下三个方面：系统破坏、恶意吸费及隐私窃取。

（1）系统破坏。这方面的安全问题主要是对操作系统的篡改、侵占终端内存和篡改及删除个人资料。用户的智能终端在感染病毒、木马或者遭受黑客攻击之后，操作系统被修改导致终端软硬件功能集体失灵；对终端内存的侵占导致终端死机无法操作；而篡改及删除个人资料则使得用户的个人存储面临威胁。研究表明，包括 Windows CE 系统在内的多个手机操作系统均存在安全漏洞，一旦这些漏洞被黑客所利用，那么这些手机的操作系统则可能被篡改，手机可能会被黑客控制。

（2）恶意吸费。恶意吸费是一种受利益驱动的新型危害方式，黑客和一些恶意开发者通过将一些具有恶意吸费功能的病毒安插在各类软件中，强行消耗用户的存在资费或者恶意扣除用户资费。以利用 Android 平台的 BIT. GeiNiMi 病毒为例，该种病毒可以植入目前流行的手机游戏软件中，供用户免费下载，一旦用户下载安装这些软件，就会导致手机中毒。此后，病毒就会在用户不知情的情况下让手机自动下载"给你米"网站上的第三方软件，造成用户流量损失，而"给你米"网站可从这些被推广的软件企业收取佣金。目前，恶意吸费已经成为黑客的一个"黑色吸金器"，并在此基础上形成了一个黑色产业链。

（3）隐私窃取。黑客主要通过此种方式来窃取用户存储在移动终端中的信息或跟踪用户位置。一些黑客通过向移动智能终端安插恶意软件或将恶意程序附着在第三方程序上来获取用户的个人资料。以手机病毒 WinCE. MobileSpy. C 为例，该病毒依附在时下流行的手机应用软件上，诱使用户安装来实现传播。被用户下载后自动运行，用户收发的所有短信都被转发到指定的手机上，造成用户私人信息泄露和话费损失。

2. 业务层面

移动终端智能化，必然伴随应用业务种类的多样化。目前，诸多硬件设备商、运营商及互联网公司都开发了自己的应用商店供用户选择，包括苹果的 APP

Store，谷歌的 Android Market 等，在方便了用户选择的同时，也潜伏着安全隐患。

（1）恶意网站利用应用软件漏洞趁火打劫。由于应用软件存在的漏洞，一些恶意网站借此趁火打劫，强迫用户更新这些网站提供的安全补丁或下载一些恶意软件。另外，还有一些恶意网站则是伪装成合法的安全软件提供商，打着反病毒的旗号来欺骗用户。根据美国 Websense 安全公司发布的报告，越来越多的恶意网站打着反病毒的旗号来诱使用户上当。当用户从这些恶意网站下载了"假"杀毒软件或程序后，除了扣费损失之外，还有可能染上新的病毒。熊猫实验室（Pandalabs）的研究表明，假杀毒软件产业链每年可产生 1.5 亿美元的收入。

（2）社交网站和微博成为网络犯罪的新媒介。攻击者在一些社交网站或微博的页面发布链接，诱使网民点击，然后转到含有木马程序的网站上，使用户的智能终端感染木马。由于 SNS 及微博的信息传播具有多米诺骨牌式的效应，越来越多的黑客选择依靠其进行不法活动。安全厂商 BitDefender 的数据显示，约 20% 的 Facebook 网站信息含有恶意软件。可以说，SNS 和微博为恶意软件传播提供了新的平台。

3. 监管层面

监管层面面临的安全风险主要包括三个方面。

（1）审核缺失。目前，移动互联网创新加快，平台呈现开放化趋势，主流的应用平台都达到了十万级的软件应用规模。诸多软件开发者纷纷将自己开发的各类软件供用户下载。在这个过程中，一些公司忽视了对软件应用的可用性和合法性的审核。不少含有病毒或木马的应用被用户下载安装在手机中，给用户安全带来了极大隐患。①

（2）政策滞后。旧有的监管模式无法适应移动互联网的监管需求。传统的监管模式主要针对业务分类和市场准入，无法涵盖移动互联网。与快速发展的移动互联网相比，监管政策的出台特别是相关领域的立法进度较为迟缓，监管手段主要依靠大规模专项整治行动和企业自律，无法达到持续性效果。

（3）跨境难题。移动互联网的发展伴随着全球化浪潮和自由贸易。在这个过程中，一些从业者可以通过在第三国注册等方式绕开本国的资质审查从而进行

---

① 《从多个角度完善互联网监管体制》，转自《人民邮电报》（2011 年）。

非法活动，而传统电信和互联网监管部门面临着跨境执法、国际合作等新的技术与手段难题。移动互联网带来的信息跨界流动对国家信息安全的冲击，将是监管部门所必须面对的重大课题。

三 移动互联网安全问题发展趋势

1. 手机病毒将呈现多发的趋势

手机病毒的传播和爆发可能会造成用户隐私泄露、信息丢失、设备损坏、话费损失等危害，并对通信网的运行安全造成一定威胁。2004 年第一个手机病毒是针对诺基亚塞班系统的恶意程序，功能仅为假冒手机花屏，在 2008 年的时候，再次见到的诺基亚的塞班病毒就导致手机异常死机了。目前，手机病毒已从传统的恶意程序，转向收益丰厚的功能性手机木马，导致诸如暗发短信彩信，盗取通话记录、通信簿，打开摄像头和使手机保持通话等涉及用户隐私的后果。

2. 用户隐私保护问题将更加突出

移动通信的服务过程中会发生大量的用户信息，如位置信息、通信信息与消费偏好、用户联系人信息、计费话单信息、业务应用订购关系信息、用户上网轨迹信息、用户支付信息等。这些信息通常会保存在移动网络的核心网元和业务数据库中，利用移动网络的能力可以精确提取这些信息。移动互联网的发展要求将部分移动网络的能力甚至用户信息开放出来，通过互联网应用网关进行调用，从而方便地开发出移动互联网应用。如果缺乏有效的开放与管控机制，将导致大量的用户信息滥用，使用户隐私保护面临巨大的挑战；极端情况下会出现不法分子利用用户信息进行违法犯罪活动。

3. 云计算等新业务带来新的挑战

移动智能终端因为体积限制、处理能力较弱，为云计算提供了大显身手的舞台。云计算模式将应用的"计算"从终端转移到服务器端，复杂的运算交由云端（服务器端）处理，从而弱化了对移动终端设备的处理需求，业务服务端逐渐向云计算平台演进，终端转而主要承担与用户交互的功能。但云计算虚拟化、多租户、动态调度的特点为移动互联网带来了新的安全问题。用户数据和托管在云计算上的使用面临着信息泄露的危险，而移动互联网的云计算平台本身也容易成为黑客攻击的目标。一旦信息被泄露或被黑客获取，可能会造成比僵尸网络等

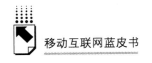

传统手机病毒更大的损失。因此，各方在努力实现移动互联网与云计算整合的同时，也将面临新技术新应用所带来的安全风险。

四 移动互联网安全应对策略

1. 推动移动互联网安全相关立法工作

目前，我国还没有一部统一的全国性《信息安全管理法》，相关的信息资源管理法律法规散见于《侵权责任法》、《专利法》、《刑法》和其他一些法律及部门规章中。

相比而言，发达国家的信息安全建设远远领先于我国。美国的国家信息安全管理，对于我们具有重要的借鉴意义。早在1993年，美国政府便制定了密码管理标准，并逐年完善。1998年，美国国家安全局制定了《信息技术保障框架》（IATF）；2000年，《国家安全战略报告》的颁布，使得美国信息安全被正式列入国家战略安全的框架。2001年"9·11"事件后，美国同时也加强了信息安全与企业及其他科学领域的研究合作，如工业、金融、医疗、教育等。目前美国信息安全研究者正在与法律界、保险界共同对个人隐私犯罪进行定义，通过对其进行法律定性，为信息保险业务的发展创造条件。

因此，应针对移动互联网技术发展和业务管理尽快制定相应的法律法规和技术规范，如出台个人信息保护法、建立移动互联网络安全防护制度、制定移动上网日志留存规范等，为参与各方做好移动互联网安全防范提供良好的法律法规环境。

2. 加大终端操作系统及手机安全方面的研发工作

在互联网和终端成为主要业务创新平台的背景下，终端操作系统决定了业务入口、业务开发标准、开发者阵营、硬件适配，能够直接影响网络和信息安全。对基础运营企业而言，进入移动终端操作系统的竞争不仅仅是为了在手机市场有更大的发言权，更是为了在掌握手机操作系统核心技术的前提下，增强对手机终端安全风险的掌控能力。我国产业界已充分认识到终端操作系统的重要性并积极布局以扭转被动局面。中国移动与播思通信合作，在谷歌 Android 基础上针对自身业务特点深度定制，推出了开放式手机操作系统 OMS；中国联通也积极与全智达、中兴、天宇、华为等公司展开合作，开发基于 Linux 的沃 Phone 系统。除电信运营商外，百度、阿里巴巴也在积极布局移动智能终端操作系统的研发。2011 年 7 月，阿里巴巴正式发布了阿里云操作系统。但总体上看，我国在操作系统研发方面实力仍然较弱，已有成果的应用时间较晚，市场规模较小，相比国外主流阵营在产品成熟度、产业链支持等方面还存在巨大差距，实力有待进一步提升。因此，必须加强我国企业在终端操作系统及手机安全方面的研发工作，增强对该领域标准的话语权，确保对安全风险的防范。

3. 加大对移动应用平台及合作参与方的监管

目前，国内三大基础运营企业及国外 Vodafone、Verizon、SK Telecom 都建立了自己的应用程序商店。在 2010 年，为了主导开发标准，全球 24 家运营商共同组建了 WAC 联盟，其中包括 AT&T、中国移动、中国联通、NTT DoCoMo、法国 Orange、Sprint、Verizon Wireless 和英国 Vodafone 等。

随着各个领域领军企业纷纷进入手机应用商店领域，抢占移动互联网战略要地，以前只是依附于这些领军企业的手机应用软件开发者将会受到前所未有的重视。因此，有必要搭建一套完善的信息安全检测和评估平台，针对现有的安全问题产生的原因，从底层到高层对智能终端、应用软件商店和应用服务器进行信息安全评测，加大对应用商店软件的审核力度，通过对软件应用商店的参与方的有效引导，降低安全隐患风险。

4. 积极联合产业各方加强手机病毒的监测、预警和处置

据咨询公司 Gartner 预计，到 2013 年全球智能手机和具备浏览器的传统手机的保有量将达到 16.9 亿部，随后手机病毒将呈现多发趋势。由于手机病毒是随着移动互联网的发展而产生的新型问题，目前手机病毒界定范围、判定标准也尚未发布，现有防治工作尚无固定标准可以遵循。

因此，为保证网络正常运营，保护用户合法权益，基础运营企业应积极参加国内外产业或技术组织联盟，加大同产业界各方的联络和合作，进一步加强手机病毒样本信息共享、分析、监测和处置工作。

2011 年 4 月，中国移动联合广东省公安厅、广东省消费者协会、游戏软件公司 Gameloft 及三星、摩托罗拉、诺基亚等设备厂商共同发起了首个手机软件绿色安全诚信标准，其中特别强调了应用不得包含任何病毒、木马等恶意代码或隐藏插件，以保障智能终端的应用安全，防止用户信息外泄。

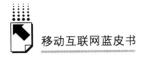

5. 加强对用户引导及安全防护意识的培育

当前一些用户安全防护意识不高，加大了手机感染病毒和恶意软件传播的风险。如果说黑客对手机病毒的制作是病毒传播的"源"，那么广大的用户则是该种"源"传播的"渠道"。在此情况下，手机用户群越庞大，移动互联网安全风险的影响面就越大。因此，对用户加强安全使用手机、安全接入移动互联网的引导，培养其安全防护意识就显得非常重要。

B.24

无线城市：从概念走向应用
从试点迈向推广

王　坤*

摘　要： 2011 年是中国无线城市加速发展的一年，运营商逐渐由跟随角色转变为主导角色，内容和服务成为无线城市建设中最为关心的问题；从概念走向应用，从试点迈向推广，无论是政府还是运营商都更加从用户的角度出发去考虑无线城市建设所面临的各种问题；虽然商业模式依旧面临巨大挑战，但是政府的"智慧城市"建设工程与运营商的"数据分流"目的或许将不断促进中国无线城市建设的完善和早日找到有效的商业模式。

关键词： 无线城市　运营商　商业模式　3G 数据分流　智慧城市

一　2011 年中国无线城市发展概况

（一）2011 年无线城市加速发展的背景

2011 年，中国无线城市建设进入新一轮的高速增长期。

早在 2008 年，中国无线城市建设曾进入大规模宣传与试点阶段，当时许多城市的政府牵头进行了一系列有关无线城市的调研工作，举办了许多关于无线城市建设与运营的论坛，并在一些热点地区进行了试点建设，但由于缺乏较成熟的商业模式，以及受终端和网络建设的影响，随后进入低潮期，发展前景不被看好。

---

* 王坤，工学博士，毕业于北京邮电大学，有多年通信市场研究经验，对移动互联网、物联网、无线城市等领域有深入研究，参与过数十项政府信息产业规划与电信市场咨询项目，现于中国移动通信研究院从事通信产业与市场相关研究工作。

但是，无线城市相关的建设工作一直在稳步有序地推进：2008年奥运会之后，上海和广州分别举办了世博会和亚运会，上海、广州等地无线城市建设抓住这个机遇，发展快速；随着"十二五"规划的制定，城市信息化建设再次提到国家高度，许多城市都抓住先机，不遗余力地推进城市无线网络基础设施建设。其中，最重要的当属运营商3G网络的大力推进和无线智能终端（智能手机/PAD等）的迅速发展，为无线城市建设和运营提供了用户基础和运营条件，市场条件和商业模式也逐步成熟。

归纳一下，无线城市建设在2011年进入新一轮快速增长的驱动因素主要有以下几点。

首先，"十二五"规划的落地与国家对城市信息化建设的大力扶持，物联网与"智慧城市"建设的提出与推进，为无线城市建设快速增长提供了根本的政策保障与支持。

其次，以智能手机和PAD为标志的无线智能上网终端的广泛普及为无线城市网络建设提供了最为广泛的用户基础，也为市场化运营提供了前提保证。

最直接的，热点地区3G数据业务流量迅猛增加，3G网络负载瓶颈出现，加速了运营商采用WiFi与3G网络捆绑的模式以分流无线数据业务，3G与WiFi互补共赢的商业化赢利模式也日趋成熟，运营商的高调介入与主导改变了过去以往单靠政府行政性主导的执行力不足的局面，网络建设迅速铺开，成为该一轮无线城市建设快速增长的最重要驱动因素。

此外，三网融合的快速推进和试点城市的建设也成为有力推动部分城市无线网络建设的有利因素，广电系运营商则抓住机遇，大显身手，如华数在杭州的无线网络建设工程。

（二）发展概况

2011年是中国无线城市建设从概念化走向应用化，从小范围试点走向大规模推广，商业模式逐步清晰与成熟的一年。

1. 建设近况

2011年，各地无线城市建设进入快速推进期，许多城市都出台了相关规划性文件以更好地推进相关建设工作。从纵向比较来看，2011年主要是采取了以企业为主导推动力量的模式，运营商起了核心发动引擎的作用。

2011年4月7日，四川省政府、中国移动通信集团公司正式签署战略合作协议，双方将投入100亿元建设四川无线城市群相关的基础网络、信息内容、应用和门户平台，预计在2015年建成覆盖四川全省的无线城市网络。

4月27日，"数字湖南"发展规划（2011~2015年）——湖南省"十二五"国民经济和社会信息化发展规划座谈会举行，提出了"十二五"时期建设"数字湖南"的总目标：在"十二五"末，"数字湖南"基本建成，全省城乡实现基于2G＋3G＋WiFi的无线网络全覆盖，信息化总体水平进入全国前十位，对全省经济社会发展支撑和推动能力明显增强。

9月26日，舟山普陀区政府宣布，普陀将打造全国首个免费WiFi上网旅游城市。根据规划，普陀无线智慧城市项目的建设步骤将分为无线网络、无线城市、无线智慧城市3个过程。目前，普陀区主要旅游景区已经实现了免费WiFi覆盖。

11月24日，上海电信和张江集团宣布进行战略合作，打造"智汇张江"。双方将在"十二五"期间，围绕"城市光网"、"无线城市"引领的信息化基础设施建设，推动物联网、云计算等新兴技术在张江国家自主创新示范区的应用。

针对无线城市建设，上海电信将对园区3G网络进行集约化建设和优化，实现全覆盖，到2012年底，将对园区配套人才公寓、软件园、商业休闲场所、张江三校一院等区域进行重点WiFi覆盖。

12月14日开始，在北京，不论移动、联通还是电信用户，在西单、王府井、奥运中心区、三大火车站、金融街、燕莎、中关村大街七个地区，将可使用手机、平板电脑、笔记本实现无线上网且无需支付任何费用。2011年，北京无线城市新建WiFi接入点4.2万个，总数达到9万个，基本实现中心城区热点和高新技术产业园区等重点区域全覆盖。

2011年无线城市建设中，运营商表现可圈可点，中国移动更是制定了无线城市"十百千"的年度总体发展目标，即在2011年发展10大类应用，达到100个以上的达标城市，发展1000万以上的有效用户。

截至2011年12月底，中国移动已与31个省（区、市）217个市完成战略合作协议签订，各省级公司累计上线14204个具体业务应用，环比增加984个。

在广东，中国移动无线城市与12580合作，整合网络资源和医疗行业资源，为市民打造本地或跨市预约挂号、就医指导、医疗咨询等服务。在四川，11 个地市已上线无线城市门户网站，市民可以通过电脑登录或手机登录相应网址，进行水电气费、交通违章信息、政务新闻、本地商家优惠、旅游资讯等一站式查询，以信息化为个人客户提供生活信息服务。在中国最西部的新疆，首个无线城市正在"石油名城"克拉玛依建成，在新疆率先实现了移动智能交通，在全国率先实现了移动药品查询。

以上种种业务与服务的推进都是实实在在的无线城市建设举措，百姓已经开始体会到无线城市所带来的便捷与实惠。

2. 商业模式探索

目前，我国无线城市建设模式主要有以下几种。

（1）传统运营商主导。如中国电信、中国移动等，无线城市建设作为运营商终端接入的一种补充手段。

（2）设备商主导并参与运营。如中兴在天津、三星和英特尔在武汉参与无线城市试点建设。

（3）广电运营商主导。如华数主导的杭州无线网络建设。

（4）企业承建。如中电华通等企业承建的基于 WiFi 和 WiMAX 的无线网络。

建设模式不同，商业模式也不尽相同。对无线城市建设而言，有五大条件需要具备，即技术条件、网络部署、商业模式、市场需求以及终端支持，其中，技术条件早就成熟，市场需求和终端支持目前业已具备条件，关键就在网络部署和商业模式，而这两者相辅相成，紧密相关，没有成熟的商业模式，网络部署就缺乏动力，难以大规模开展。

目前，全球"无线城市"建设几无成功先例。除了新加坡仍由政府买单将免费 WiFi 维系下去之外，旧金山、纽约、波士顿和台北等城市和地区都陷入成本过大难以为继的困境。

就中国而言，建设无线城市不太可能完全由政府包办，因为这不利于灵活地应对市场需求；也不可能完全由商家操办，因为这种无线城市本质上是一种半公共品，它本身就带有一定的福利和公益性质。

因此，商业模式问题一直是外界对 WiFi 运营将信将疑的关键。电信运营商的 WiFi 业务此前更多是各地政府"无线城市"计划的跟进角色而已。另外，也有担心，运营商对于 WiFi 网络的投资和免费推广，可能会对有线宽带 ADSL 以及 3G 等无线宽带业务造成冲击。

进入 2011 年，无线城市的商业模式似乎找到了一点突破口，运营商通过建设 WiFi 热点与 3G 互补，既能部分收取无线上网费用，又提升了政府形象，而且还对 3G 业务提供了很好的分流作用，可以说是一举多得。

但实际情况也许未必如运营商所想，尽管 WiFi 目前被定位为 3G 数据分流的功能，但是，WiFi 目前有着 3G 不可替代的优点，最大的优点就是低成本带来市场需求的扩张。广州亚运会期间，广东电信就曾经面向广州市民免费开放全城的 WiFi 网络，据统计，当时电信的活跃 WiFi 用户从 2 万多户快速增长到 15 万户，而在亚运后随着免费 WiFi 业务的停止，其活跃用户下降到 6 万户。

北京的"免费上网"情况如何？目前尚未可知，但前景依然不容乐观。就目前看来，要想实现"无线城市"，最大的可能是运营商改变传统电信运营模式，寻找流量收费之外的新的商业模式，但这似乎并不容易。

二　中国无线城市发展所带来的意义及影响

虽然有诸多的不被看好与发展瓶颈，但毫无疑问，中国无线城市建设意义重大，影响深远。

无线城市建设是国家信息基础设施建设的重要组成部分，是构建"智慧城市"的基础和前提，与"智慧城市"、"感知中国"一脉相承，是以信息化带动工业化，走新型工业化道路发展战略的具体体现。没有无线城市，"智慧城市"无从谈起。

无线城市建设是我国"信息化"、电子政务、三网融合、物联网、低碳生活不断向纵深发展的下一个目标。信息化与互联网正在改变城市的消费结构、产业结构、运行模式、物质文化生活和思维方式，影响着城市发展的诸多方面，正成为全球不可逆转的潮流。

随着城市化和全球化步伐的进一步加快，城市的经济增长和结构调整正面临一些难以克服的障碍，需要跨越式地提高城市发展的创新性、有序性和持续性。如果说目前的互联网、信息网络和信息资源只是部分地满足了人们的物质和文化生活，那么无线城市建设的最终目标将是在更大程度上、更宽范围内满足人们的物质和文化生活。

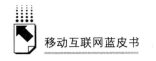

无线城市建设的最终目标将是城市的信息化与智能化，将与物联网、云计算等新兴技术不断融合，构建"智慧"的城市公众信息服务体系，逐步实现以提升政府管理和服务能力为目的的政府信息化，以构建现代化服务能力为目标的行业信息化，以及实现大众数字化生活为标志的生活信息化。

无线城市建设的另一重大意义在于将推动以信息通信技术为标志的国家战略新兴产业的快速发展，带来巨大产业经济效益，虽然无线城市建设本身的市场并不大，但考虑产业链上下游的集聚效益，无线城市建设将拉动包括无线网络软硬件设备、信息服务提供与运营管理乃至文化娱乐产业的快速发展。

需要明确的一点是，无线城市建设的社会意义绝不是仅仅为部分用户提供热点地区的无线网络接入，经济价值也远不是在城市中布设一些 AP 接入点，为部分厂商提供几单软硬件设备的销售，无线城市建设的意义更在于通过 WiFi 热点覆盖，与 3G、有线等网络互补互融，构建立体式全方位的城市无线泛在网络环境，并通过无处不在的"泛在网络"提供政府、行业与个人各种便捷与智能的信息化服务，提升国民社会的整体信息化能力。

三　无线城市未来发展趋势性预测

1. 无线城市未来定位

关于无线城市的定位问题，一直以来都是一个很有争议的话题，见仁见智，公益设施也好，最后一公里接入也好，各有道理。

其实这些观点并不冲突，无线城市本身就是一个很抽象的概念，并无严格定义。WiFi 技术并不是无线城市建设的全部，这一点，或许是认清无线城市未来定位的一个关键。

短期来看，基于 WiFi 的热点的铺设主要意义仍然有两个，其一是运营商的最后一公里热点分流与接入，其二是政府的公益化信息服务理念与城市形象提升。从更长远来看，无线城市建设的定位应该是通过与各种网络互补共享，为"智慧城市"计划的全面实施提供更广泛的信息服务基础。

2. 发展趋势预测

目前，中国距离真正意义上的无线城市目标还较远，WiFi 热点依旧很有限，并且免费无线上网服务也远远不够。事实上，要明确的是，无线城市并不是纯公益服务，它并不完全免费，所谓无线城市的目标，也并不是在整个城市内全都免费无线上网，它更重要的是为市民提供一种最低限度的公共服务，建更多的热点，并通过热点提供更多的公益性服务业务。

因此，未来一段时间，基础网络设施的完善与热点的覆盖仍然是各地无线城市建设的首要任务。

北京政府已经表示，"十二五"期间，将累计建设无线接入点 20 万个，根据《北京市"十二五"时期城市信息化及重大信息基础设施建设规划》，未来 5 年，北京要打造全国最好、世界领先的无线城市，大规模开展无线局域网建设，实现公共区域的全覆盖，移动宽带普及率超过 60%，实现最高接入带宽达到 100 兆。

广州 2011 年启动"智慧广州"工程，预计 2015 年将覆盖 95% 的公共区域，部分地区免费上网。

中国移动总裁李跃表示，未来 3 年中国移动将建设超过 600 万个无线访问接入点，并将借助 GSM、TD-SCDMA、WLAN、TD-LTE 四网协同、业务与应用的融合共同发展无线城市。

在内容方面，区别于上一轮的无线城市建设，伴随着无线网络的不断完善，业务与服务提供将成为未来一段时间无线城市建设的重点工作。

广东无线城市建设一直走在全国前列，作为"无线城市 2.0"理念的先行者，2011 年，广东移动无线城市平台正式割接上线，涵盖便民、优惠、娱乐、旅游、新闻、政务、政企客户信息化应用等栏目内容，定位服务的模式也随着《人民日报》头版报道《广东构建珠三角无线城市群》而成为无线城市建设的"样板工程"，广受各行关注。

无线城市建设所解决的问题将从简单地告诉客户"无线城市是什么"，转而变成重点介绍"无线城市能够做什么"，或者更进一步的"无线城市能够为用户带来什么"。

商业模式依旧是无线城市健康发展的核心所在，作为 3G 网络的补充形式，WiFi 的商业模式仍很模糊。而突破口或许在于它不仅提供了宽带接入，还包括提供增值服务的可能，这一点在国外已有先例，包括基于广告赢利的服务模式。

目前，中国移动已经开始与星巴克在手机导航、移动支付和积分兑换方面，商洽新的合作方式。而中国电信则试图通过服务区提示、热点地图搜索、流量统

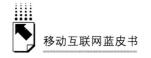

计和提醒等服务，寻找将它们转化为另一种商业化服务的可能。

总之无线城市的发展是一个长期过程，无线城市与智慧城市建设一脉相承，是国家信息化建设的重要组成部分，意义重大。网络建设只是第一步，内容与服务是关键，商业模式则是推动可持续健康发展的原动力，中国地域广阔，人口众多，政府不会也不能包办一切，通过内容和服务要效益或许是恒久发展的根本所在，价值很多时候比价格更重要。当更多的增值服务通过无线城市这个平台提供给用户的时候，商业模式或许就很容易地找到了。

B.25
LTE 及 4G 在中国的发展与趋势

李　珊*

摘　要：本文在介绍 4G 及标准演进的基础上，认为尽管从标准上看 LTE 不属于 4G 技术，但 LTE 由于技术上的提升开启了 4G 时代。从 LTE 及 4G 在全球及我国的发展及商用趋势看，2014 年 LTE 用户市场将得到快速发展，而 4G 技术乐观估计最早要到 2015 年才可能有商用部署。4G 时代频率资源缺口很大，我国需要尽早制定频率规划。

关键词：LTE　4G　频谱资源　移动宽带

一　4G 技术与标准

（一）4G 技术的界定

随着 LTE（3GPP Long Term Evolution，3GPP 组织的长期演进技术）步入商用，业界 LTE 及其演进技术属于 3G（3th Generation，第三代通信技术）还是 4G（4th Generation，第四代通信技术）存在困惑。因此本文将首先对 3G、LTE 及 4G 等技术名词的界定进行区分。

目前争论的焦点主要在于 LTE 及 WiMAX 等新一代移动通信技术究竟属于 3G 还是 4G 技术。从核心技术来看，通常所称的 3G 技术主要采用 CDMA（Code Division Multiple Access，码分多址）多址技术，而业界对新一代移动通信核心技

---

* 李珊，北京大学管理学硕士，现任工业和信息化部电信研究院通信信息所新技术新业务部副主任，高级工程师。主要研究领域包括 LTE、3G、WLAN、WiMAX、RFID、移动互联网业务及应用等方面。

术的界定则主要是指采用 OFDM （Orthogonal Frequency Division Multiplexing，正交频分复用）调制技术的 OFDMA 多址技术，可见 3G 和 4G 技术最大的区别在于采用的核心技术已经完全不同，因此从这个角度来看 LTE 和 WiMAX （Worldwide Interoperability for Microwave Access，全球微波接入互通）及其后续演进技术 LTE-Advanced 和 802.16m 等技术均可以视为 4G；不过从标准的角度来看，ITU 对 IMT-2000（3G）系列标准和 IMT-Advanced（4G）系列标准的区别并不以核心技术为参考，而是通过能否满足一定的技术要求来区分（见表1），ITU 在 IMT-2000 标准中要求，3G 技术必须满足传输速率在移动状态 144 kbps、步行状态 384 kbps、室内 2 Mbps，而 ITU 正在制定的 IMT-Advanced 标准中要求在使用 100M 信道带宽时，频谱利用率达到 15bps/Hz，理论传输速率达到 1.5Gbps。目前 LTE、WiMAX（802.16e）均未达到 IMT-Advanced 标准的要求，因此仍隶属于 IMT-2000 系列标准，而 LTE-Advanced 和 802.16m 标准则已经成为 IMT-Advanced 系列标准，是真正意义上的 4G 标准。

表1　1G～4G 移动通信技术界定

移动通信技术	技术要求及界定	主要技术
1G	没有明确技术要求 模拟通信技术	AMPS、TACS 等
2G	没有明确技术要求 数字通信技术	GSM、CDMA/CDMA2000 1X、TDMA、PDC 等
3G	ITU 在 IMT-2000 标准中要求，3G 技术必须满足以下传输速率：移动状态 144 kbps；步行状态 384 kbps；室内 2 Mbps	WCDMA、HSPA、HSPA＋、LTE；TD-SCDMA、TD-HSPA 等；CDMA 2000 EVDO Rev0/A/B；移动 WiMAX（802.16e）
4G	ITU 正在制定的 IMT-Advanced 标准中要求：在使用 100M 信道带宽时，频谱利用率达到 15 bps/Hz，理论传输速率达到 1.5Gbps	LTE FDD/TDD-Advanced、802.16m 等技术正努力达到这一要求

资料来源：通信信息研究所。

业界对 4G 的理解仍然没有统一，如果以核心技术区分 LTE、WiMAX 以及其后续演进技术可以视为 4G，而从标准的演进及区分来看，LTE 及 WiMAX 仅属于 3G 技术范畴，其未来的演进技术 LTE-Advanced 和 802.16m 属于 IMT-Advanced（4G）标准。本文将按照 ITU 的定义对 3G、LTE 以及 4G 进行区分。不过从市场角度而言，LTE 由于在技术性能方面的大幅度提升，已经将移动宽带的发展推向了一个新的高度，从这个层面来说，我们可以认为 LTE 开启了 4G 时代。

（二）4G 标准进展

2008 年 2 月，ITU-R WP5D 正式发出了征集 IMT-Advanced 候选技术的通函。经过两年的准备时间，ITU-R WP5D 在其第六次会议上（2009 年 10 月）共征集到六种候选技术方案，它们分别来自两个国际标准化组织和三个国家。这六种技术方案可以分成两类：基于 3GPP 的技术方案和基于 IEEE 的技术方案。

1. 3GPP 的技术方案

"LTE Release 10 & Beyond（LTE-Advanced）"，该方案包括 FDD 和 TDD 两种模式。由于 3GPP 不是 ITU 的成员，该技术方案由 3GPP 所属 37 个成员单位联合提交，包括我国三大运营商和四个主要厂商。3GPP 所属标准化组织（中国、美国、欧洲、韩国和日本）以文稿的形式表态支持该技术方案。韩国政府也以文稿的形式支持。最终该技术方案由中国、3GPP 和日本分别向 ITU 提交。

2. IEEE 的技术方案

该方案同样包括 FDD 和 TDD 两种模式。BT、KDDI、Sprint、诺基亚、阿尔卡特朗讯等 51 家企业、日本标准化组织和韩国政府以文稿的形式表态支持该技术方案，我国企业没有参加。最终该技术方案由 IEEE、韩国和日本分别向 ITU 提交。

经过 14 个外部评估组织对各候选技术的全面评估，最终得出两种候选技术方案完全满足 IMT-Advanced 技术需求。2012 年 1 月国际电信联盟无线通信全会，LTE-Advanced 技术和 802.16m 技术被确定为最终 IMT-Advanced 国际无线通信标准。我国主导发展的 TD-LTE-Advanced 技术通过了所有国际评估组织的评估，作为 LTE-Advanced 的一部分，被确定为 IMT-Advanced 国际无线通信标准。

二　LTE 及 4G 的产业发展与商用

（一）全球 LTE 商用进展

1. 2011 年全球 LTE 加快部署，整体处于发展初期

2011 年全球 LTE 网络建设进展快速，根据工信部电信研究院统计，截至

2011 年底，有 52 个 LTE 网络已经实现商用（包括 3 个预商用）（见图 1）。但 LTE 市场的整体发展仍处于建设初期，LTE 商用网络仍停留在小范围的热点部署阶段，除美国等少数国家之外，大范围覆盖的 LTE 网络还没有形成。

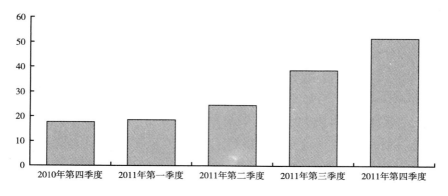

图 1　LTE 商用网络

资料来源：工信部电信研究院。

在目前已经推出的商用网络中，绝大多数是基于 LTE FDD 技术的网络，而基于 TD-LTE 技术的网络也逐步开始陆续商用，根据工信部电信研究院统计，截至 2011 年底共有 3 个 TD-LTE 网络实现商用，全球试验网数达到 32 个。

2. 2014 年 LTE 有望开始快速增长

LTE 终端芯片和语音方案对 LTE 用户的发展有很大影响，预计 2014 年左右 LTE 市场才有望开始快速增长。由于支持 2G/3G/LTE 的终端设计复杂、成本高，2011 年上半年以前，LTE 终端以数据卡为主，从 2011 年下半年开始，LTE 智能手机才开始逐渐增多，但因为 LTE 是基于全 IP 的新一代通信技术，对传统电路域业务如话音、短信业务的支持不足，因此目前 LTE 商用网络只能支持数据业务，尚无法支持语音业务。预计，2013 年下半年开始，随着智能手机芯片价格的下降以及 LTE 语音方案的逐渐成熟，LTE 终端价格降至普及价位。在终端芯片和语音方案逐渐成熟后，LTE 有望在 2014 年开始快速增长，根据工信部电信研究院预测，2014 年新增 LTE 用户接近 1 亿户，2015 年和 2016 年的新增用户分别在 1.3 亿户和 1.8 亿户左右。但在总移动用户中占比仍较小，预计 2016 年 LTE 用户占比将有望突破 6%。TD-LTE 的整体发展比 LTE FDD 落后，预计，2016 年 TD-LTE 用户将达到 1.5 亿户左右，在整个 LTE 用户中占 30% 左右，详见图 2。

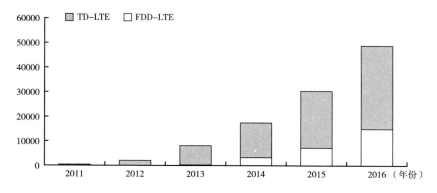

图2　2011~2016 年全球 LTE 用户预测

资料来源：工业和信息化部电信研究院。

（二）我国 TD-LTE 发展

TD-LTE 和 LTE FDD 属于相同的技术体系，分别针对 TDD 和 FDD 不同的双工方式进行优化，技术差异主要集中在物理层，TD-LTE 独有的技术包括无线帧结构、TDD 双工方式相关的处理过程和特色技术智能天线的设计。目前两种技术在产业阵营上的重合度比较大，全球主要的设备厂商都同时开发 TD-LTE 和 LTE FDD 产品。

作为我国具有自主知识产权的新一代移动宽带蜂窝技术，TD-LTE 的国际化之路发展顺利，根据 GTI（TD-LTE 全球发展倡议组织）统计，截至 2011 年 2 月，全球有 33 个 TD-LTE 试验网络，6 个公布的商用合同，3 个已经商用的网络：Mobily 是沙特运营 WCDMA 以及 WiMAX 无线宽带网络的运营商，目前有 20 万 WiMAX 用户，自 2011 年 9 月 14 日开始在 6 个城市商用 TD-LTE；沙特电信也是一家运营 3G WCDMA 以及 WiMAX 无线宽带网络的运营商，2011 年 9 月 14 日商用 TD-LTE；软银是日本第三大运营商，其 WCDMA 用户数约 2800 万，在 2.6GHz 拥有 30MHz 频率资源，该公司 2012 年 2 月在东京、大阪、福冈 3 个城市开始 TD-LTE 商用。

从 2009 年开始，在工信部的领导下，由工信部电信研究院和中国移动牵头，业界进行 TD-LTE 系统和芯片研发的主要企业参加，成立了旨在推进 TD-LTE 产业化的 TD-LTE 工作组，组织展开进行 TD-LTE 技术试验，以测试为手段，进行有效的产业组织和协调，促进产业链各环节加快完善。根据工信部电信研究院统计，截至 2011 年底已经有 11 家系统设备厂家和 10 家终端芯片厂家参与技术试验工作，取得了良好的进展。

2011 年 11 月底 TD-LTE 规模试验第一阶段已经完成，并进入第二阶段。在第一阶段的规模试验中。在广州、深圳、厦门、杭州、南京和上海六个城市，共建设近 1000 个基站，其中 5 家系统和 3 家芯片终端完成了第一阶段测试，试验结果显示大部分 TD-LTE 系统的功能完善、性能良好、稳定性较好，接近 LTE FDD 商用设备同等水平；部分 TD-LTE 单模芯片功能完整、性能较好，可长时间稳定地在网工作；部分领先厂商的规模网络关键指标、吞吐量、多用户容量等主要指标达到规范要求，具备同频组网能力；智能天线与 MIMO 结合等关键技术的性能得到较充分的验证。第二阶段的规模试验的测试工作已经于 2012 年 1 月开始，试验目的主要是实现和验证 R9 性能、实现祖冲之加密算法以及推动多模终端和芯片研发。

与此同时，中国移动正在筹备 TD-LTE 扩大规模试验，为商用做好准备。2012 年 2 月 28 日中国移动总裁李跃出席 2012 年世界移动通信大会时透露，中国移动 2012 年将扩大 TD-LTE 规模试验网的建设，在原有六个城市的基础上新增北京、天津、青岛三个试验城市，使 TD-LTE 规模试验扩增至九个城市，试验城市新建超过 2 万个 TD-LTE 基站。

在 2012 年世界移动通信大会期间，GTI 展示了约 35 款各类 TD-LTE 最新终端和创新业务应用，以及多款 TD-LTE/LTE FDD/3G/2G 多模芯片。按照 GTI 制订的三年规模部署计划，到 2014 年，全球将建成超过 50 万个 TD-LTE 基站，覆盖超过 20 亿人口。根据工信部电信研究院信息所预测，到 2015 年全球 TD-LTE 用户将达到 7500 万，占整个 LTE 市场的 25% 左右。

（三）未来 4G 技术的发展与商用

4G 技术的标准已经完成并确立，但其商用仍停留在试验阶段。全球已经有部分运营商或组织展开对 LTE-Advanced 的相关试验，如 NTT DoCoMo 已经在实验室中进行相关测试，并得到 1Gbps 的下行传输速率和 200Mbps 下行传输速率的试验结果，并于 2011 年 1 月宣布获得了 LTE-Advanced 外场试验的许可，计划逐步展开外场试验。乐观估计 LTE-Advanced 系统的商用在 2015 年左右，但其商用进程将取决于 LTE 的商用进展情况。802.16m（即 WiMAX2）尽管也成为 ITU 的 4G 标准，但从产业支持力度来看，远远弱于 LTE-Advanced 产业，尽管 WiMAX 论坛仍在就 WiMAX 2 进行共同测试、网络互用性前期测试、互操作性检测等工作，为 WiMAX 2 认证做准备，但目前仅有 UQ 等极少数 WiMAX 运营商宣布采用该技术，因此商用前景并不乐观。

三　4G 时代频谱资源及分配

（一）全球频率资源发展趋势

随着移动互联网的迅猛发展，用户对于移动数据业务的需求激增，因此近年来移动蜂窝网络的数据流量呈爆炸式增长，根据思科统计 2011 年全球移动数据流量相比 2010 年增长了 133%，预计到 2016 年，移动数据流量将较现今规模增长 18 倍以上。移动网络向 LTE 的演进和升级远远无法满足这种需求，扩展移动宽带业务的无线频率资源成为当务之急。

在这一背景下，世界各国纷纷规划新的频率资源分配给移动宽带业务，甚至将其纳入国家宽带发展战略，例如美国 FCC 于 2010 年 10 月发布了一份技术报告 "Mobile Broadband: the Benefits of Additional Spectrum"，用于说明近期在现有分配频率情况下移动数据业务需求将超过网络承载容量，到 2014 年将有 300MHz 的频率缺口，为此奥巴马政府在其国家宽带计划中专门针对频谱资源提出：未来 10 年内新增 500MHz 的频谱用于宽带接入，其中 300MHz 在五年内提供给移动通信使用。

世界各国政府正在进入为 LTE 及未来 4G 技术分配频率资源的高峰期，根据工信部电信研究院通信信息所统计，截至 2012 年 1 月底，全球累计有 43 个国家发放了 LTE 许可证 134 张。这些频率资源主要分布在 700、800、1800、2300、2600MHz 频段。

除了寻找新的频段，重新利用原有频率资源也成为新的趋势。随着广播及移动业务的技术升级和更新，一些频率逐渐被释放出来，如数字红利频率和原有 2G 移动业务的频率。"数字红利"频谱是指模拟电视转换成数字电视后所空出频段。在频谱资源缺乏的今天，能有如此多的可用频谱被投放市场，对各种新技术来说具有很大的吸引力，其中 790MHz～862MHz 频段具有很大的潜力，能够提供良好的大面积覆盖，分配一些数字红利将对增加移动宽带互联网普及率有重大的积极的经济影响。美国已经从 700MHz 频段中拿出 88MHz 用于移动宽带业务的发展，并且将逐步扩大到 120MHz。2011 年 11 月，欧盟委员会达成初步协议，要求成员国在 2013 年 1 月之前向移动通信释放 800MHz "数字红利" 频率用于移动宽带业务。

（二）我国 4G 频谱需求预测

我国移动互联网处于高速发展阶段，未来对频谱资源的需求将日益迫切。根据工信部电信研究院测算[1]，2015 年移动数据业务量将是 2010 年业务量的 38 倍。未来 10 年中国的移动数据业务将以超过 90% 的年均增长率发展，2020 年移动数据业务量将是 2010 年业务量的 1000 倍左右，快速增长的移动数据业务将耗尽已分配的频率资源。按照上述需求测算，我国到 2015 年移动通信频率总需求接近 1000MHz，目前已划分用于 IMT 系统的频率共 547MHz。如果不新分配频段，我国将在 2015 年左右出现 420MHz 的频率缺口。

我国还没有为 LTE 及未来 4G 技术规划出明确的频率资源，但为了支持 TD-LTE 的发展，2010 年 9 月 2 日，工信部正式发布了《关于 2.6 吉赫兹频段时分双工方式国际移动通信系统频率规划事宜的通知》（工信部无〔2010〕428 号），文件中确定了 2.57GHz～2.62GHz 频段用于 TDD 方式的移动通信系统，已经被用于 TD-LTE 的试验频段。

未来，2300MHz～2400MHz 频段、2G 核心频段中尚未使用的频段和 2500MHz～2690MHz 中没有释放的频率资源均可以作为未来 LTE 及 4G 发展的重要频段；698MHz～806MHz（数字红利频段）现阶段仍用于广播业务，广电部门在 2015 年广播电视网络完成模拟转数字之前无法释放该频段，但这段频段对于发展移动宽带业务来说属于黄金频段。我国频率管理机构和科研单位都在开展频率需求研究，制定我国未来 5～10 年的中长期频率规划，建议尽早制定 LTE 及 4G 技术的频率规划，为我国移动宽带发展铺平道路。

---

[1] 工信部电信研究院：《2012 年 ICT 深度观察——3G 及宽带无线领域》人民邮电出版社，2012。

B.26
移动云计算的现在与未来

赵方　王凤*

摘　要： 云计算的概念是由 Google 在 2006 年提出的，是分布式计算、并行计算和网格计算的发展。移动云计算给运营商带来新的机遇，同时对互联网产业链产生了巨大的影响。移动云计算的到来，丰富了移动互联网的应用，方便了人们的工作和生活。移动云计算目前发展势头迅猛，但是缺乏统一的标准，仍然面临着安全、服务质量、用户消费习惯等挑战。

关键词： 移动互联网　云计算

一　2011 年中国移动互联网云计算发展概况

（一）云计算与移动云计算

云计算（Cloud Computing）① 是一种基于互联网的计算方式，通过云，使得共享的软硬件资源和信息可以按需提供给其他计算机和设备。其旨在通过网络把多个成本相对较低的计算实体整合成一个具有强大计算能力的完美系统，并把这个强大的计算能力分布到终端用户手中。通常，狭义云计算② 是指计算机基础设施的一种交付和使用模式，通过网络以按需、易扩展的方式获得所需的资源（硬件、平台、软件）。广义云计算③ 是指服务的交付和使用模式，是通过以按

---

* 赵方，博士，北京邮电大学副教授，计算机科学与技术专业硕士研究生导师。主要研究方向：物联网关键技术、智能感知技术、移动互联网、无线传感器网络、RFID 中间件、下一代网络协议等；王凤，硕士。主要研究方向：移动互联网、云计算等。

① http：//zh. wikipedia. org/wiki/云端运算。
② http：//www. cloudcomputing - china. cn/Article/cloudcomputing/201008/674. html.
③ http：//zh. wikipedia. org/wiki/云端运算。

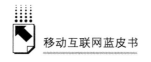

需、易扩展的方式获得所需的服务。

云计算发展到今天，也经历了长期的过程①：1959 年 Christopher Strachey 发表的虚拟化论文为今天的云计算基础架构奠定了基石；1984 年 Sun 公司联合创始人 John Gage 提出的"网络就是计算机"，描述了未来云计算的新世界；1996 年起步的网格计算为云计算提供技术储备。2004 年后，Google、Amazon、微软、IBM 等国际 IT 公司先后推出自己的云平台，开启了虚拟化、云存储、云服务的新纪元。

移动云计算是指云计算在移动互联网中的应用，是指通过移动网络以按需、易扩展的方式获得所需的基础设施、平台、软件（或应用）等的一种 IT 资源或（信息）服务的交付与使用模式。移动互联网智能终端由于受到体积限制，处理能力比较差。云计算的出现给移动互联网带来了新的活力，它将彻底改变互联网产业格局。我们即将步入"云移动"时代，将迎来云计算的发展高潮。

（二）我国移动云计算发展概况

2011 年，我国手机上网人数已经超过 3 亿人，据艾瑞咨询集团预测，在未来的几年，移动智能设备上网人数将超过普通 PC 和台式机，移动互联网市场广阔，发展潜力巨大，国内外 IT 企业争相推出了移动云计算服务。目前各大企业推出的移动云服务中（见表1），基于云存储、云备份的数据同步应用发展已趋于成熟，其他如移动搜索、手机地图等移动云应用还处在发展之中。

表1 各企业的移动云服务

开发商	移动云技术	实现功能
RIM	PushMail	远程同步邮件
Google	➤ 移动搜索 ➤ 手机地图 ➤ Google 街景	随时随地的地图服务
苹果	"iCloud"服务	云存储、数据同步
阿里巴巴	阿里云系统	云存储、同步管理手机数据
华为	➤ "cloud +"云服务 ➤ vision 云手机	远程管理、无线推送、存储备份
酷派	"酷云"服务	数据同步、文件存储

---

① http：//www. searchcloudcomputing. com. cn/showcontent_ 34212. htm.

早在 1999 年，加拿大 RIM 公司的 Push Mail 服务就为用户提供了通过黑莓移动终端远程同步邮件、日历并查看附件和地址簿等移动云服务；作为云计算的先行者，Google 从 2007 年开始相继推出 Google 街景、移动搜索和手机地图等基于云计算的服务，丰富了移动互联网的应用；2011 年苹果公司推出的 iCloud 服务，为用户提供移动云存储和数据同步服务，用户可以在线将自己的邮件、照片、日历、联系人等信息保存到云里，并与各类 iOS 设备实现同步；同年，阿里巴巴旗下阿里云计算公司推出了基于云计算技术的阿里云 OS 操作系统，阿里云 OS 融数据存储、云计算服务、云操作系统于一体，用户可以直接访问云端，利用云空间同步和管理手机数据，使用云应用获取互联网服务；同年，华为也推出了"cloud +"云服务和首款云手机 Vision，实现了远程管理、无线推送、存储备份等功能；作为国内领先的智能手机厂商，酷派也发布了"酷云"计划，实现了数据同步、文件存储、个人信息安全、协同和设备安全等功能，构建了国内首家手机"云计算"服务平台。

2009 年，电信运营商也开始把目光投向移动云计算，并尝试提供初步的移动云计算服务。现在中国电信提出了"e 云"，中国移动提出了"大云"，中国联通提出了"沃云"。

（1）电信"e 云"。

2009 年，中国电信与 EMC 合作推出面向家庭和个人用户的云服务平台——"e 云"。它可以按照用户的设定，自动利用电脑空闲时间，将信息备份存储到"云"里。如果遇到电脑破坏、数据破坏、误删除、在家办公、远程办公等情况时，用户可以在能访问互联网的任何地方、恢复任一个时间点的数据。"e 云"为用户提供了方便的云存储、云备份的移动云服务。

（2）移动"大云"。

2009 年中国移动的云计算平台项目——"大云"① 启动，2010 年正式推出了 1.0 版本。"大云"平台的目标不仅是满足中国移动内部对高性能计算的需求，更关注的是可以利用相关技术来建立一个互联网的服务平台，通过建立云服务，向公众提供商用服务。以此为基础，中国移动将逐步展开云计算的商业化步伐。

---

① 豆瑞星：《电信运营商的云计算之殇》，《互联网周刊》2010 年 6 月 20 日。

（3）联通"沃云"。

2012年初中国联通推出了云同步和云备份应用平台——"沃云"，利用云计算技术实现用户在多个设备之间便捷的资料同步和协作。"沃云"是为满足用户信息、文件跨平台跨终端分享和同步需求的信息聚合业务，具有面向短信、通讯录、日历、便签、文件、相册、音乐、视频等文件的同步、备份和分享的功能。

二　中国移动互联网云计算发展的意义及影响

（一）移动云计算给三大运营商带来的机遇

云计算的价值一方面体现在通过资源共享和规模经济降低成本，另一方面就是通过各合作伙伴在"云"中的协同创新提升商业价值。云计算是一个价值创造和商业创新的新环境，云计算应用在移动互联网领域，将给电信运营商带来以下多方面的机遇。

（1）构建运营商内部"私有云"[1]。[2] 通过私有云建设，利用虚拟化和分布式运算技术整合计算资源，提高资源利用率，降低IT投资和运行成本。

（2）提供网络服务。由于移动云计算是基于移动网络的服务，依赖于网络资源，其发展将对网络资源产生更大的需求，而且随着移动云服务应用越来越广泛，音视频等服务应用对网络带宽要求更高，为运营商带来网络服务的新机遇。

（3）提供"公有云"[3] 服务。电信运营商拥有大型数据中心、服务器资源和网络带宽资源，这是开展云计算服务的两大基础，也是主要优势。电信运营商可以结合现有的IDC业务或者联合战略合作伙伴，在硬件基础设施、IaaS、PaaS、SaaS等多方面提供云服务。现在中国电信推出的"e云"和中国联通推出的

---

[1] 私有云（Private Clouds）是为一个客户单独使用而构建的，因而提供对数据、安全性和服务质量的最有效控制。该公司拥有基础设施，并可以控制在此基础设施上部署应用程序的方式。私有云可部署在企业数据中心的防火墙内，也可以将它们部署在一个安全的主机托管场所。

[2] 孙少陵：《云计算变革下电信运营商的机遇及中国移动云计算的机遇》，《移动通信》2010年第11期。

[3] 公有云（Public Clouds）是第三方提供商通过自己的基础设施为用户提供的能够使用的云，公有云一般可通过Internet使用，可能是免费或成本低廉的。

"沃云"都是公有云服务,致力于为广大用户提供可靠的移动云服务。

（4）开放通信等 API 接口。由于运营商掌握了移动通信的全部资源,在移动互联网的发展过程中发挥着不可小觑的作用。为了大力推广移动云服务,增强自身竞争实力,可推行开放式的合作尝试,开放通信等 API 接口,满足移动互联网应用的新需求。

电信运营商应充分发挥互联网接入以及数据中心领域的优势,结合移动云计算服务,实施战略合作,加速向移动互联网转型。

（二）移动云计算对产业链的影响

移动云计算技术突破了移动终端设备的资源瓶颈,促进了移动互联网产业的发展,移动云计算产业涉及智能移动终端厂商、操作系统提供商、网络运营商和软件提供商。

移动终端包括智能手机、平板电脑等电子设备,据艾媒咨询（iiMedia Research）数据显示,2011 年中国智能手机终端用户数为 2.23 亿户[1],平板电脑出货量过千万台,预计未来智能移动终端持有率还将会大幅度提高,市场规模进一步扩大。在智能手机市场上,苹果、三星、HTC 占据大部分的市场份额,联想、酷派、中兴、华为等国内厂商与运营商联手推出的千元智能机也占据了一席之地,小米科技公司推出的小米手机因其性价比高和成功的营销模式也受到广大用户的青睐。移动云计算丰富了移动互联网的应用,智能移动终端承载了移动云应用。在移动云应用呈爆炸式增长的情况下,用户对终端的需求日益增大,智能终端厂商竞争将日趋激烈。

操作系统是移动终端软件平台体系的核心,搭载在移动终端上的软件必须与其操作系统相适应。目前智能终端操作系统中,闭源操作系统包括有苹果的 iOS、黑莓、Windows Mobile 和 Windows Phone7 等,开源系统主要是 Google 推出的 Android,诺基亚的 Symbian 也正在尝试转向开源化。截至 2011 年底,Android 和 iOS 的市场份额不断扩大,黑莓、Symbian 和 Windows Mobile 的市场占有率不断萎缩,作为 Windows Mobile 的继任者,Windows Phone7 也处于缓慢增长中。终

---

① 编者注：据中国互联网络信息中心（CNNIC）数据统计显示,截至 2011 年 12 月,中国智能手机用户 1.77 亿。

端的功能是否强大、移动云应用的用户体验是否出色很大意义上取决于操作系统。如何提高操作系统的性能，吸引云服务提供商开发出相适应的云服务平台，吸引软件开发者在其操作系统上开发出优秀的移动云应用将是操作系统提供商制胜的关键。

在移动互联网时代，运营商通过部署移动网络，为用户提供了数据流量业务。同时运营商借助掌握的大量资源部署云服务，正在积极向移动互联网转型。

云计算的加入丰富了移动应用，扩大了移动应用的使用范围，促进了移动应用的新发展。现有电子应用商店的推出改变了传统的软件应用的商务模式，使得软件应用市场更加开放化，加剧了应用开发商的竞争，很可能引起新一轮互联网企业的洗牌。

（三）移动云计算改变人们的生活

每一项新技术的应用都会使人类的生活变得更加方便，尤其在"云"时代，移动云计算技术在生活中的应用越来越广泛，改变了人们的生活。

（1）移动办公。

自从云计算技术出现以后，办公室的概念已经很模糊了。谷歌的 Apps、微软的 SharePoint 等云办公平台的推出，使得用户可以在任何一个有互联网的地方同步完成办公。即使同事之间的团队协作也可以通过上述云服务来实现。虚拟办公软件的出现，让用户可以通过移动智能设备远程访问办公室的电脑，实现远程办公，极大地方便了人们的工作和生活。

（2）移动云存储。

在日常生活中，个人数据的重要性越来越突出，云计算的出现打破了使用传统硬件设备进行存储的格局。用户通过云存储就可以在任何有网络的地方更方便快捷地获取自己的数据。苹果在 iOS 5 系统中推出的 iCloud 和酷派推出的"酷云"等就是基于云计算的存储和同步服务。

（3）移动云应用。

目前诸如健身、减肥、保健、健康监护、理财等在智能移动终端（iPhone等）的应用日益增多。正是云计算的出现带来了这一切，所有用户的庞大数据都可以在"云"里完成，然后将结果直接呈现给用户。作为移动互联网中的亮点，LBS（Location Based Service，基于位置的服务）正是借助于云计算，解决了移动社区中海量数据存储等问题，为用户提供了一个广阔的社交空间。

（4）移动支付。

移动云计算技术应用于电子商务，为电子商务的发展提供了全新的技术基础和服务模式，用户通过移动终端就可以购买商品或者服务。云计算技术将电子商务的信息处理、信息服务、信息交流、信息存储等分散成小的"云"单元，利用网络上的服务器来完成电子商务的各种活动，满足了移动电子商务对运算能力、信息传递能力和信息安全能力的高要求，同时降低了对移动终端设备的要求，促进了电子商务的发展。中国移动推出的手机钱包业务就是其中的典型应用，用户开通其业务后，便可使用手机钱包在中国移动合作的商场、超市、便利店、餐馆、公交车等场所刷卡消费。

（5）移动搜索。

目前利用手机上网的用户越来越多，移动搜索日益成为人们获取信息的方式之一。云计算给移动搜索带来了海量数据处理的解决方案，使得移动搜索可将互联网服务与移动终端深度融合，实现了将桌面搜索结果"直达"移动智能终端的搜索服务。Google 推出了一系列移动搜索应用，如社交服务项目 Google＋，以及个性化搜索功能"搜索加上你的世界"等等，其结果更基于搜索位置、搜索偏好以及个人社交网络信息，进一步实现了搜索的个性化。

三　移动云计算未来发展趋势预测

1. 移动云计算技术挑战

虽然目前国内外移动云计算的发展如火如荼，但由于技术发展上仍存在瓶颈，其发展仍然面临着以下挑战。

（1）标准化与开放性。

目前云计算缺乏统一的标准，各个云计算厂商和服务商所提供的服务都是独立的，云计算还没有出台一个统一开放的标准和接口，不同云之间缺乏互操作性，用户无法将自己的数据和应用程序从一个云计算服务厂商无缝迁移到另一个厂商。为了使云计算得到真正的大规模推广和应用，还需制定相应的标准，建立统一开放的标准接口。

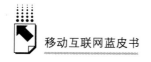

（2）安全。

云计算在技术上仍不成熟完善，安全问题是云计算存在的主要问题之一①。随着越来越多的用户将数据转移到云端，储存这些资料的"云"成了黑客攻击的新对象，对云安全构成了很大的威胁。而且由于移动网络的不可靠性，数据在网络传输中也存着被截取、破译的可能。随着移动云计算服务的进一步普及，其安全问题也将日益凸显。

（3）服务质量。

移动云计算服务依赖移动网络，通过移动网络为用户提供服务，目前网速低且不稳定，导致云应用的性能不高，而且移动云计算通过远程网络访问的应用模式具有不可靠性。Amazon 的 S3 服务和 Google 的云服务均出现过服务中断的情况，现有网络环境下，云计算的服务质量难以保证，也是不得不考虑的现实问题之一。

2. 移动云计算应用的挑战

移动云计算的发展改变了传统的产业链，同时也带来了全新的商业模式。云计算应用将面临以下挑战。

（1）用户消费习惯的挑战。

长期以来，消费者习惯免费使用各种网络资源，只要支付必要的上网费用，就可以获得大量的信息资源。现在出现的苹果的 APP Store 和 Google 的 Android 官方应用商店等新的商务模式，需要用户付费使用各种软件、享受各种服务，这无疑是对以往用户的消费习惯的一个巨大挑战。

（2）移动支付体系的不完善。

作为移动云计算的主要应用之一，移动支付已逐渐成为电子商务的发展趋势，但支持其业务模式的操作模式、信用体系、支付体系等运作细节还不完善，其安全性还有待提高。另外移动支付刚刚起步，各大银行、各大商城、各大支付平台及其运营商的手机支付标准还未统一。

3. 移动云计算的展望

未来几年，移动互联网借助云计算的东风发展势头仍会很强劲。虽然移动云计算的发展面临着以上问题和挑战，但是其发展不会因此而停滞。作为一种新兴

---

① 房秉毅、张云勇、徐雷:《移动互联网环境下云计算安全浅析》,《移动通信》2011 年第 9 期。

的商业计算模式，移动云计算突破了终端硬件限制，具有便捷的数据存取、降低成本、按需服务等特征，使得其发展如火如荼，受到众多厂商企业的青睐，将进一步推动移动互联网的发展。

移动云计算的研究浪潮引发了新的技术热点——虚拟化，虚拟化技术提供了一个简化管理、优化资源的解决方案，节约了硬件成本。虚拟化的到来使得传统的硬件设备制造商面临着危机，很可能引起互联网产业巨头的重新洗牌。制造商只有好好抓住云计算的机遇，利用云计算技术向服务提供商转型，才可能在未来的市场中占有一席之地。

移动云计算解决了移动互联网中海量数据存储和处理的问题。移动互联网的数据因为移动终端而带有位置特性，通过移动云计算，可以挖掘出用户深层次的消费习惯或者生活习惯等等，为商户带来潜在的消费群体，同时为用户找到适合的消费场所，达到双赢的目的。

随着移动云计算技术的成熟，移动云应用进入快速增长期，这将成为移动云计算的主要收入来源，同时电子应用商店的商务模式使得开发商竞争日趋白炽化，如何提供良好的用户体验，成了竞争的核心。目前移动云计算标准暂未统一，未来云计算标准之战必不可免。基于同一云平台的移动云应用开发商可以通过开展战略合作，努力推广各自的云平台和云应用，使自己立于不败之地。

B.27
中国移动互联网地理位置服务应用透析

李建刚　沈凤*

　　摘　要：LBS（Location Based Services），是一种基于地理定位的信息或娱乐服务。其发展基于现代社会中人们普遍带有的"移动性"这一根本特征，位置信息与移动服务的融合具有巨大的市场潜力，是移动互联网发展的有机组成部分。我国 LBS 服务目前存在着公共服务不突出、市场监管不到位、大众应用同质化严重、赢利模式不清、用户黏性低、隐私保护不力等问题。

　　关键词：LBS　地理定位　信息服务

一　LBS 的概念

　　LBS 是一种基于地理定位的信息或娱乐服务，有时也简称为定位服务。

　　近十年内 LBS 的发展，主要归功于媒介融合，特别是通信技术的融合（Telecommunication Convergence）。身处移动通信环境中的用户，通过手机、平板电脑或其他形式的移动通信终端，主动或被动提供基于自身实时位置的定位数据，由定位数据带来相应各种移动信息服务。

　　LBS 可以是非营利的公共服务，也可以是商业服务；可以为个人、企业服务，也可以为政府服务；可以独立存在，也可以与其他形式结合；可以是单纯的移动互联网应用，也可以与因特网业务衔接。

　　从本质上看，LBS 是基于现代社会中人们普遍带有的"移动性"（Mobility）

---

　　* 李建刚，博士，中国传媒大学电视与新闻学院副教授，新媒体与媒介融合研究中心主任；沈凤，中国传媒大学新闻学专业，网络新闻与新媒体方向 2011 级研究生。

这一根本特征而发展起来的。位置信息与移动服务的融合具有巨大的市场潜力，正在为全球不同地区的用户带来持续创新的新模式。

二　LBS 的历史与发展

LBS 的发展经历了三个阶段。第一阶段是用户人工向系统提供自身位置信息；第二阶段是用户的位置由网络自动获得，精度较低；第三阶段是网络自动获取用户的高精度地理信息，能够智能地根据用户位置给予通知、提示或警告。

20 世纪 80 年代末至 90 年代初，科研人员提出的理论已经较为完整。随后，爱立信和瑞典移动运营商 Europolitan 较早进行了 GSM①LBS 试验（1995 年）。

美国联邦通信委员会（Federal Communication Commission，FCC）对于 LBS 的发展起到了推波助澜的作用，FCC 这样做也是事出有因。1993 年 11 月，美国一个叫做詹尼弗·库恩的女孩遭绑架遇害。库恩曾经用手机拨打 911 电话，但是 911 呼救中心无法通过手机信号确定她的位置。这个事件促使 FCC 在 1996 年推出了一个行政性命令 E - 911，要求美国的电话运营商必须能够通过无线信号追踪到紧急电话呼叫用户的位置。

1997～2000 年，爱立信针对美国和欧洲的电信标准开始着手部署第一阶段的地理位置信息服务，当时称为（Location Services）。第一阶段的研究和试验成果包括后来所说的 LBS（Location Based Services）的概念、术语、基础方法和通信标准。

在 2000 年，当时全球 12 个大型电信公司，如爱立信、摩托罗拉、诺基亚等联合推动了全球标准的建立，并催生了手机定位协议（Mobile Location Protocol，MLP）的标准化，这个成果解决了电信网络和具体的 LBS 应用服务在因特网平台上服务器内部的沟通问题，也形成了更加稳定和简化的中间件技术层。自此，LBS 逐步进入开放式地理信息服务开发技术之列。

第一个支持消费级 LBS 手机 Web 服务的硬件产品是 1999 年生产的 Palm Ⅶ，

---

①　GSM 是 Global System for Mobile Communications 的缩写，意为全球移动通信系统，是世界上主要的蜂窝系统之一。

其内置两个应用程序：源自美国气象频道（Weather Channel）网站 Weather. com 的气象服务和 Sony-Etak 地铁交通信息，软件支持邮政编码级别的定位信息。这是第一批面向普通消费者的 LBS 应用服务。

2001 年 12 月，日本第二大运营商 KDDI 推出第一个配备 GPS 的移动电话。移动电话制造商们倾向于向产业上游延伸，将 LBS 嵌入移动设备之中。这与早期的策略不同，LBS 最初是被设计为由移动运营商和手机内容提供商共同开发。

2002 年 5 月，美国的 GO2 和 AT&T 推出使用自动定位验证（ALI）的全美首个定位搜索服务。用户在寻找目标位置时，可以使用由无线网络评级的较近的推荐，如商店或餐馆。那时的 ALI 技术已经可以提供起点、转向等实用信息，可以让漫游到陌生之地的移动用户寻找出路时不必再输入邮编代码，而是通过无线网络自动给出用户当前的地理位置。GPS 跟踪对于地理信息服务方式的升级起到了重要的推动作用。

三 LBS 常用的定位方法

1. 控制面定位

对于没有 GPS 功能的手机，通过距离最近的蜂窝基站产生的无线电信号延迟获得定位信息。这种方式反应慢，不够精确。该技术曾是美国 E－911 任务的基础，现在依然视为蜂窝电话定位的一种较为可靠的技术。

2. GPS 定位

近几年生产的移动电话和 PDA 基本都有集成的 GPS 芯片。基于 GPS 的 LBS 也是一种简单的方法，不过会增加用户端的投入——用户必须购买带有 GPS 的手机。例如索尼爱立信的"NearMe"项目，可以提供精确的位置，但是手机价格不菲。

GPS 定位基于卫星三角法定位的基本几何原理，GPS 接收装置以测量无线电信号的传输时间来测量距离，由每颗卫星的所在位置，测量每颗卫星至接收器的间距，即可算出接收器所在位置的三维空间坐标。

3. GSM 定位

使用 GSM 定位，找到手机距离蜂窝基站的相对位置，即可以确定某人或某物。它依赖手机信号与基站之间的通信方式，有多种技术可以实现。

4. 其他定位方式

其他途径还有近 LBS 模式（NLBS），在室内或局部范围内通过蓝牙、WLAN、红外线或 RFID 近场通信技术与服务对接，适合在较为封闭的房间和环境内使用。

GPS 和 GSM 在室内的表现都不算理想。

四 LBS 的应用

针对个体，LBS 可能的典型应用有以下几种。

（1）用户参与城市社交事件，同时以 UGC（User Generated Content）方式创作内容；

（2）用户希望获取最近的商业或服务位置，如 ATM；

（3）用户参与围绕餐馆、服务或其他场所的实时问答；

（4）为用户指出具体的方向导航；

（5）在地图上锁定打电话对象的具体位置；

（6）推送（Push）或拉送（Pull）的信息提示，如警报、促销、堵车信息；

（7）向用户推送基于手机位置的移动广告；

（8）帮助追回资产，如被盗物品。手机如果置于容器内，GPS 可能无法正常工作；

（9）通过位置信息参与游戏。个人位置信息成为游戏的一部分，如可以解锁新的关卡或是控制角色在游戏中的运动。

针对企业或机构，运营商可以采用 LBS 为用户提供以下增值服务。

（1）紧急电话呼救追踪；

（2）跟踪动态分配的资源，如出租车、设备租赁、医生出诊、物流车队。

（3）对于没有隐私担忧的物品，使用被动式传感器或 RF 射频标签进行定位跟踪，如包裹或货车。

（4）寻找专业服务或人士，如技能出色的医生、护士；

（5）导航；

（6）行业信息服务，如气象、交通；

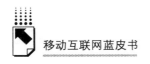

（7）其他服务。如广告、朋友列表、约会、机场自动办理登机手续等。也可以支持某些根据距离确定的付款方式。

五　我国发展移动互联网 LBS 的意义与影响

中国移动通信市场已经进入智能终端时代。根据赛诺市场研究机构的统计①，2010 年，中国市场销售了 2780 万部智能手机，占整体手机销售量的 16%。2011 年，市场规模激增，智能手机达到 7400 万部的销量，占 2011 年中国手机市场消费总量约 2.5 亿部的 29.6%。中国互联网络信息中心（CNNIC）公布的数据显示，截至 2011 年底，我国互联网用户数量达到 5.13 亿人，其中手机上网用户规模达到 3.56 亿人，这个庞大的基数构成了移动互联网应用飞速发展的基础。

LBS 同时允许运营商和服务开发者提供新的商业渠道和移动体验，在未来激烈的竞争中帮助政府和企业更好地改善与人们之间的关系，使其更加人性化，更为融洽。从公共服务和商业服务两个层面来看，LBS 的服务主体和服务方式不尽相同，但都是移动互联网服务发展的有机组成部分。

1. LBS 公共服务

我国 LBS 提供公共服务的起步并不晚，但是并没有形成标准化、系统化、公益化的服务模式。这一部分应当大力增强。

应当注意到，美国首先推行的 LBS 服务是政府强制运营商必须实现的，运营商要在任何时间、任何地点都能追踪并提供移动用户的地理位置信息，这已经成为美国社会公共安全保障的一项基础信息服务。美国联邦通信委员会的强制性要求，使得全美的紧急医疗服务、警察或消防队员都可以根据求救者的无线信号迅速定位，这是特别有价值的社会公共服务。美国移动运营商对 LBS 商业服务的关注就较为逊色，他们为了满足 E－911 的要求已经焦头烂额，因此起初在 LBS 的商业化上并没有投入太多精力，只是近几年才开始推出一些创新应用。

反观国内，LBS 源起于电信运营商，早期投入大规模开发和应用则是在交通领域。2002 年 11 月，中国移动首次开通位置服务。2003 年，中国联通在其 CDMA 网上推出"定位之星"业务。中国电信和中国网通也相继启动小灵通平

---

① 2012 年 2 月 27 日《通信信息报》，http：//wireless. iresearch. cn/94/20120227/164264. shtml。

台上的位置服务。由于当时 GPS 普及率低，移动通信带宽很窄，用户不愿付费使用，市场反应极为平淡。从 2004 年开始，交通安全管理与应急联动领域逐渐引入 GPS 与移动通信结合的功能，为公共运营车辆等交通运输工具开发相关的运输监控管理系统。总体来讲，市场较为混乱，存在恶性竞争、服务质量差等问题。

随着大量智能手机的普及，GPS 定位芯片成为一种标准配置，可以看到当前多数移动电话上都带用 GPS 定位芯片。未来几年，手机 LBS 服务将是一个更大的市场。

2. LBS 商业服务

2010 年，Foursquare① 引起了移动互联网行业的关注。其提供的服务中，大约 50% 是地理信息记录的工具，30% 是社交分享的工具，20% 是游戏工具。Foursquare 的服务将线下服务（商家）和用户位置相结合，以提供勋章这一简单有趣的方式激励用户参与，同时将位置信息同步至社交网站，如 Twitter 和 Facebook，并积极推出第三方应用。用户精确的地理位置成为一种有商业价值的信息资源，这是 Foursquare 之类网站在发展初期受到好评的主要原因。恰逢同时期社交网站的发展也进入上升期，从而带动国内许多互联网企业对于 Foursquare 模式的追捧和模仿。

2011 年，国内类 Foursquare 模式的 LBS 公司已经超过 30 家，多数以签到服务为核心业务，如嘀咕、在哪、街旁、玩转四方、多乐趣、拉手、盛大切客。与此同时，国内社交网站和微博服务提供商也纷纷延伸到 LBS 领域，就像 Google 推出 Latitude，Facebook 推出 Facebook Places，Twitter 推出 Twitter Places 一样，百度整合了百度地图、百度无线等资源，推出 LBS 服务——"百度身边"；2011 年 3 月初，新浪推出 LBS 产品"微领地"，将移动签到服务与微博平台整合。挤入这一战场的还有团购网站拉手网、大众点评网、时光网以及世纪佳缘这样的垂直服务商。

六　面向大众的主要应用及站点

我国移动互联网地理位置信息服务也可以从大众应用和行业应用的角度来分

---

① Foursquare 是一家基于用户地理位置信息的手机服务网站，鼓励手机用户同他人分享自己当前所在地理位置等信息。

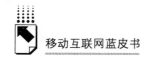

类。前者包括位置信息查询、游戏娱乐、跟踪导航、生活服务；后者主要有：信息传播、智能交通、人事管理、物流及资产管理和紧急救援。

当前 LBS 的大众应用和站点大致分为以下五类。

1. 位置签到型（Check-in）

位置签到，以用户签到为核心发展基于签到的增值服务，通过整合好友签到信息及周边地理位置信息，打造基于真实地理位置的用户社交网络。以街旁、嘀咕、网易八方、盛大切客、冒泡为典型代表，人人网等也将此类应用添加到了服务中。

现阶段"签到"主要是和文化活动相结合，逐渐向年轻消费者推广和渗透。

2. 休闲娱乐型

位置游戏服务，也称大富翁模式。提供基于真实地理位置签到信息的游戏服务，鼓励用户实时签到，赚取游戏经验及虚拟道具，提升游戏经验值和用户等级。

用户通过这种现实与虚拟世界沟通的游戏方式获取休闲和娱乐体验。如16Fun、摩天轮、魔力城市和云上飘。

这种模式比"签到"更具黏性、趣味性、可玩性和互动性，它需要对真实地点进行虚拟化设计。国内代表性服务是 16Fun（一路疯），提供基于地理位置的社交游戏。

3. 生活服务型

位置信息服务围绕用户签到展示本地生活信息，实现位置服务与用户工作生活的深度整合。通过签到获取商家提供的生活消费信息及优惠折扣是此类服务的主流模式，如大众点评、百度身边、游玩网、M 卡和高德地图。

4. 社交服务型

LBSNS（LOCATION-BASED SOCIAL NETWORKING SERVICES）的出现体现了社交网络领域的应用分支，成为 LBS 非常重要的一种模式。这类服务网站有：人人网、兜兜友、新浪微领地、世纪佳缘、陌陌、"区区小事"等。

5. 新闻媒体的 LBS 应用

LBS 除了作为社交网络的延伸服务，在新闻传媒领域也有一些尝试。苹果产品对于地理位置的支持非常深入，如照片编辑，用户可以方便地标注位置信息。

《周末画报》和网易新闻的客户端都推出基于 GPS 定位的本地化新闻，用户可以随时接收当地的新闻动态。

七 LBS 发展的问题

LBS 目前较为突出的问题是：同质化严重、赢利模式不清、用户黏性低、隐私保护有争议。这个产业的良性发展不仅取决于用户体验的质量，还取决于整个服务链条的若干控制环节。这些因素来自国家和政府的安全监管、不同利益群体的博弈、法律对于消费者权益的保护以及社会个体自身素养的提高。

在用户体验层面，主要问题是定位精度低与服务同质化，缺少核心服务和新意。国内 Foursquare 类服务的一般模式如下：个人签到获得徽章；同步传播到各大 SNS 及微博；凭借徽章在实体店获得优惠，参与抽奖或获得其他奖励；良好的用户体验让消费者再次回归线上，给予积极、肯定的评论。

国家和政府层面缺乏产业规划和政策引导，公共服务不突出，市场监管不到位。政府相关部门对于产业和技术发展缺少前瞻性思考，滞后于实际发展，也不擅长从法规的角度去促进产业的升级、市场的竞争和技术的更新。

目前我国还未出台有关 LBS 的市场准入政策和相应的质量、技术与服务标准。服务质量不高、标准不统一、地图信息更新慢、服务不规范等问题时有发生，市场相对较为混乱。

多数 LBS 企业存在急功近利的心态，赢利模式不成熟、定位模糊、注册及活跃用户规模小。有的还经常打擦边球，用户隐私及实际利益缺少强有力的保证。

LBS 的移动支付已经启动，但是整体来看，还需要进一步开发和完善。

个人隐私信息的界定与保护也是 LBS 带来的有争议的话题。在社会个体的认知层面，LBS 本身的定位功能对某些用户造成一种隐形的压迫感，很多人不希望随时暴露自己的行踪。

中国消费者对 LBS 应用虽然接受得很快，但是大多不愿为服务付费。艾瑞咨询的研究报告显示，Foursquare 付费应用占 77%，免费应用只占 23%。这对国

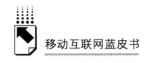

内 LBS 来说是难以想象的。从另一个角度看，国内的 LBS 提供商在提供付费服务上，还没有足够好的产品或服务能够吸引用户并使其产生信任。

八 我国移动互联网 LBS 应用的未来趋势

传统的互联网传播与交流，拉近人与人的距离，淡化不同地域之间地理与空间的差异感，发挥的是网络实时性、全球化与跨时空的优势。LBS 独树一帜，将地理位置作为信息传播的新维度，增强并完善了本地化、垂直化的传播体系，这大大丰富了互联网创新与服务的整体内涵。

1. 构建移动信息的新时空关系

LBS 使移动互联网保持了时间和空间之间巧妙的平衡关系，并有能力将绝大多数类型的信息附加上地理位置的标签。在此基础之上，搜索引擎对于信息的检索和分类将更加高效和准确，从而促使人类的知识系统在全球化的大背景下距离智能化星球更近一步。

2. 基于地理位置的搜索

目前一些生活服务型网站已经推出手机的客户端，用户可以根据地理位置搜索周边餐饮等信息。

3. 加速媒介融合

LBS 将和信息传播、社交网站、移动商务、移动广告、即时通信等紧密结合，用户所创造的内容，可以贴上 LBS 的"标签"，将使相关应用的流程和质量逐步地发生重大的变化。传统媒体获取新闻时将更加准确和有效。

4. LBS + UGC 的内容生产模式

LBS 将推动人际传播的网络从辐射式变为立体化，人们之间认识与交流的方式将注入新的元素。UGC 将继续补充并完善传统媒体信息来源的渠道，LBS 上的微内容将不断重新聚合，信息的传递将更加个性化。

5. 推动电子商务发展

LBS 使信息的商业价值更加完整。LBS 能在正确的时间、正确的地点把正确的信息发送给正确的人。精准营销将获得新的工具。

6. 建立新的移动广告的标准

LBS 将为广告行业带来新的契机，各种新型、新颖的移动广告格式将不断出现，品牌虚拟商品和广告的传播影响力有望进一步提升。

7. 海量用户数据为运营商提供创新支持

在用户位置信息方面真正具备优势的是电信运营商。LBS 将产生海量的移动信息数据，用户数据的收集与分析可为增值业务发展提供新的依据，同时也可能促发新的管理模式，企业的管理方式也可能受到影响。

B.28
移动互联网时代的第三方开发

张意轩　李志伟*

摘　要：苹果APP Store的诞生改变了手机应用程序只由终端生产商开发或者操作系统自带等传统，为第三方开发者开启了一片新天地。第三方开发随之迅速成为一个勃兴的产业。其从业者大都是拥有创业梦想的年轻人。在中国，同样聚集起这样一支相当庞大的队伍。本文通过搜集第三方开发的相关材料，聚焦中国，描述移动互联网时代万紫千红的第三方开发现状，分析存在的问题，探讨未来走向。

关键词：移动互联网　第三方开发　应用程序

智能手机的诞生为应用程序的落地提供了优良的平台。知名风投公司KPCB（Kleiner Perkins Caufield & Byers）发布的《移动互联网趋势报告（2011）》显示，相比于此前人们使用手机多是打电话、收发邮件等，智能手机用户60%的时间花费在了新活动上，包括地图、游戏、社交网络等。[1]

仅以苹果产品为例，单看iOS移动互联中国市场的数据，到2011年末，包含iPhone、iPad和iPod Touch在内的iOS设备数量将超4000万台，且以每月超过100万台的数量增长；中国销售排名前几位的应用，收入已经达到1万美元/天。[2]

---

* 张意轩，北京大学新闻与传播学院博士生，《人民日报》海外版记者，长期跟踪IT互联网发展，关注新媒体变革，曾任北京市网络新闻信息评议会成员、互动百科热词观察室特约观察员；李志伟，北京大学文学硕士，《人民日报》海外版编辑。主要研究方向是新闻实务，关注领域有报纸视觉传播、新媒体与媒介新闻生产等。
[1] 马特·莫菲、玛丽·米克：《移动互联网趋势报告（2011）》。
[2] 参见夏勇峰《黑卡黑洞》，《商业价值》2011年11月第27期。

苹果 APP Store 的诞生创造了一种新的模式,那就是手机应用程序的生产由终端生产商开发或者操作系统自带等传统,转变为由许多拥有创业梦想的年轻人实现。

第三方开发,顾名思义就是独立于手机制造商和运营商开发之外,由"第三方"人员去完成手机应用程序的设计制作。

在中国,这也正在成为一个勃兴的行业。本文通过搜集梳理第三方开发的相关素材,展现移动互联网时代万紫千红的第三方开发现状,直面存在的问题,探讨未来发展的走向。

一 第三方开发现状

根据应用商店宏观经济观察机构 APP Annie 的数据,中国区 APP Store 应用下载量在 2011 年同比增长了 298%,营收增长了 187%,其增长率在世界各个区域中首屈一指。[①] 这一繁荣表象是第三方开发生态链中各环节相互作用的结果。

这是一个由"开发者—手机生产商—用户"三者相互作用的完整链条。以苹果公司为例,Apple 通过开放的 SDK 开发工具包为开发者提供开发支持,开发者基于该 SDK 开发符合 APP Store 上线标准的应用,由 APP Store 统一进行营销,获得的受益 Apple 与开发者分成。

虽然有以 Apple 为代表的互联网巨头为第三方软件开发者提供了方便、高效的一个软件销售平台,但是不难发现,事实上,第三方开发在这其中是关键的环节,尤其是目前在中国移动应用程序市场中,这种开发多是由具备创意与活力的中小企业完成。所以,本文将围绕"开发"中的市场、开发者、产品、营收等类别介绍第三方开发的现状。

(一) 第三方应用程序市场

2012 年 2 月 24 日,苹果官方网站开启"APP Store 下载突破 250 亿次"的活动,无论打开苹果的 iPhone、iPad 和 Mac 等任何一款产品,APP Store 应用下载

---

① 葛鑫:《移动互联网的泡沫与啤酒》,《商业价值》2012 年 3 月 7 日。

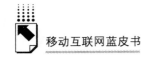

次数的 11 位数字不停闪动都显示着已经接近 250 亿次。3 月 3 日，苹果三年多来实现了从 0 次到 250 亿次的跨越。

回到四年前，2008 年 7 月 11 日，苹果 APP Store 正式上线，三天后，APP Store 中可供下载的应用 800 个，下载量达 1000 万次。而根据今年 1 月软件猎手出品的中国区 APP Store 数据报告显示，截至 2011 年 12 月 31 日，中国区的 APP 在线累计数量已经突破了 50 万款，另有数据表明，苹果 APP Store 已有逾 55 万款应用。

苹果、谷歌和微软三大互联网大佬早已搭好了作为"根平台"的 iOS、Android 和 Windows Phone 系统，并构建起自己的应用商店。附载于这些基础通路上，对比苹果应用程序商店 APP Store，其他几家的应用商店也各具以下特点。

1. Android（安卓）

谷歌公司 2007 年推出 Android 开放式应用平台，允许任何手机制造商免费使用并且专注于设计硬件而非软件。Android 目前在全球的智能手机操作系统市场份额中位居第一。2012 年 2 月的数据显示，Android 占据全球智能手机操作系统市场 52.5% 的份额，中国市场占有率为 68.4%。① 具体到应用程序方面，Android Market 目前有逾 40 万款应用。

2011 年 12 月 6 日，谷歌宣布其应用程序商店"安卓电子市场"的下载量已在全球突破 100 亿次，虽仍不及苹果，但市场研究公司 ABI Research 的分析数据显示，谷歌 Android 应用程序平台在 2011 年第二季度的下载量占到所有应用程序下载量的 44%，已超过苹果 31% 的市场份额。②

2. Windows Phone（微软）

2010 年 10 月 11 日，微软公司正式发布了智能手机操作系统 Windows Phone，同时将谷歌的 Android 和苹果的 iOS 列为主要竞争对手。2011 年 2 月，诺基亚与微软达成全球战略同盟并深度合作共同研发，建立庞大的生态系统。

截至 2012 年 1 月，微软 Windows Phone 应用程序商店的应用程序数量已超过 6 万款，提供这些应用和游戏的发行商数量已超过 1 万家。

---

① 参见云天《2012 三大系统虎视中华"中国创造路在何方"》。
② 参见网易科技报道《Android 应用程序下载量超过 iOS》。

3. 亚马逊

2011 年 3 月 22 日，亚马逊推出了 Android 版应用程序商店，内有 4000 多个应用软件。亚马逊利用其个性化推荐引擎，根据用户在该网站的购买行为和浏览行为，向用户推荐其可能感兴趣的应用程序，这让我们看到了亚马逊书店网站的影子。亚马逊的应用程序商店的特点概括起来是"重质不重量"，比如其为Kindle Fire 打造的应用程序包括《愤怒的小鸟》、《City Ville》等知名游戏，绝大多数都是挑选过的付费程序。

除了苹果、安卓、微软和亚马逊这四家国际化应用商店之外，中国本土的应用商店也纷纷开花。

一方面，国内中国移动、中国电信和中国联通三大运营商纷纷推出了自己的应用商店。以中国移动的 MM 移动应用商场为例，来自中国移动的最新数据显示，这里已会聚 370 万注册开发者、近 12 万个应用、1.7 亿用户，累计下载超过6 亿次，是全球规模最大的中文应用商店和国内最具规模的在线手机软件商店。

除此之外，中国还存在着大量由论坛发展而成的汇聚应用商店的网站。应用程序开发的繁荣也带动了一批网站的兴起。中小互联网服务提供商成为在线应用商店领域一支较为活跃的力量。如 N 多网、泡椒网、威锋网、手机堂等，这些平台运营商具有互联网的"草根"精神。

其中有些网站集中了基于各类系统的程序，有些则是某一类别的应用程序商店，比如 Android 应用商店。

有分析人士指出，作为中国移动互联网快速前进的 2011 年，有一股势力赚到了大钱，那就是 Android 应用商店。

中国目前有 100 家左右的 Android 应用商店，机锋网、91 手机助手（安卓网）、安智网和应用汇处在第一阵营。它们都在 2010 年便及早布局了应用商店。虽然各类应用竞争激烈，但商店们只要买下各路手机的刷机位置，就能实现旱涝保收。实际上，应用开发者的竞争越激烈，依靠广告排名来赚钱的应用商店赢利就会越多，所以第一阵营的应用商店现在经营状况尚显良好。但其他应用商店却往往处境艰难。[①] 有业内人士预测，随着这一行业竞争的加剧，2012 年将有大量的第三方应用商店撤出市场竞争。

---

① 葛鑫：《移动互联网的泡沫与啤酒》，《商业价值》2012 年 3 月 7 日。

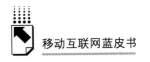
（二）第三方开发者

与 PC 时代巨头公司占据了行业的主导地位不同，在移动互联网第三方开发领域，创业者占据了主体位置。

1. 开发者素描

据不完全估算，现在国内移动第三方开发者已有 50 万～80 万人。年轻、创业、小团队为主是这个群体的特征。有相当数量的团队都在 10 人以下，"80 后"甚至"85 后"是团队中的主力队员。

开发的产品多以游戏为主，而应用程序则相对少。主要是因为初期应用程序多以美国市场为主，而程序应用特别需要本地支持，需要考虑美国的思维模式，中国开发者在这方面存在天然的障碍，而游戏则障碍相对较少。[1] 此外，开发游戏产品的技术门槛相对较低，开发时间较短，试错成本也较低。同时，游戏更方便设内置计费点，收入可拓展性更强。

与 PC 时代以海归归国创业为主的创业路径不同，他们中有相当一部分走的是在国内开发，先出去角逐以北美为主的海外市场，随着国内智能手机的增温，再逐渐"移师"国内市场的道路。

据介绍，在苹果 iOS 系统的应用开发中，中国开发者贡献的应用总量及收入约占总体的 6%～8%，且国内的开发者队伍整体呈金字塔结构，属于塔尖的是一些月收入过百万元的成规模的公司，更多的则是个人及 10 人以下的小团队。此外，一些 PC 时代的网络巨头，如腾讯、新浪等也在积极布局。

2. 低门槛的入行条件

艾媒咨询数据显示，截至 2011 年 11 月底，中国手机应用开发者总数约 100 万人，而市场准入的行业门槛相对较低，拿 APP Store 来说，这是一个供全世界有想法的程序员和公司自由卖产品的平台，对苹果而言，不需要像对付专业的影视、音乐公司那样费神谈判，按既定的分成比例办事即可。[2] 这诱惑着有想法的包括大学生在内的许多年轻人，而他们要做的也就是提供好的产品。这样大大降

---

① 张意轩、王汉超：《智能手机第三方开发：造梦师与淘金客》，2011 年 11 月 14 日《人民日报》。
② 参见华澜咨询《移动互联网观察》第 1 期。

低了每个人、每个公司进入手机这个大生态系统的门槛。

业内人士介绍说，一个核心的团队需要三种角色：创意策划、技术及美工。在技术能够得以保证的前提下，创意无疑是最重要的，而灵感的背后，是长期的积累和对用户需求的深度挖掘。因为是小团队，加之需要的角色并不多，所以所需的投入并不算大，对于准入 Apple 而言，除了每年缴纳 99 美元的注册费门槛之外，没有其他费用。

（三）应用程序产品分析

权威数据研究公司 Distimo 对苹果应用程序下载情况进行了一段历时 5 个月的时间追踪，研究发现，从 2009 年 11 月到 2010 年 4 月，不管是在总排行榜，还是在游戏、商业等单项排行榜（100 强），付费应用程序平均入榜时间比免费应用程序要长。娱乐应用类除外。①

一般来说，付费应用程序的入榜时间是免费应用程序的三倍左右。免费应用程序在竞争力方面显然弱于付费应用程序。

苹果公司每隔一段时间会公布最受欢迎的应用排名，排行榜包含"最受欢迎免费 iPhone 应用"、"最受欢迎付费 iPhone 应用"、"最受欢迎免费 iPad 应用"以及"最受欢迎付费 iPad 应用"、"综合大应用排名"等几类。

2012 年 3 月 8 日，苹果发布了顶级（免费和付费）应用程序排行榜，并公布了"25 大免费 iPhone 应用"和"25 大付费 iPhone 应用"。笔者粗略归类分析，在 25 大免费 iPhone 应用中，有 13 个是社交工具类应用，游戏娱乐类有 12 个，而在 25 大付费 iPhone 应用中，游戏娱乐类占据 20 个，其余 5 款多是类似图片编辑的社交工具类应用软件。

这也正验证了 Distimo 对 Apple APP Store 和 BlackBerry APP World 的星级收费软件比较的跟踪分析，在 BlackBerry 中，最受欢迎的是那些能够丰富用户体验，最大化地自定义手机功能的软件，而在前十位的软件排里没有一个游戏软件。"软件的吸引力在于要么改变你的 BlackBerry，要么改善你的生活方式。"而Apple 付费软件排行榜则大多数集中在丰富视觉和娱乐方面。游戏完全霸占了软件平台，关于改善终端性能及生活方式的软件寥寥无几。

---

① 参见游戏邦网站文章《iPhone 应用程序排行榜　付费部分比免费部分更具竞争力》。

（四）第三方开发的营收

从收入模式看，智能手机第三方开发目前大致有三种盈利模式：付费下载（收入由开发者和平台按比例分成）、免费下载加广告、免费下载加内置计费点（如需付费的游戏道具等）。① 而以付费下载的收入居多，采取内置计费点这一方式的收入也增长迅速。

分成比例在各家公司也是各不相同，但基本保持在三七比例：即开发者70%，应用商店30%。苹果 APP Store 在定价原则上是"用户自申请"后再"审核"。两者所要负担的责任如表1所示。

表1 APP Store 开发者和苹果分成比例和职责分配表

	分成比例	职 责
开发者	70%	主要负责开发应用程序 开发者可以自由定价 开发者可以随时调整价格
苹 果	30%	提供平台和开发工具包 负责应用的营销工作 负责进行收费，再按月结算给开发者 自动化结算，完全不用担心会出现"拖欠工资"现象

资料来源：韩曦光《解读苹果 APP Store 的商业模式》。

当然，这只是苹果公司一家的情况。一项来自 TechCrunch 的消息称，亚马逊与开发者的分成比例是，每卖出一个应用程序，亚马逊支付给作者购买价格（Purchase Price）的70%或者当日标价（List Price）的20%；而计费问题令安卓开发者们最为头疼，在苹果终端很赚钱的游戏，例如愤怒的小鸟，被移植到安卓平台后大多变成了免费。

一项调查显示，开发者对基于 Android 系统的研发兴趣降低，原因确与时间和金钱有关。据介绍，开发苹果的 iOS 应用所需时间相对较少，创收相对容易。举例来说，一款游戏从 iOS 上获得的营收是 Android 游戏的 3～4 倍，但相比而

---

① 张意轩、王汉超：《智能手机第三方开发：造梦师与淘金客》，2011 年 11 月 14 日《人民日报》。

言，开发 Android 游戏的时间要多出 2 个月。① 影响开发所需时间的因素中，Android 设备的多样化是其中之一，相比之下，iOS 设备只有数种型号。将 Android 应用发布到多个应用商店需要更大的工作量，对于 iOS 应用而言，开发者只需将应用提交给 APP Store 即可。

另外，在收费问题上，开发者对 Android 设备用户收费的难度要大于 iOS 设备。iPhone 和 iPad 用户的信用卡信息存储在 iTunes 上，而 Android 没有这样的机制。

那些基于安卓系统的手机厂商，如联想、摩托罗拉等的思维模式多是靠软件吸引用户，再靠硬件赚钱，但现实的状况却是基于 Android 系统的应用开发吸引力降低，硬件也并不一定能够拼得过别人。

二　并不像看上去那么美

随着移动互联网的爆发式增长和智能手机出货量的迅速增加，移动第三方开发领域也展现出一个可观的成长前景，而《愤怒的小鸟》等成功案例，也吸引着日益众多的掘金者。

不过，对于已在行业中打拼过一段时间的人而言，或许并不像看上去那么美。

微软全球资深副总裁张亚勤在 2011 年中国移动开发者大会上就曾直言，移动开发应用市场潜力很大，但竞争也很激烈，乐观估计，未来也只有约 5% 的开发者能够成功。

（一）收入分成问题

根据最新的数据显示，64.5% 的国内互联网第三方开发者处于亏损状态，而且行业内"二八效应"严重，八成的利润被两成开发者拿走，甚至有部分开发者是数月"颗粒未进"。②

"真正赚到钱的，只是小部分，遵循二八原则，接下来也许会变成一九。"

---

① 参见搜狐 IT 频道《1 月份新 Android 应用数量增速低于去年同期》，2012 年 2 月 14 日。
② 参见《互联网第三方开发者何时走入赢利正轨？》，2012 年 1 月 16 日《中国产经新闻报》。

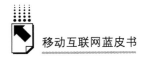

一位业界人士担忧第三方开发者在和互联网大头博弈的过程中处于劣势。①

产品的推广营销成本不断提高，门槛也在不断抬高。大公司的产品上榜是常规表现，小公司或个人开发者有上佳表现的越来越少。看似门槛低的许多中小团队在不断开拓中渐渐会遇到发展瓶颈，同时价格低，也为开发者带来另一方面不太乐观的前景。"现在对个人及小公司而言，窗口越来越窄。"有开发者如是直言。②

（二）创业者多而创新少

每个操作系统动辄几十万个应用类别，大量的同质化成为很难绕过去的一道坎。在应用程序开发上，不用说国内的中小创业者们之间，就连一些互联网巨头借鉴创意后再"压制"小公司的案例也并不鲜见。

开发质量问题不仅影响用户的体验，更影响了开发者的生存，分到一杯羹的毕竟是少数。例如，到目前为止，APP Store 中的游戏仍然有大作不多而小品游戏居多的特点。据统计，有超过 70% 的 iPhone 软件，在用户手机上的真正使用期不超过 3 天。③

有研究显示，目前赢利较多的程序集中在游戏类和具有垄断性的工具应用类，其他的工具和信息类的应用程序基本处于"赔本赚吆喝"的探索状态。④ 所以，带来的后果是扎堆开发游戏类产品，大量同质化的产品对行业竞争与行业的整体发展，具有显而易见的破坏性作用。这其中主要表现在阻碍产业创新、降低用户体验、破坏行业生态系统等方面。这种状况如果长时间延续，那将对移动互联网产业造成持久的不良影响。

（三）版权问题

在上述缺乏创新、同质化严重的状况下，抄袭问题的存在也就不言而喻了，特别是游戏应用的山寨化最为明显。

---

① 张意轩、王汉超：《智能手机第三方开发：造梦师与淘金客》，2011 年 11 月 14 日《人民日报》。
② 张意轩、王汉超：《智能手机第三方开发：造梦师与淘金客》，2011 年 11 月 14 日《人民日报》。
③ 参见网易手机频道《苹果 APP Store 已有近 6200 种游戏》，2009 年 3 月 10 日。
④ 葛鑫：《移动互联网的泡沫与啤酒》，《商业价值》2012 年 3 月 7 日。

艾媒咨询 CEO 张毅在接受媒体采访时曾说，在当前国内市场上的众多热门游戏中，正版仅占 1.4%，而山寨版则高达 34.2%。在苹果的 iOS 平台上，热门游戏也只占 APP Store 整体游戏数量的 1.9%，山寨版则占 21.8%。① 这样的情况大幅侵蚀了原应属于正版游戏开发者的利润。

以"海豚"浏览器为例，去年 6 月开始进入国内市场后，开发团队引以为傲的手势功能，10 月就被国内一家大企业抄袭在自己的产品上，甚至连图标都一样。

"技术更新的速度太快，而专利获批周期很长。打官司维权成本很高，即使胜诉惩罚力度也很小。"海豚浏览器的创始人之一李森曾如是表示。也正是这种种原因，导致不少被侵权者最终选择了接受。

这些情况都阻碍了良性开发者的积极性，造成恶性循环。

（四）黑卡泛滥和坏账率高涨

对选择付费模式的开发团队而言，用户付费习惯的相对欠缺、盗版及非法下载的盛行，都是不得不面对的难题，而苹果 iOS 平台上的"黑卡"泛滥，更困扰着中国移动互联网市场中的开发者。

所谓黑卡，就是被盗用的信用卡。用户通过相对低廉得多的金额，从非法渠道获得可购买 iOS 产品的 Apple ID（苹果账号），并使用账号中绑定的盗用信用卡进行消费的行为，就是黑卡消费。

据统计，2011 年 9 月，在中国区销售排行三甲的游戏，坏账率达到 80% 以上，如果单日收入按 1 万美元算，扣除苹果分账，实际真正的收入锐减为 1000 多美元②；苹果向开发者发布的 2011 年 9 月的收入报表显示，中国国内 iOS 游戏开发者的黑卡坏账率翻倍增加，达到 40% 左右。

iOS 系统被破解，"越狱"成为行内人的惯用词，可以免费安装原本需要付费的应用。据友盟报告中显示的数字，截至 2011 年 7 月，中国"越狱"的 iOS 设备占据总量的 51%。

---

① 转引自网易科技文《APP Store 成众矢之的存盗版山寨引不满》，2012 年 1 月 8 日《每日经济新闻》。

② 参见夏勇峰《黑卡黑洞》，《商业价值》2011 年 11 月第 27 期。

（五）对手的恶意攻击和不正当竞争

互联网就像一个山头林立的丛林，移动互联网更不例外，所有存在于现实中的"竞争"法则都适用，上百万的开发者展开厮杀与搏斗，不守规则的甚至会采取雇用水军这样的"旁门左道"。

与传统互联网刷流量机构类似，APP 刷量通常也是为应用积累好评，提升口碑，有时还故意给出大量恶评，帮助别人打压具有竞争关系的应用。此外，它们还帮客户刷应用下载量及排行榜名次。因为 APP 的 iTunes 应用下载量排名实时挂在网页上，这直接影响到开发公司的营收，尤其是与同类竞争对手的较量。

据业内人士估计，国内有一定规模的专职 APP 刷票公司（团队）不少于 300 家，众多移动应用中，借助它们刷量的保守估计达 30%，涉及自刷的达 70%。[1]

此外，巨头垄断式挖人、挖渠道等行为，对创业中的开发者而言，也都是不得不应对的困扰。

三　未来发展前景及思考

罗列了分成比例、创新缺乏、版权争议、黑卡泛滥、竞争无序等问题，这其实关涉存在于互联网生态环境中的几个利益方：引领方向的顶层巨头、体量小实则潜力无限的中小创业者及活跃在终端、应用各处的用户。

首先，不管愿不愿意，处于哪个枝节，从业者都被卷入互联网这张大"网"之中。巨头们依然风光，但没准儿哪天，创业者们的一个小小的应用程序会风生水起成为另一个"苹果"、另一张"脸谱"。

从第三方开发的发展历程来看，岁数不大、体格娇小的互联网应用程序已经渗透到每一个终端，从 PC 到手机，甚至到现在的电视。它带给我们以下思考。

1. 互联网产品的移植能力，不仅仅存在于移动互联网中，互联网产品似乎有着天然的强大复制与传播能力

第三方开发应用程序，从开风气之先的苹果手机 APP，到五花八门的手机平

---

① 参见刘佳《APP 刷量企业黑色收入过百万开发者急功近利》，2012 年 2 月 9 日《第一财经日报》。

台、各种手机系统的 APP 相继出现，继之，互联网技术的演变使得 Web APP 开始逐渐红火，直至 Apple TV、Google TV 出现，基于电视平台的 APP 进入我们的视野。

所以，互联网新的模式的出现代表的是一种生存形态，APP Store 即是这一代表，它具有多通路的整合渠道，手机终端、平板电脑、电子阅读器等多种新型终端的出现，为移动应用提供了多种传播路径，一种模式聚合起多种终端。

2. 关注互联网生态环境中的利益链条没错，但还应注重互联网在中国土壤中独特的文化基因

中国很多人习惯于免费获得"搭赠"，版权问题、"黑卡"问题与之不无关系。第三方开发应用商店分析公司 App Annie 最新数据报告显示，在 iOS 应用营收中，有 34% 来自于美国，第二大应用市场——中国的贡献却仅仅只有 2%。如果细细考究，不同人群的文化消费习惯必然也会影响其选择第三方消费的方式，如什么样的人愿意付费购买应用，购买怎样的应用等，想必这些也会是有意思的问题。

3. 第三方开发应建立合理秩序与导向，回归工具性应用创新才是根本

游戏的生存周期毕竟是短的，而一种好的工具必然会创造新的生存方式。在中国，游戏开发和下载比例都占到了半数以上，而工具类应用则乏人问津，而全球市场范围的移动 APP 平台上，受欢迎的应用种类依次是：娱乐、生活类、实用工具类、社交网络等，且各类别都较为均衡。像苹果这样注重娱乐体验的 Apple Store 似乎诱导开发者进入了游戏娱乐类开发的死胡同，国内互联网一直乱象丛生的秩序与导向也有问题。

互联网时代，已经融入生活、化为生存方式的互联网产品的更替兴亡多是在一瞬，即便如此，一种精神仍始终贯穿于其发展史，那就是开放与分享，但"创新"这个看似万金油的词，在任何时候用在它的身上都不过时。唯此才可能不处处复制别人。

B.29

"用互联网的方式做手机"

——雷军与他的"小米"家族

张意轩　李志伟*

　　摘　要： 小米公司是近几年中国互联网领域为数不多的快速崛起且吸引眼球的创业公司，雷军所强调的"抓住移动互联网的机会，依托互联网途径崛起"，及其所秉承的创业激情和蕴含的中国互联网企业的世界崛起梦，有着诸多的启示意义。本文以小米作为案例，试图勾勒出小米科技在此背景下的崛起之因、环绕它的成败得失之争，以及对中国互联网创新的启示等。

　　关键词： 雷军　移动互联网　小米手机

　　截至 2011 年 12 月底，中国网民规模达到 5.13 亿户，互联网普及率较 2010 年提升 4 个百分点，值得关注的是，中国手机网民规模达到 3.56 亿，同比增长 17.5%。[1] 这说明移动互联网正在走进普通大众的生活。

　　另一个数据更为直观：2011 年，使用台式电脑上网的网民比例为 73.4%，同比降 5 个百分点；手机比例上升至 69.3%；笔记本电脑略增至 46.8%。移动互联网并不是一个独立的媒体生态，而是将网络这种已经存在的传播方式移植到新的传播终端上。终端的基础设施建设，将是未来移动互联网发展的重点之一。因此，手机当仁不让地成为未来市场中的竞争焦点。

---

　　*　张意轩，北京大学新闻与传播学院博士生，人民日报海外版记者，长期跟踪 IT 互联网发展，关注新媒体变革，曾任北京市网络新闻信息评议会成员、互动百科热词观察室特约观察员。李志伟，北京大学文学硕士，人民日报海外版编辑。主要研究方向是新闻实务，关注领域有报纸视觉传播、新媒体与媒介新闻生产等。
　　[1]　参见 CNNIC 2012 年 1 月 16 日发布的《第 29 次中国互联网络发展状况统计报告》。

2007 年，iPhone 手机的问世改变了人们对互联网只有在 PC 机上使用才方便的想法，因为只要具备速度快、屏幕看着舒服等条件，携带方便的手机 PK 掉 PC 机不无可能。于是，国内手机制造商纷纷向苹果看齐，而成立于 2010 年 4 月的小米公司则是新出现的为数不多的闪亮新公司。

本文以小米作为案例，试图勾勒出在这一背景下，小米科技的崛起之因，围绕其周围的成败得失之争，及对中国互联网创新的启示等。

一　小米公司迅速崛起的原因

在滋养出"三大三小"等互联网巨头之后，中国互联网领域一直呈现一种波澜不兴的态势，新生力量成长乏力，特别是最近这几年，能让人眼前一亮的互联网新秀着实不多，更遑论如太平洋彼岸的 Twitter、Facebook 等具有革新性的公司了。

移动互联网的兴起，给打破行业僵局提供了些许想象力，而小米科技则是为数不多的闪亮且有话题的一个。究其快速崛起的原因，可以从以下五个方面分析。

（一）　大势："只要站在风口，猪也能飞起来"

"只要站在风口，猪也能飞起来。"雷军曾这样总结，用此来形容小米公司的崛起，也相当贴切，成大事者必随大势，对大势的把握是小米崛起的重要因素。"手机会替代 PC，而 PC 会成为手机的配件"是雷军一直坚持的观点。

（二）　了解中国人的需求

小米手机是一款适合中国人需求的商品，这里的需求，不只是现实的使用需求，也包括心理需求。从这个意义上看，小米的快速崛起不仅是技术的成功，更是市场定位的成功。

1. 操作系统的中国化改造

小米手机内置 Android 深度定制 MIUI 操作系统，是基于 Android 的 ROM（主程序内核），即在 Android 基础上优化开发的主程序操作系统。

它把手机的 OS 当 APP 来做，采用互联网开发模式，最大限度地利用了社区的力量，由 50 万用户参与开发，并根据中国人的使用习惯，进行了 100 多项创新型改进，更贴近国人的使用体验。MIUI 操作系统团队不断地优化手机联系人与手机的交互方式，比如"超级手机通讯录"等功能。而"米聊"则形成一个建构在手机与用户界面之上的社区，丰富和延展用户在手机上的人际关系和行为。

一名网友这样评价 MIUI，"本地化很到位，融合了很多 iOS 的特点，相比原生安卓系统，MIUI 上手更快。"雷军给 MIUI 的定位是，尽可能地支持更多的其他的手机，同时，专门成立一个小组支持小米手机。

2. 硬件配置的高性价比

雷军在对小米手机进行规划时，就提出了如下三点：一是在互联网上做一款手机品牌；二是不靠硬件赚钱，当手机销售量很大的时候，在平台上获得收益；三是像 PC 一样进行系统升级。三位一体，硬件是基础。1999 元的价格和"双核1.5G、1G 大内存、1930 毫安大电池、800 万像素摄像头"等顶级配置具有很高的性价比。雷军熟谙中国人购物时一般的"物美价廉"心理，"只要 10% 的利润。要做一个比较厚道的人。东西又好又便宜，这是人类发展的规律"。

（三）营销的成功

小米手机的快速成长除了自身的精准定位等因素之外，同样也是一次值得称道的营销的胜利。

1. 小米式饥饿营销

看一看小米公司是如何卖手机的吧：2011 年 9 月 5 日，小米手机正式开放网络预订，从 9 月 5 日 13∶00 到 9 月 6 日 23∶40 将近 35 个小时内预订超 30 万台，小米网站随即宣布停止预订并关闭了购买通道；2011 年 12 月 18 日和 2012 年 1 月 4 日，两轮向消费者开放销售的 10 万台均在 3 小时内全部售罄。第三轮开放售卖从 1 月 11 日 12∶50 到 1 月 12 日 23∶00，供货的 50 万部小米手机全部售罄。至此，经过售前预订和三轮开放购买，小米的总销量达到 100 万台。

因不走传统代理销售渠道而是网络销售，缺少第三方发布的数据来佐证销量，市场对小米手机公布的数据有些质疑。线下销售的仅有联通定制版小米手机，2011 年 12 月 20 日推出。联通为小米手机提供了高额的话费补贴，其额度与8G 版 iPhone 4 相当。笔者随机走访了北京几家联通营业厅，得到的结果不是被告知小米手机无货就是销售较为冷清。

同时，有人计算着让消费者等待 4 个月左右时间的过程中，核心部件的成本在不断下降，一家网络公司经理算了一下，到 12 月 18 日，小米手机的 BOM 成本①三个月下降了 250 元左右。更有业内人士对小米手机进行过拆解，称小米手机的物料成本不超过 900 元，其 BOM 成本很可能位于 130～140 美元区间。"'小米'式饥饿营销除了不断拉高消费者的心理预期外，更重要的是在不断降低小米的生产成本。这就是雷军的成本控制之道。"②

2. 社区营销与粉丝文化

在互联网时代，从用户升级而来的粉丝是企业发展的核心竞争优势之一。而这一点，也是小米手机在发展中颇为让人称赞的地方。

"我们做了很多创新，我们把手机的 OS 当 APP 来做。我们最大限度地利用了社区的力量。MIUI 靠口口相传，现在有 70 万用户。"雷军说。③

用户有任何反馈，都能直接在论坛中进行递交，MIUI 团队则会对每个递交的改进点进行初级判断，并按照优先级列入系统改进的排序列表中。

在论坛上，每一个 Bug，用户都能看到是由哪个工程师在负责解决，进展如何，需要多少时间，并能随时与工程师在过程中互动。这些 Bug 的修复和功能改进，将整合进每周整体的版本当中去。④

此外，雷军将"粉丝"的文化引入到手机设计与销售中，一直强调小米手机专为手机发烧友而设计。"我最在乎的是'米粉'，只要他们拥护我，这个公司就有意义。"

"互联网文化讲究透明和参与感"，他把粉丝的力量吸收进来用互联网的模式进行开发，每周五进行 MIUI 手机操作系统升级，为了坚持每周更新，开放了需求管理，把忠诚的粉丝吸纳为开发组，让他们一起来管理。MIUI 有三分之一的创意来自粉丝贡献。所以，小米手机里有很多基于中国人使用习惯的软件。

从操作系统和"米聊"应用入手，先培养起一批"粉丝级"用户，再拓展手机等业务，这种路径选择的正确，也是小米科技成功的重要原因。

---

① 物料清单（Bill of Material，BOM），是指产品所需零部件明细表及其结构。
② 参见于斌《饥饿的小米》，《商界评论》2012 年 2 月号。
③ 雷军 2011 年 11 月上旬赴美访问期间在谷歌总部进行演讲时提及。
④ 夏勇峰：《雷军：揭秘小米》，《商业价值》2011 年 8 月 15 日。

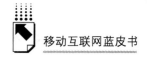

3. 准确定位，树品牌形象

分析人士指出，观察国内手机市场，呈现出两个发展方向：高端的和大众的。现实里高端多已被 iPhone、Samsung 等国外品牌占领；而华为、中兴等中资品牌则多在低端市场徘徊。

小米手机以 1999 元的中等价格进入手机市场，正是开拓了国内中档手机缺乏的蓝海市场。小米手机与联通的定制版手机推出，全年过百万部的联通定制供货框架，让小米一跃成为国内目前唯一一家享受与苹果 iPhone 相同补贴待遇的国产终端。

高端智能机既已被苹果等占领，而如华为、中兴等品牌手机又显得比较"山寨"，于是小米手机看起来生逢其时。雷军曾说，中低端的手机大多在 1500 元以下，说 1999 元的价格低是相对其配置而言的。小米专注为发烧友而做，甚至打算放弃广大的学生群体，原因是，一项调查显示，学生群体手机消费的价格范围是 1000~1500 元。或许小米要做的是力图使"米粉"的群体不断扩大。

"一机难求"的现状除了在品牌推广上为宣传铺开了渠道，更在品牌形象上拉升了档次。小米手机上市一周，摩根斯坦利发布报告称，小米在中国市场的手机品牌认知度排名第九，在国产厂商中排名第一。

（四）人的因素：豪华团队

对创业而言，团队是决定成败和能走多远的重要原因。团队，也是雷军的得意之处。

2010 年 4 月，雷军说服了 7 个伙伴加盟创办小米科技——他们曾经是 Google、Microsoft、Motorola 和金山等公司的高管——组成了由一个中年男人带领的"中老年创业团队"。

原谷歌中国研究院副院长林斌担任公司总裁，原微软中国工程院开发总监黄江吉、原谷歌中国产品经理洪锋、原金山词霸总经理黎万强、原摩托罗拉北京研究中心高级总监周光平、原北京科技大学工业设计系主任刘德担任副总裁。专业涵盖硬件、工业设计、互联网产品以及营销等领域。用雷军的话说，这是一支"优秀得以至于不知道该拿来干什么"的豪华团队。具体到产品业务，MIUI 由黎万强和黄江吉负责，小米手机由周光平、刘德和黎万强负责。

米聊、MIUI 系统、小米手机，雷军对这三个业务单元的定位是希望它们能保持相对的独立性，在各自的市场独立生存，同时又能相互支持，相互开放，它们同时属于一个公司平台，但采取类似事业部制的方式。

（五）资本宠儿：获大量资金支持

从小到大，互联网创业需要烧钱，所幸的是，雷军是个不差钱的创业者。

不仅他本人是个手握重金的投资人，多年积累下来的人脉也为其融资提供了良好的基础。

是信任雷军也好，还是理想支撑也罢。最初，小米公司56名员工一共投资了1100万元，虽然雷军本人担心这样会给同人带来风险。

2011年11月20日，雷军把资金融进来的时候，还一部手机都没有卖，他这样说服投资人，"你们投的公司是10亿美元市值，我们能够实现这个梦想"。

于是，A轮融资引入以Morningside、启明和IDG为主的风险投资约4100万美元，公司估值2.5亿美元。

业界人士指出，一款优秀的智能手机仅研发费用就要上千万元人民币，还不算后期的制造、营销、售后等成本。

2011年12月，小米手机再获新一轮融资9000万美元，加上4100万美元的首轮融资，已融资1.31亿美元。

当然，另一方面，小米手机在资金成本控制上做得小心谨慎。针对每轮仅公开销售10万台，雷军的说法是："生产一方面受限于产能，另一方面和销售预测有关系。市场变幻莫测，预测真的很难，而且采购元器件会占用大量资金。"

有分析人士由此指出，小米手机缺少现金流，这就是资金成本控制。二则在于销售渠道的成本控制，无论是直销还是分销，它放弃了这样传统的销售渠道，而选择电子商务营销，如此可比传统的销售渠道节省5%～15%的成本，达到了既售卖又宣传的效果。①

二 毁誉参半中成长

当然，摆在小米科技面前的并非全是掌声和鲜花，从"雷布斯"的发布会

---

① 参见于斌《饥饿的小米》，《商界评论》2012年2月号。

到销售数据的存疑，从赢利模式的模糊到前景的不明朗，小米科技一路走来，批评声和质疑声一直不绝于耳。有些业内人士就表示，对小米手机的发展前景并不看好。

概括而言，目前业界的质疑主要存在以下几个方面。

1. 缺乏核心创新

底层和核心技术的缺乏一直是不少中国互联网公司的软肋。在这方面，小米手机也存在遗憾。

Google 推出的 Android 手机操作系统具有开放式的特点，也正因为这一特性，激发了国内智能手机制造商改造操作系统的热情。华为、中兴、酷派等公司都基于 Android 进行开发。

华为、中兴两家操作系统均采用 Android 原生系统，而酷派则是对 Android 进行了深度二次开发和 UI 定制，不仅在操作性和易用性上有所增强，而且更适合本土用户的使用习惯。业内人士分析，小米手机引以为傲的 MIUI 操作系统，即是基于 Android 系统的深度优化、定制、开发的第三方手机操作系统。① 从此意义上说，它与国内其他智能手机生产商相比，并无本质的核心创新优势。

三年前，手机的竞争还基本上是终端硬件的比拼，但苹果公司将产业形态改变成为硬件与软件的综合竞争，而小米科技虽然在按雷军所说的"铁人三项"推进，但在核心技术方面的不足仍需要突破。

2. "米聊"后劲乏力

和 MIUI 操作系统一样，"米聊"是小米科技最初崛起于江湖的重要武器。

"米聊"诞生于 2010 年 12 月，是小米公司开发的一款手机端免费即时通信工具，消耗网络流量，由联合创始人洪锋和黄江吉负责，导入通讯录、MSN 用户这些关键的产品思路，都曾是"米聊"创造的。

前期，"米聊"的发展也一度颇为迅猛，先是推出 Android 版，继而是 iPhone 版，在苹果 APP Store 中排名迅速蹿升至前 10 位。之后，"米聊"借鉴 Talkbox 增加了语音对讲功能，这成为了此产品的"二级助推"。到 2011 年 6 月末，米聊用户数在半年时间内达到 300 万户。虽然腾讯"微信"的出现只比它晚了不到一个月，但 2011 年上半年，"微信"的发展还是被压在"米聊"之下。

---

① 参见《国内智能手机发力推动 Android 中国本土化进程》。

2011 年中，腾讯开始全力推广"微信"，在导入手机通讯录的基础上，增加 QQ 好友导入。到了 2011 年 11 月，"微信"的用户数是 4000 万户，而"米聊"同期数据是 800 万户。后劲乏力成为"米聊"必须面对的一个瓶颈。

腾讯依靠强大的 QQ 用户群，只要将部分用户发展为微信使用者即可阻击"米聊"的燎原之势。这也折射中国互联网创业者和大巨头的对决之困——在没有其他基础资源支撑的情况下，该如何走出一条突围之路。寻找到合适的切入路径，不断发掘出新的吸引力和增长点或许才是王道。

3. 如何赢利

按照雷军的说法，小米是一家"互联网公司"，而不是一家"硬件公司"。所以，谈到未来如何挣钱，雷军表示，小米走的依然是互联网模式，通过小米手机聚集众多的移动互联网用户，依靠庞大的手机用户群，通过软件和服务赚钱。

但究竟通过怎样的软件和服务赚钱，雷军目前并无明确的思路，除非是发展到一定量的用户，否则难。在多个场合，可以说是回答疑问，或许也是自我勉励，雷军总会用这样一句话回应，"现在的自己就好像十年前的马化腾、十年前的李彦宏不知道如何赚钱一样，小米如何实现赢利现在也没有十分明晰的思路"。

"小米真正的颠覆是不依靠硬件挣钱，作为一家互联网公司，我们更在意用户口碑，我们希望良好的用户口碑可以给我们后续带来收益。"雷军一直这样解释，"小米手机三到五年内不以赢利为目的"。目前，百万发烧友级别的米粉还不足以支撑得起小米的未来。

4. 产业链完善和服务的末端控制有待提升

小米的饥饿营销，在一定程度上暴露了其产能严重不足背后的产业链控制问题，相关报道显示，在经历了两次在线停止销售之后，过了 4 个月，小米才备货 10 万部。

产能尚不能与国内中兴、华为等厂商分庭抗礼，没有产能的支持和后续研发能力的提升，小米的诸多配置上的优势很快就会被超越，即便小米手机有大量的拥趸，但待到他们"醒悟"过来，发现自己等待几个月后买到的手机配置还比不上时下刚出来的其他品牌手机时，之前建立起的良好的品牌形象是否会大打折扣呢？况且还有尚未建立的售后服务体系等问题。"三位一体"的格局并未完全形成。

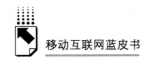

从布局而言，苹果拥有硬件终端、iOS 操作系统、APP 商店、Quattro 手机广告业务等完整的手机生态链条布局，而小米目前并不具备上述条件。所以，除了拥有强大的硬件配置，更应具备开放的软件平台，如此才能打造更为完整的产业链生态圈。

三　对中国企业的启示

不可否认的是，小米投下的这颗石子，确为中国的互联网以及手机产业荡开了重重漪涟，其网络营销和电商渠道，也给走传统渠道的厂商以很大思想冲击。

在移动互联网终端之战开启之前，这张入场券其实更加考察的是企业自身"产业链"和"生态圈"的全盘掌控能力。故而，该思考的是，创新这一刀该从何处下手？依托于三大根生态系统的末端创新，是做为数众多的应用开发，还是更深一步、寻求更大话语权？

有人将现存的移动互联网格局用金字塔的层级描绘出：苹果、谷歌和微软三大互联网巨头已经铺好了几乎所有你能想象的通向移动互联网时代的基础道路——iOS、Android 和 Windows Phone，他们成为了"根平台"；中国 PC 端的互联网巨头将他们现有的优势复制到移动互联网上去，成为"亚平台"；而电信运营商也正通过定制机以及各种手段收取移动互联网产业的过路费。①

业内人士普遍认为，对中国的企业来讲，只能希冀在亚平台②上取得地位。这正是现阶段中国移动互联网变革的核心，也是中国互联网公司可能达到巨头浇筑铁板的最顶端。

2011 年下半年开始，中国互联网巨头与硬件厂商合作，直接搭建基于自己业务的亚生态系统。7 月末，阿里巴巴与天语合作的阿里云手机问世；9 月末，腾讯与 HTC 合作的 HTC Chacha 手机发布；12 月 20 日，百度携手戴尔，发布了百度易平台手机。至于应用平台，中国的局面则更为复杂，除了大公司和运营商自己搭建的 APP Store 之外，第三方应用程序商店多如牛毛。

---

① 参见贺文、刘扬、白鹤《移动互联：不再制造"马化腾"》，《数字商业时代》。
② 所谓亚平台是指建立在根系统的基础上，垂直在收发网络、电子商务等方面，依托 PC 互联网的既有优势，获取当地市场的海量用户。

在诸多"国产智能手机"相继入场的大背景下,小米科技和雷军的很多思路还是具有启发意义的。雷军自己曾总结小米手机是基于三项理念来做的。一是"铁人三项":软件、硬件、互联网;二是认为"手机会替代 PC";三是最大限度地利用互联网。概言之,对"手机"概念的再认识和对互联网的重视,是其中的核心所在。

第一,在对"手机"这个物的概念的理解上,雷军一直强调要用全新观念看待手机。

"手机会替代个人电脑"是雷军一直秉持的观点,虽然在行动中,我们并未完全看到突破性的进展,连雷军自己也说,"触屏输入绝不是理想的方式,我也不知道什么是更好的方式,但是我们在尝试。我们的米聊就是一种尝试。"

在对手机理解上的观点二是,"PC 会成为手机的配件"。同样,"iPhone 还是在以 PC 为核心,手机拖一根线连接到电脑是很愚蠢的。小米的观点是只要连接不要线。只要我们以新的角度看,事情就会不同,有很多东西可以创新"。

第二,看到了互联网的力量,借助互联网来颠覆整个传统的手机工业。

雷军声称,MIUI 要和苹果走完全不同的道路。"我们要把大家都动员起来,把产品做到足够好用,总有一款适合你。"传统的观念是生产商制造出来什么东西,用户就被动购买使用,而雷军则强调将"互动"改造成"个性化的东西"——"将来我们都会去'养成'自己的手机,养成 OS。所以,我们在用互联网的思想重新制造手机。"

颠覆的不只是对手机的认识与对系统的改造,借助互联网,还有对传统销售模式的破解,除却质疑,小米的电子商务还是达到了"名""利"兼收的效果。

第三,"用互联网的方式做手机":小米这家公司其实不是做手机的,是做移动互联网的。

在最近的"小米手机的崛起与未来之路"沙龙活动中,有人问雷军是否会进军手机本,他摇摇头,说目前只专注于做移动互联网的手机,这也反映,小米公司具有许多国外公司的特质——如同苹果和谷歌,认准一个方向,愿意为它投入海量的资源、资金,失败、尝试、坚持,哪怕是一两年,三五年,不计代价。

已经走了 18 年的中国互联网正站在一个坎上,从这个意义上探究雷军和他的小米科技,或许更具有意义。

附 录

Appendix

B.30
2011 年中国移动互联网发展大事记

1. 中国移动在 6 城市正式启动 TD-LTE 规模试验，布局 4G

经工业和信息化部正式批复同意，中国移动于 2011 年第一季度正式启动在上海、杭州、南京、广州、深圳、厦门 6 个城市组织开展 TD-LTE 规模技术试验。

2. 盛大无线创办面向 Android 开发者的 Joy 开发基金

1 月 18 日，盛大无线在无线互联网新产品推荐会上宣布，投资 2000 万元，为 Android 开发者创办 Joy 开发基金，该基金主要面向 Android 开发者，采取先付订金的投资方式。

3. 我国手机网民规模突破 3 亿人

1 月 19 日，中国互联网络信息中心（CNNIC）在京发布了《第 27 次中国互联网络发展状况统计报告》。该报告显示，截至 2010 年 12 月底，我国网民规模达到 4.57 亿人，较 2009 年底增加了 7330 万人；我国手机网民规模达 3.03 亿，依然是拉动中国总体网民规模攀升的主要动力，但手机网民增幅较 2009 年趋缓。

4. 腾讯推出类 kik 移动 IM 应用——微信

1 月 21 日，继小米科技的米聊、盛大 Kiki 之后，腾讯推出了类 Kiki 移动 IM

应用——微信 iPhone 版，微信类服务崛起，对移动运营商造成巨大冲击，在移动 IM 领域注入了创新活力。

5. 中关村移动互联网产业联盟在北京成立

1 月 26 日，中关村移动互联网产业联盟在北京成立。该联盟旨在支撑战略性新兴产业布局、推动中关村移动互联网产业圈的加速发展，引领创新、辐射全国，将中关村国家自主创新示范区打造成为全国移动互联网产业中心。

6. 移动互联网广告平台多盟创始团队首次亮相

2 月 21 日，拥有大众点评网、口碑网等近百家合作伙伴的移动互联网广告平台多盟（Domob）创始人团队首次公开亮相，阵容强大，包括百度核心技术负责人齐玉杰、前激动网总裁张鹤、卓望信息技术负责人边嘉耕和 139 移动互联网研发负责人王鹏云。

7. 中国联通推出沃 Phone 及我国首个自主知识产权的智能终端操作系统

2 月 28 日，中国联通在北京召开新闻发布会，正式推出沃 Phone 及我国首个自主知识产权的智能终端操作系统。沃 Phone 操作系统的推出有助于打破国外软件企业对智能终端操作系统的垄断，提升国内企业的自主创新能力。

8. 酷盘网络发布在线云存储新品"酷盘 2011"

3 月 17 日，国内云存储网盘服务商酷盘网络发布在线云存储新品"酷盘 2011"。酷盘作为比肩 Dropbox 的国内首家跨平台移动存储服务产品，提供了对 iPhone、Android 手机平台的良好支持，可围绕即时存储及社会化分享、隐私保护、稳定性、API 开放、多终端方便同步、其他个性方向等，给用户提供稳定的跨平台存储服务。

9. 首个国家级移动互联网创新中心正式成立

3 月 29 日，以开发手机浏览器著称的 UC 优视公司携手工业和信息化部软件与集成电路促进中心，创建国内首家国家级移动互联网应用创新中心。该中心是一个开放性的平台，将进行移动互联网的产业研究，承担国家在移动互联网领域的重要科技创新项目。

10. 英特尔—腾讯联合创新实验室正式成立

4 月 12 日，英特尔—腾讯联合创新实验室正式成立，未来实验室发展重点在 Meego（诺基亚和英特尔推出一个基于 Linux 平台的免费便携设备操作系统），并且会在 Meego 平台上重点推荐游戏类应用。腾讯会进一步优化这些游戏在手持

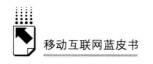

设备上的应用体验,帮助用户更好体验游戏。

11. 中国电信与腾讯签约合作推出 QQ‐Service

4月15日,中国电信与腾讯在"CDMA2000手机设计研发产业联盟会员大会"上签约合作推出 QQ‐Service。QQ‐Service 所整合的手机 QQ、手机浏览器、手机 QQ 空间、手机微博等业务受到中国电信及终端厂商的高度关注,也表明移动互联网产业链条上的运营商、终端商和信息服务提供商的融合布局不断深化。

12. UC 联合支付宝推出移动互联网支付解决方案

4月20日,国内最大的手机浏览器厂商 UCWEB 宣布联手支付宝推出移动互联网支付解决方案,并推出一款内置支付宝的浏览器。通过该新版浏览器可以直接在浏览时调用支付宝插件完成支付,小额支付无须密码。

13. 国内首个应用云计算移动互联网广告平台 L‐Sense 诞生

4月24日,由国内移动广告服务提供商百分通联研发的 L‐Sense 移动互联网广告平台正式投入商用,这是国内首个应用云计算的移动互联网广告平台,也是国内首个"免费移动应用商业生态圈"的承载平台。在该生态圈中,移动互联网应用软件的开发者与提供商以免费的形式发布软件,但通过广告搭载的方式收回成本及实现收益。

14. 2011 年全球移动互联网大会在北京召开

4月27日,2011 年全球移动互联网大会(GMIC)在北京召开。大会由全球移动互联网 CEO 俱乐部长城会主办。大会以"新机遇、新挑战、新领袖"为主题,重点讨论移动市场与操作系统间的统治之战及移动定位服务、移动商务和移动娱乐等内容。

15. 新浪推出"微领地"宣告正式进军 LBS 市场

4月27日,新浪推出基于位置服务及社区互动的产品"微领地",宣告正式进军基于位置服务(LBS)的领域,与新浪微博深度融合,进一步深入移动互联网业务。"微领地"支持 iOS、Android、Symbian 和 BlackBerry 等诸多操作系统,支持手机三维码和微博签到。

16. 国内移动安全厂商网秦在纽交所上市

5月5日,国内移动安全厂商网秦成功登陆纽交所,发行价为 11.5 美元,融资规模为 8912 万美元。这是国内第一家专注于移动互联网的上市公司。

17. 中国联通升级 HSPA + 网络，最高下行 21Mbps

5 月 17 日，中国联通在国内 56 个城市开放 HSPA + 网络，提速后的上网卡可实现下行峰值速率 21.6Mbps、上行峰值速率 5.76Mbps，同时中国联通首批 21Mbps 速率 HSPA + 3G 上网卡正式上市。

18. 工信部电信研究院发布《中国移动互联网白皮书（2011）》

5 月 20 日，工信部电信研究院在北京召开的宽带通信及物联网高层论坛上，发布了《中国移动互联网白皮书（2011）》。

19. 中国联通重新定义 3G 移动互联网手机

5 月 31 日，中国联通推出"600MHz 主频处理器、3.5 英寸电容触摸屏"的千元智能手机新标准，以此重新定义 3G 移动互联网手机。

20. 手机腾讯网触摸屏版发布

6 月 10 日，腾讯在手机腾讯网 3G 版的基础上，新开发了手机腾讯网触摸屏版。它根据触屏手机特点，支持手指轻松缩放网页和图片，还可以选择浏览高清图、原图，交互体验更佳。

21. 中国移动推 MM 云服务计划，提供 450 个 API

6 月 18 日，在"开放创新日"活动中，中国移动互联网基地推出了 MM 云服务计划，通过开放电信能力、会聚社会化能力，为开发者提供了包括版权保护、LBS 等 7 种能力 450 个 API，共同打造移动互联网产业的能力生态圈。

22. 中国电信与 24 家产业链企业成立移动互联网开放合作联盟

6 月 19 日，中国电信宣布，联合腾讯、百度、淘宝、微软、高通、新浪、搜狐、网易、人人网、UC、空中网、优酷、奇艺、三星、摩托罗拉、华为、中兴等 24 家产业链公司共同发起成立移动互联网开放合作联盟，共同打造开放、合作、创新的移动互联网产业生态链，实现优势互补，合作共赢。

23. 交通银行携手中国联通和中国银联推出手机支付业务

6 月 19 日，交通银行携手中国联通和中国银联推出以手机 SIM 卡实现银行支付功能的太平洋联通联名 IC 借记卡，这是国内发行的首张 SWP SIM 卡。中国银联推出手机支付业务，形成了与电信运营商阵营双雄并立的局面。

24. 百度推出移动框计算服务平台

6 月 29 日，百度推出移动框计算平台，百度移动开放平台同时正式上线。百度移动框计算服务旨在结合用户需求、移动终端特点、位置信息和网络状况等，及时满足用户个性化、情景化和移动搜索的需求，解决不同网络、不同终端、不同需求的障碍，为用户提供更加丰富便捷的应用体验。

25. 搜狐视频安卓客户端推出语音搜索和预加载功能

7月6日，搜狐视频 Android 客户端发布了两项行业首创的全新功能：语音搜索和视频预加载。其中，"预加载"功能颠覆了行业目前通行的"下载完才能观看"的模式，做到了完全按需加载、加载多少看多少，语音搜索则是国内视频网站首次推出语音搜索功能。

26. 阿里巴巴发布阿里云 OS，推出首款云智能手机 W700

7月28日，阿里巴巴正式推出由该公司独立研发的阿里云操作系统（阿里云 OS）。这是云计算技术在国内移动终端的首次大规模产品化应用，同时，全球首款搭载阿里云 OS 的天语云智能手机 W700 也一并被推出。

27. 街旁网获颁互联网地图牌照

7月底，移动社交网络服务提供商街旁网获得国家测绘地理信息局颁发的互联网地图牌照。这意味着街旁网作为基于 LBS 的新一代移动社交平台，在政策法规层面已经获得业务正常运营的资质。官方数据显示，截至 2011 年 6 月底，已有 97 家单位取得了互联网地图服务甲级测绘资质，100 家单位取得了乙级资质。

28. 中国联通发布即时通信工具"沃友"

8月5日，中国联通即时通信工具"沃友"发布。"沃友"产品定位为一款面向互联网和手机用户，跨运营商、跨平台的即时通信软件，除基本的即时通信功能外，还具备以下特点："沃友"客户端可以扫描分析用户的手机通讯录，帮助用户寻找手机通讯录中已经使用"沃友"的朋友。

29. 小米科技发布小米手机

8月16日，小米科技在北京发布小米手机。据介绍，小米手机是国内首款双核 1.5GHz 主频手机，为全球主频最快智能手机；内置 Android 深度定制 MIUI 操作系统，保持每周一次更新速度，不断优化；搭配 1999 元的价格和"1G 大内存、1930 毫安大电池、800 万像素摄像头"等配置，小米手机具有很高的性价比。除此之外，小米手机采用轻资产模式——避开与传统手机渠道商的合作，直接通过官网预订和移动运营商合作销售。

30. 百度手机浏览器推出 Windows Phone 7 版本

8 月 29 日，百度手机浏览器推出 Windows Phone 7 版本，并在 Windows Phone Marketplace 发布上线。根据百度披露，百度还将推出针对其他平台的手机浏览器。2011 年 4 月，百度手机浏览器 Android 版内测。6 月，Android 版浏览器公测。手机浏览器成为百度抢占用户手机入口的重要工具。

31. 中国移动手机阅读月收入破亿元

9 月 6 日，中国移动宣布其手机阅读业务在推出一年多时间内，累计为 2.3 亿用户提供过手机阅读服务，目前每月的访问用户超过 5000 万户，月信息费收入突破 1 亿元。

32. UC 优视发布全新内核产品 UC8，集成 Web APP 平台

9 月 8 日，UC 优视正式发布旗下采用自主研发的浏览器内核 U3 的 UC 浏览器 8.0，集成可扩展的 Web APP 平台。在此平台上，用户可选择、安装、使用、管理多种 Web 应用，如 QQ 空间、Google Reader、Flash 社交游戏等。

33. 腾讯移动广告开放平台上线

9 月 26 日，腾讯宣布正式推出移动广告平台 MobWIN，进军移动广告市场。MobWIN 依托无线用户资源，为广告主提供基于运营体系的广告接入、广告投放和广告分析等服务。目前，移动互联网界较具规模的移动广告平台有 Google 收购的 AdMob 平台和苹果公司的 iAd 平台。AdMob 实行 CPM（每千次展示费用）和 CPC（平均每次点击费用）两种收费方式，而腾讯 MobWIN 平台目前还仅有 CPA（按效果付费）一种方式。

34. 人人网新版客户端公测让手机能"听音辨字"

9 月下旬，人人网 Android 客户端提交新版公测。在新版客户端中，首次加入了语音输入功能，也就是让你的手机能够"听音辨字"，自动转换成相应文字。无论是在人人网上发布状态还是回复好友新鲜事，用户只需要对着手机说话，系统就能自动识别出相应文字。

35. 中移动推出新一代移动 IM 工具"飞聊"

9 月 28 日，中移动新一代即时通信工具——"飞聊"上线，正式登陆各大 Android 第三方应用市场，展开公测。

36. CNNIC 发布手机浏览器专项报告

9 月 28 日，中国互联网络信息中心（CNNIC）发布手机浏览器专项报告。

报告称，今年上半年新增手机浏览器用户 770 万户。截至 2011 年 6 月底，手机浏览器用户规模为 2.15 亿户，67.6% 的手机网民安装了手机浏览器。

37. 中国电信移动 IM 产品"翼聊"上线

10 月 18 日，中国电信正式发布移动 IM 产品"翼聊"。"翼聊"主打 0 元功能费，免费 IM 信息、多媒体信息和语音信息，是一个跨平台、跨终端、跨运营商的真实社交沟通平台。据介绍，与米聊、微信、飞聊、沃友等移动 IM 产品主打免费短信相比，"翼聊"不再局限于好友之间的免费，而是面向所有用户均可发送。

38. "2011 年中国移动开发者大会"召开

11 月 3 日至 4 日，由 CSDN、创新工场主办的"2011 年中国移动开发者大会"，在北京召开。此次活动云集国内外知名移动应用开发团队。

39. 25 家手机游戏公司起诉百度盗版侵权

11 月 11 日，25 家手机游戏公司委托中国手机游戏开发商联盟（CPU）宣布起诉百度盗版，称百度 Wap 网站的游戏频道向用户提供的盗版游戏下载，多数来自百度服务器。百度方面回应称，百度移动网站上的游戏均来自第三方网站，百度并未破解及上传盗版游戏，有关侵权指控不实。

40. 《手机人——暨 2011 移动互联网全景调研与趋势洞见》报告发布

11 月 18 日消息，新浪科技、3G 门户、UC 优视联合发布《手机人——暨 2011 移动互联网全景调研与趋势洞见》报告。报告显示，微博的经常使用比例达 23%，较去年翻了一倍以上。手机上网用户以 35 岁以下城市年轻人为主，游戏成为最受喜爱的 APP 类型，睡前、醒后、车上、厕上等"碎片化时间"是移动互联网区别于传统互联网的黄金时间段。

41. 工信部发布《移动互联网恶意程序监测与处置机制》

12 月 9 日，工信部发布了国内首个《移动互联网恶意程序监测与处置机制》，该文件于 2012 年 1 月 1 日起执行。

42. 百度易手机发布

12 月 20 日，首款搭载百度·易平台的戴尔手机正式发布。百度易手机基于"百度·易"移动终端平台，可以运行 Android 海量的应用程序，并集成百度本身的智能搜索、云服务和其他百度特色应用。百度易手机开机数秒后即可以进行搜索，并且支持语音即说即搜功能。

43. 三大运营商获颁第三方支付牌照

12 月 31 日，第三批第三方支付牌照发放，包括中国电信、中国移动和中国联通在内的多家第三方支付企业获得"许可证"，至此央行共发放 101 张第三方支付牌照。中国移动、中国联通和中国电信三大运营商历经两次失败后终获支付许可证。其中，中国电信和中国联通的第三方牌照业务类型为移动电话支付、固定电话支付、银行卡收单，中国移动为移动电话支付、银行卡收单，有效期均为5 年。

B.31
后 记

近两年来，学界、业界都在谈移动互联网，特别是 iPone4 及 iPad 推出后，移动互联网更是大热话题，连电视机厂商都在谈论建 APP 应用商店。人民网虽然早在 2000 年就通过日本镜像站在 i-mode 上发布新闻信息，2003 年又在国内开展了跨地区的移动增值业务，但对移动互联网给予较大关注和投入则是近几年的事。人民网在对移动互联网发展作规划时，人民网研究院成立后进行与移动互联网相关的研究时，发现目前国内系统介绍移动互联网发展状况、提供发展数据的书很难找到，公开发表的数据也很零散。我们觉得，很有必要编辑出版有关中国移动互联网的蓝皮书。

经过调研，我们发现，虽然集中、系统的数据少，但国家工信部有专门的研究院，三大运营商都有自己的研究机构，原有的新媒体咨询机构也都开始关注移动互联网，相关企业也有研究积累和大量数据，编辑出版中国移动互联网蓝皮书的条件已经成熟。2011 年年中，我们开始筹划这本书的编辑工作。但是，工作一经展开，遇到的困难比预想的大。一是移动互联网还太年轻，发展还不够成熟，目前又正处于向成熟期转型过渡的阶段，一切都在发展中，在尝试、角力、变化之中，要梳理出移动互联网的年度发展轮廓，分析其趋势，着实不易。二是移动互联网研究的基础还比较薄弱，概念、范畴的界定还不统一，数据的收集也不全，而且不同机构发布的数据差异较大。即使发达国家，研究也较薄弱，还不成体系。三是蓝皮书系统性要求较高，而移动互联网涉及面较广，比较复杂，既涉及国家战略规划，又涉及行业发展、个人生活；既涉及技术、应用、终端、用户等产业链各个环节，又与政治、经济、文化多个领域相关，参与者多，环节多、交叉融合多。好在我们联系的研究机构、企业、学者，都大力支持，他们百忙中拨冗给蓝皮书写稿，从拟提纲到修改稿件，都很认真，有的数易其稿。我们深为他们严谨、细致的作风和精益求精的精神所感动。可以说，没有这些权威的研究机构，没有这批资深的教授、研究人员的鼎力支持，不可能有这本蓝皮书的出版！

　　值此机会，我们诚挚地感谢工业和信息化部电信研究院和中国移动研究院两家一流的研究机构。工信部电信研究院是我国信息通信研究领域最重要的支撑单位和工信部在综合政策领域主要的依托单位，起源于20世纪50年代中的邮电部邮电科学研究院。经过半个世纪的积淀，这家研究院在产业、政策、经济、市场、信息化、互联网、两化融合以及标准、规划、测试、咨询等方面构建了多维度、全方位的立体研究体系，3G及宽带无线移动是其核心研究领域之一。该院的多位研究人员为本书提供了具有权威性和专业水准的稿件。中国移动研究院是全球网络规模最大、客户数量最多的通信企业——中国移动的核心研发及技术支撑中心，研究领域覆盖了无线、网络、业务、终端、IT信息化、市场研究、运营支撑等多个领域，具有很强的研究实力，其产业市场研究所的研究员为本书提供了多篇专业研究稿件。

　　我们还要感谢北京邮电大学、中国人民大学、中国传媒大学、中国联通、赛迪顾问、中国移动通信联合会、中国电子商务研究中心、爱立信研究院等单位的专家学者们，感谢为本书提供了重要数据的中国互联网络信息中心（CNNIC）等研究机构。可以说，正是有这些研究机构的支持，有这样一批一直对中国移动互联网进行持续深入研究的、具有专业水准的作者队伍，才确保了这本蓝皮书的质量。作为编者，我们做的主要是联络、组织、协调工作。当然，蓝皮书内容上若存在任何问题，都应该由编辑者承担。

　　还应该感谢社会科学文献出版社的编辑们，是他们的鼓励、支持和肯定，增强了我们编辑出版这本书的信心，他们的严格、严谨、精心、细心和高标准，确保了本书的出版质量。

　　人民日报社副总编辑、人民网股份有限公司董事长马利，人民网总裁兼总编辑廖玒高度重视本书的编辑工作，在策划、编辑等各方面都给予了重要的指导和有力的支持，使我们得以投入较多的时间编辑出版这本蓝皮书。在此表示衷心的感谢！

　　感谢关心、支持本书编写的领导、专家，感谢各位作者和编辑出版的相关人员！

　　因为水平有限，经验不足，我们编辑这本蓝皮书难免存在疏漏与错误，敬请谅解，并请指正。

人民网研究院

2012年4月

权威报告　热点资讯　海量资料

当代中国与世界发展的高端智库平台

皮书数据库 www.pishu.com.cn

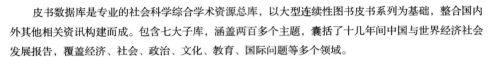

皮书数据库是专业的社会科学综合学术资源总库，以大型连续性图书皮书系列为基础，整合国内外其他相关资讯构建而成。包含七大子库，涵盖两百多个主题，囊括了十几年间中国与世界经济社会发展报告，覆盖经济、社会、政治、文化、教育、国际问题等多个领域。

皮书数据库以篇章为基本单位，方便用户对皮书内容的阅读需求。用户可进行全文检索，也可对文献题目、内容提要、作者名称、作者单位、关键字等基本信息进行检索，还可对检索到的篇章再作二次筛选，进行在线阅读或下载阅读。智能多维度导航，可使用户根据自己熟知的分类标准进行分类导航筛选，使查找和检索更高效、便捷。

权威的研究报告，独特的调研数据，前沿的热点资讯，皮书数据库已发展成为国内最具影响力的关于中国与世界现实问题研究的成果库和资讯库。

皮书俱乐部会员服务指南

1. 谁能成为皮书俱乐部会员？

- 皮书作者自动成为皮书俱乐部会员；
- 购买皮书产品（纸质图书、电子书、皮书数据库充值卡）的个人用户。

2. 会员可享受的增值服务：

- 免费获赠该纸质图书的电子书；
- 免费获赠皮书数据库100元充值卡；
- 免费定期获赠皮书电子期刊；
- 优先参与各类皮书学术活动；
- 优先享受皮书产品的最新优惠。

卡号：**9153164332717299**

密码：

（本卡为图书内容的一部分，不购书刮卡，视为盗书）

3. 如何享受皮书俱乐部会员服务？

（1）如何免费获得整本电子书？

购买纸质图书后，将购书信息特别是书后附赠的卡号和密码通过邮件形式发送到 pishu@188.com，我们将验证您的信息，通过验证并成功注册后即可获得该本皮书的电子书。

（2）如何获赠皮书数据库100元充值卡？

第1步：刮开附赠卡的密码涂层（左下）；

第2步：登录皮书数据库网站（www.pishu.com.cn），注册成为皮书数据库用户，注册时请提供您的真实信息，以便您获得皮书俱乐部会员服务；

第3步：注册成功后登录，点击进入"会员中心"；

第4步：点击"在线充值"，输入正确的卡号和密码即可使用。

皮书俱乐部会员可享受社会科学文献出版社其他相关免费增值服务

您有任何疑问，均可拨打服务电话：010-59367227　QQ:1924151860

欢迎登录社会科学文献出版社官网(www.ssap.com.cn)和中国皮书网（www.pishu.cn）了解更多信息

社会科学文献出版社

皮书系列

"皮书"起源于十七八世纪的英国，主要指官方或社会组织正式发表的重要文件或报告，并多以白皮书命名。在中国，"皮书"这一概念被社会广泛接受，并被成功运作、发展成为一种全新的出版形态，则源于中国社会科学院社会科学文献出版社。

皮书是对中国与世界发展状况和热点问题进行年度监测，以专家和学术的视角，针对某一领域或区域现状与发展态势展开分析和预测，具备权威性、前沿性、原创性、实证性、时效性等特点的连续性公开出版物，由一系列权威研究报告组成。皮书系列是社会科学文献出版社编辑出版的蓝皮书、绿皮书、黄皮书等的统称。

皮书系列的作者以中国社会科学院、著名高校、地方社会科学院的研究人员为主，多为国内一流研究机构的权威专家学者，他们的看法和观点代表了学界对中国与世界的现实和未来最高水平的解读与分析。

自20世纪90年代末推出以经济蓝皮书为开端的皮书系列以来，至今已出版皮书近800部，内容涵盖经济、社会、政法、文化传媒、行业、地方发展、国际形势等领域。皮书系列已成为社会科学文献出版社的著名图书品牌和中国社会科学院的知名学术品牌。

皮书系列在数字出版和国际出版方面也是成就斐然。皮书数据库被评为"2008～2009年度数字出版知名品牌"；经济蓝皮书、社会蓝皮书等十几种皮书每年还由国外知名学术出版机构出版英文版、俄文版、韩文版和日文版，面向全球发行。

法 律 声 明